"十二五"江苏省高等学校重点教材（编号 2013－2－50）

高职高专计算机项目/任务驱动模式教材

物联网应用开发

李金祥　　方立刚
张　燕　于复生　张玉成　编著

電子工業出版社
Publishing House of Electronics Industry
北京 · BEIJING

内 容 简 介

本书从物联网的典型应用出发，深入剖析了智能农业管理系统、智能家居系统、智能物流定位管理系统、智慧校园环境感知系统、智慧矿山综合监测系统和柔性制造物联网系统等六个物联网技术应用项目。每个项目都从项目概述、项目分析与设计、项目实施、知识拓展等模块进行了详尽的阐述。各项目的侧重点各不相同，涵盖了目前比较流行的 Windows、iOS、Andriod 等开发环境和移动终端，涉及了目前广泛应用的物联网技术，如 RFID 技术、ZigBee 技术、LTE 软件设计技术、云计算技术等，为读者全面深入了解和掌握物联网技术应用开发奠定良好基础。

本书可作为高职院校、应用型本科院校物联网专业学生的专业课程教材，也可作为高校通信、计算机类等相关专业学生的选修课程教材，同时也适合对物联网技术的研究人员、工程人员阅读和参考。

图书在版编目（CIP）数据

物联网应用开发 / 李金祥等编著. —北京 ：电子工业出版社，2014.6
高职高专计算机项目/任务驱动模式教材
ISBN 978-7-121-23264-0

Ⅰ.①物… Ⅱ.①李… ②方… Ⅲ.①互联网络—应用—高等职业教育—教材②智能技术—应用—高等职业教育—教材 Ⅳ.①TP393.4②TP18

中国版本图书馆 CIP 数据核字（2014）第 105088 号

责任编辑：束传政
特约编辑：徐 堃 薛 阳
印　　刷：北京京师印务有限公司
装　　订：北京京师印务有限公司
出版发行：电子工业出版社
　　　　　北京市海淀区万寿路 173 信箱　邮编 100036
开　　本：787×1092　1/16　印张：18　字数：450 千字
版　　次：2014 年 6 月第 1 版
印　　次：2017 年 8 月第 2 次印刷
定　　价：40.00 元

凡所购买电子工业出版社图书有缺损问题，请向购买书店调换。若书店售缺，请与本社发行部联系，联系及邮购电话：（010）88254888。

质量投诉请发邮件至 zlts@phei.com.cn，盗版侵权举报请发邮件至 dbqq@phei.com.cn。

服务热线：（010）88258888。

前　言

物联网技术是未来社会经济发展、社会进步和科技创新的重要基础。物联网技术将人类生存的物理世界网络化、信息化，将分离的物理世界和信息空间互联整合，它具有普通对象设备化、自治终端互联化和服务智能化三个重要特征。从物联网发展情况来看，物联网领域主要环节如器件设计和制造、短距离无线通信技术、网络架构、软件信息处理系统配套、系统设备制造、网络运营等，均已具备一定的产业化能力，并正在飞速发展。随着智能交通、智能农业和智能物流等越来越广泛的实施，与物联网应用相关的电子技术人才、计算机网络和通信人才、系统集成和应用人才需求将迅速增加。

“物联网应用开发”课程面向行业信息化系统人才培养，尤其是注重学生的实际动手能力培养，通过关键技术与实际系统研发并重，提升学生的技能。在课程教学中，从物联网应用技术系统组成角度开始，分为物联网的感知识别层、网络构建层、管理服务层和综合应用层四个层面展开，并结合智能农业管理系统、智能家居系统、智能物流定位管理系统、智慧校园环境感知系统、智慧矿山综合监测系统和柔性制造物联网系统等，介绍六个项目的应用开发。

本书具有如下特点：

(1) 具有“层”、“易”、“新”的特色，适应高职学生认知水平和特点。教学内容以奠定必需的专业知识基础为指导，为后续课程打下良好的根基。围绕物联网应用技术的“采集、传输、处理、应用”四大核心领域展开教学与实践，选择当前物联网的一些最新和最典型应用，教学内容由浅入深，逐渐展开物联网四层关键环节的新技术、新产品、新装备、新工艺和新的解决方案。按照企业中物联网项目的真实开发流程组织本书的教学内容。

在课程内容上，将中国科学院计算技术研究所最新研究和开发成果，结合作者所在院校中央财政支持的“物联网技术综合实训基地”研究成果融入到教材内容中，努力将当前最新和最实用的技术和案例融入教学中，具有先进性和实用性。为降低难度，化解难点，删除较难且用处不大的内容，结合项目的真实需要讲解相应的知识和原理，做到有的放矢。编写过程中，在通俗易懂上下功夫，降低了教材难度，适应高职学生的认知水平和特点。

(2) 体现在信息内容的延伸、信息技术的延伸、信息基础设施延伸这三方面的拓展上。强调了物联网系统的识别、定位、跟踪、监控和管理等拓展功能，并由此决定了这一课程的应用专业性、纵深性与前所未有的横向性。

(3) 融入软件工程思想，体现项目管理。本课程中所有物联网应用开发的教学和实践过程，通过项目管理平台进行管理。项目管理平台对学生实践监控过程采用企业化管理模式，进行考勤、日志、计划、总结等多方面的管理。同时，项目管理平台还从方便教学的角度进行设计，包括项目资源管理与发布、项目阶段划分、项目组织安排，项目过程控制、评分、答疑等。项目管理平台的启用，使得项目教学和开发过程监控更具科学化、标准化，同时又能大大减轻教师的劳动强度，规划学生实践环节，提高学习效率。

(4) 以工作过程系统化理念为导向，采用“项目/任务驱动模式”编写，加强能力培养。以集教学、培训、应用和社会服务等功能为一体的中央财政支持的“物联网实训基地应用系统”作为本书的一个系统工程引领教学，每部分以相关内容组成的对应层（分别为感知层、网络层、服务层、应用层）技术引入项目分析，对案例中提供的问题情境判断其是否能迁移到已经建构的知识，补充原本缺失的知识。按照案例提出的实际工作任务、工作过程和工作情境组织课程教学，形成围绕工作需求的新型教学与训练项目。对于项目的组织实施以四步训练法（训练准备⟶引导训练⟶同步训练⟶拓展训练），强化学生动手能力的培养，增强物联网技术应用开发能力培养的有效性。

作为中央财政支持的集教学、应用技术研究和社会服务等功能为一体的国家级物联网技术综合实训基地建设单位，有着围绕物联网技术的“采集、传输、处理、应用”四大核心领域的典型应用，通过室内及室外所部署数百个节点的环境监测感知应用系统，为本教材提供了开放和共享的物联网应用案例场景和验证服务平台。教材的编写，由苏州市职业大学联合中国科学院计算技术研究所、移动计算与新型终端北京市重点实验室、北京中稷昭华科技有限公司等科研机构与企业，结合相关单位和兄弟院校在物联网技术研究与开发、新一代移动通信技术、云计算与多媒体业务等面的深厚积累，从而汲取了很多物联网工程和应用的实践教学理念，对本书的编写助益良多。

本书由苏州市职业大学李金祥和方立刚等编著，中国科学院计算技术研究所张玉成，苏州经贸职业技术学院和苏州工业职业技术学院的部分老师为本书的编写提供了很大帮助。具体编写分工：前言（李金祥、方立刚），项目1（于复生），项目2（张燕），项目3（方立刚），项目4（张玉成、李金祥），项目5和项目6（张玉成、方立刚）。同时，本书的出版得到“江苏省高等学校重点教材建设项目”和“苏州市职业大学教材建设基金”的支助，也得到了电子工业出版社的大力支持，在此一并表示感谢。

作　者

2014.4.15

目 录

项目 1　智能农业管理系统

教学导航

教学目标	（1）熟悉智能农业管理系统开发的需求分析 （2）熟悉智能农业管理系统的体系结构分析 （3）了解 IAR 集成开发环境 （4）了解 ZigBee 协议栈的工作原理，掌握 ZigBee 协议栈的实现过程 （5）熟悉智能农业系统各模块的功能分析及具体实现
教学重点	（1）智能农业管理系统的设计 （2）气体传感器、红外传感器、温湿度传感器管理系统的设计与实现
教学难点	（1）IAR 集成开发环境 （2）传感器管理系统代码编写和调试
教学方法	任务驱动法、分组讨论法、四步训练法（训练准备──→引导训练──→同步训练──→拓展训练）
课时建议	8 课时

项目概述

1. 项目开发背景

我国人口约占全世界总人口的 22%，耕地面积却仅占全世界耕地面积的 7%。随着经济的飞速发展，人民生活水平不断提高，人们对生活的质量和要求越来越高，资源短缺、环境恶化与人口剧增的矛盾更加突出。我国加入世贸组织（WTO）后，国外价格低廉的优质农副产品源源不断地流入我国，这对我国的农产品市场以及农业生产形成了巨大的冲击。

当前我国农业依然处于粗犷发展的阶段，管理随意与滥用化肥，造成效率低下，加剧了环境污染。如何提高我国农产品的质量和生产效率，如何对大面积土地的规模化耕种实施信息技术指导下的科学管理，是一个既前沿又当务之急的科研课题。

传统农业生产的技术手段落后，主要是依靠人力、畜力和各种手工工具以及一些简单机械。传统农业的自身发展陷入恶性循环之中，传统农业在向现代农业发展的过程中面临着诸多挑战——确保农产品总量，调整农业产业结构，改善农产品品质和质量；同时面临着以下问题：生产效益低下，资源严重不足且利用率低，环境污染等，不能适应农业持续发展的需要。因此，关于智能农业技术的研究，显得非常必要与重要。

我国作为农业大国，农作物种植在全国范围内都非常广泛，农作物病虫害防治工作的好坏、及时与否，对于农作物的产量、质量影响至关重要。农作物出现病虫害时能够及时诊断，对于农业生产具有重要的指导意义；而农业专家又相对匮乏，不能够做到在灾害发生时及时出现在现场，因此农作物无线远程监控产品在农业领域就有了用武之地。

2. 项目开发目的与意义

20 世纪 90 年代后，无线技术的广泛应用使得它在国民经济领域的应用研究获得迅速发展。尤其以 Zibgee 无线技术为主的物联网系统，使得科技农业的技术体系广泛运用于生产实践成为可能。科技农业技术体系的实践与发展，已经引起国家科技决策部门的高度重视。

智能农业管理系统主要包括环境、动植物信息检测，温室、农业大棚信息检测和标准化生产监控，科技农业中的节水灌溉等应用模式。例如，农作物生长情况、病虫害情况、土地灌溉情况、土壤空气变更、畜禽的环境状况的检测，温度、湿度、风力、大气、降雨量等信息的收集，土地的湿度、氮浓缩量和土壤 pH 值等信息的监测。

智能农业包括互联网、移动互联网、云计算和物联网技术等，依托部署在农业生产现场的各种传感节点（环境温湿度、土壤水分、氧气和二氧化碳浓度、红外感应等）和无线通信网络，实现农业生产环境的智能感知、智能预警、智能决策、智能分析、专家在线指导，为农业生产提供精准化种植、可视化管理和智能化决策。

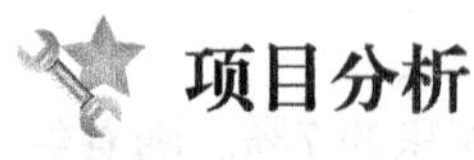

项目分析

1. 项目需求分析

智能农业管理系统主要从以下三个方面对农业生产进行管理：

①无线监测平台：通过传感器对农产品的生长过程进行全面监管。

②控制管理系统：达到节水、节能、高效的目的，精确调控农作物生长。

③物联网信息系统：农业生产过程的标准化和网络化管理，并记录农作物生长信息。

根据农业生产的实际情形，提出以下具体项目需求：

①高精度测量温室大棚生产过程中的参数，智能控制温室内温度、湿度及通风状况等，自动实现保温、保湿和历史数据记录，视频监测温室内部环境。

②需要远程访问与控制。使用 PC 远程访问温室内的相关数据，实时观察植物长势，

通过远程控制温室内部的执行器件（风扇、加湿器、加热器）来改变温室内部环境；使用手机同样可以远程访问温室内部环境的各项数据指标，远程控制温室内部的执行器件。

③对温湿度进行监测。实时监测温室内部空气的温度和湿度。要使得测湿精度达到±4.5%RH，测温精度达到±0.5℃（在25℃）。

④对光照度进行监测。要求对温室内部光照情况进行实时检测，要求电路简单，便于实现。

⑤具备安防监测功能。当温室周边有人出现时，安防信息采集节点能够向主控中心发送信号，同时光报警。要求检测的最远距离为7m，角度在100°左右。

⑥视频监测功能。要求工作人员既可以在触屏液晶显示器上看到温室内部的实时画面，又可以通过PC远程访问的方式观看温室内部的实时画面。

⑦需具备控制风扇功能。系统能自动开启风扇加强通风，为植物提供充足的二氧化碳（CO_2）。

⑧需要具备控制加湿器功能。如果温室内空气湿度小于设定值，系统需要自动启动加湿器；达到设定值后，停止加湿。

⑨具有控制加热器，给环境升温的功能。当温室内温度低于设定值时，系统能自动启动加热器来升温，直到温度达到设定值为止。

⑩具有局域网远程访问与控制功能。用户可以使用PC访问物联网数据，通过操作界面远程控制温室内的执行器件，维护系统稳定。

⑪需要具备GPRS网络访问功能。用户能够用手机访问物联网数据，了解温室内部环境的各项数据指标（温度、湿度、光照度和安防信息）。

⑫需要具备控制参数设定及浏览功能。用户可以设置要实现自动控制的参数（温度、湿度），以满足自动控制的要求。

2. 系统的体系结构分析

(1) 体系结构框架设计

智能农业管理系统体系结构框架如图1-1所示。系统的核心是ZigBee路由器和嵌入式网关，两者通过ZigBee协调器传递信息。用户通过GPRS模块、无线路由器、触屏控制器等设备与系统交互；系统通过ZigBee路由器获取各个传感器节点信息，并通过执行节点控制继电器调节农业环境。

(2) 设计原理

智能农业管理系统通过实时采集温室内温度、土壤温度、CO_2浓度、湿度信号，以及

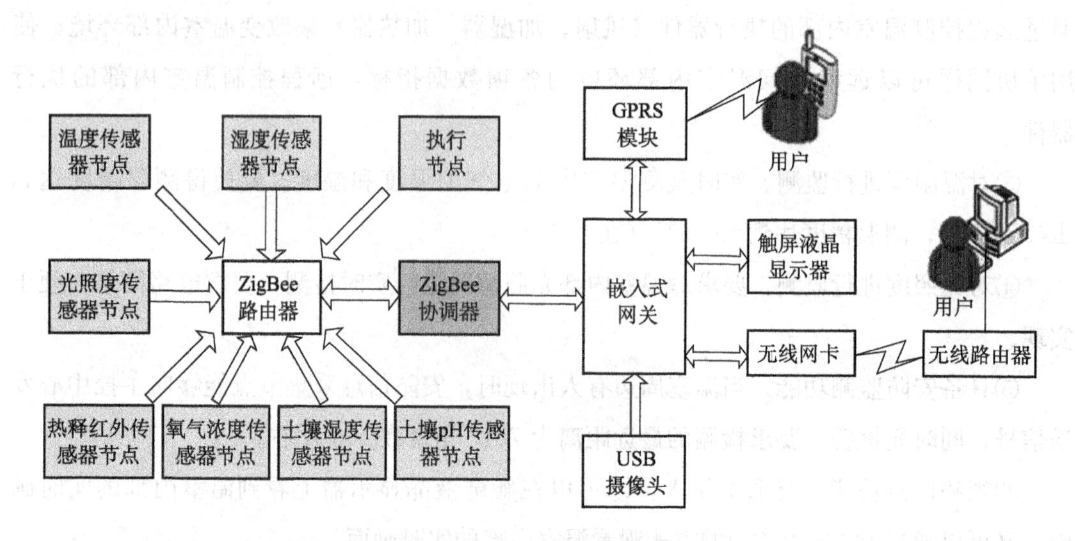

图 1-1　系统体系结构框架图

光照、叶面湿度、露点温度等环境参数，自动开启或者关闭指定设备。根据用户需求，随时处理，为实施农业综合生态信息自动监测，对环境进行自动控制和智能化管理提供科学依据。该系统具有以下特点：

①可在线实时 7×24 小时连续地采集和记录监测点位的温度、湿度、风速、CO_2 浓度、光照等各项参数情况，以数字、图形和图像等方式实时显示和记录、存储监测信息，监测点位可扩充到上千个。

②系统可设定各监控点位的温湿度报警阈值。当出现被监控点位数据异常时，可自动发出报警信号。报警方式包括：现场多媒体声光报警、网络客户端报警、手机短信息报警等。上传报警信息并进行本地及远程监测，系统可在不同的时刻通知不同的值班人员。

③系统可对传感器采集的温湿度、光照等数据在后台实现自动处理，与设定阈值比对，并根据结果自动调节大棚内温湿度、光照控制设备，实现大棚的全自动化管理。

④具有强大的数据处理与通信能力。采用计算机网络通信技术，局域网内的任何一台计算机都可以访问监控计算机，在线查看监控点位的温湿度变化情况，实现远程监测。此外，可将监测信息实时发送到用户个人手机。

3. 系统的主要模块和功能分析

1）主要模块

智能农业管理系统的主要模块及功能如表 1-1 所示。

表 1-1　智能农业管理系统主要模块

模　块	功　能
气体监控管理模块	气体传感器节点监控
	气体传感器 ZigBee 协议栈
	风扇控制
温湿度监控管理模块	温湿度传感器节点监控
	温湿度传感器 ZigBee 协议栈
	加热器与加湿器控制
光照度监控管理模块	光照度传感器节点监控
	光照度传感器 ZigBee 协议栈
	灯光控制
红外感应管理模块	红外感应传感器节点监控
	红外感应传感器 ZigBee 协议栈

2）功能模块分析

（1）气体监控管理模块

气体监控管理模块流程图如图 1-2 所示，主要包括以下设计项目：

①气体传感器节点监控程序的设计。

②气体传感器 ZigBee 协议栈的设计。

③风扇控制程序的设计。

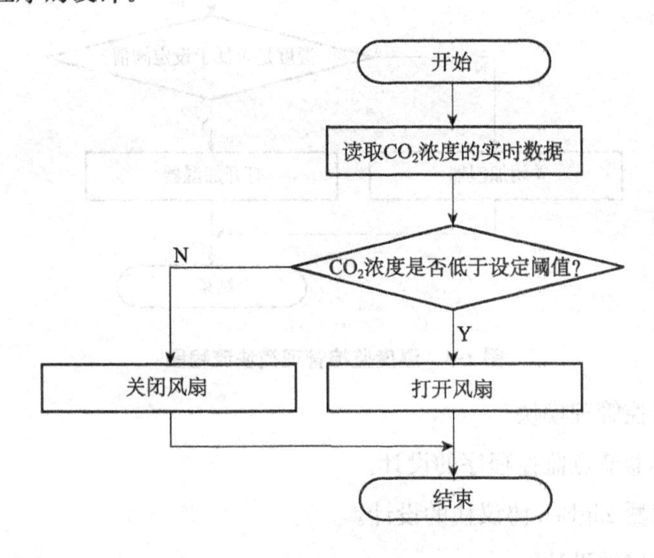

图 1-2　气体监控管理模块流程图

（2）温湿度监控管理模块

温湿度监控管理模块流程图如图 1-3 和图 1-4 所示，主要包括以下设计项目：

①温湿度传感器节点监控程序的设计。

②温湿度传感器 ZigBee 协议栈的设计。

③加热器与加湿器控制程序的设计。

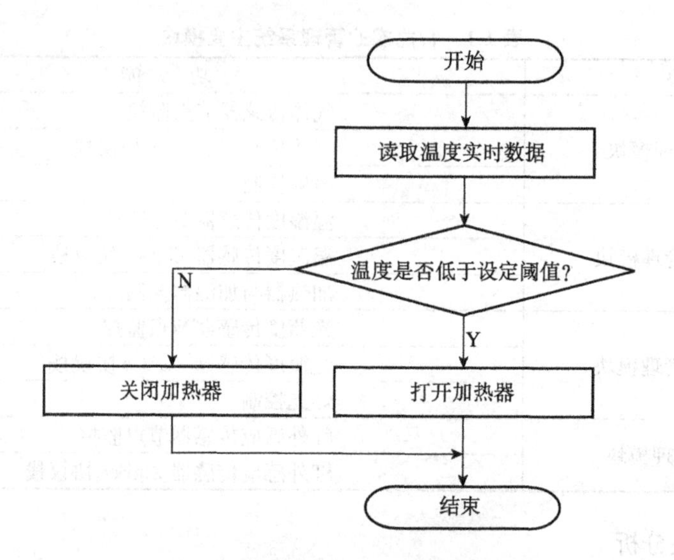

图 1-3　温度监控管理模块流程图

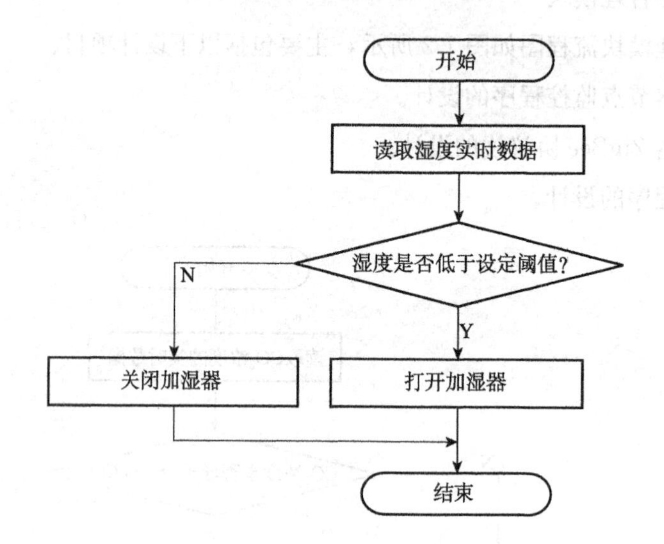

图 1-4　湿度监控管理模块流程图

(3) 光照度监控管理模块

①光照度传感器节点监控程序的设计。

②光照度传感器 ZigBee 协议栈的设计。

③灯光控制程序的设计。

(4) 红外感应管理模块

①红外感应传感器节点监控程序的设计。

②红外感应传感器 ZigBee 协议栈的设计。

关键技术与相关知识

1. 传感器技术

传感器是一种检测装置，能检测到被测量的信息，并能将检测到的信息采样后变换成有意义的信号输出，以满足信息的传输、处理、存储、显示、记录和控制等要求。传感器技术是实现自动检测和自动控制的首要环节。在智能农业管理系统中，传感器技术是整个系统的根本。

智能农业管理系统使用了气体传感器、温度传感器、湿度传感器、光照度传感器、红外感应传感器等，高精度测量农业生产过程中的各种参数，智能控制温室内温度、湿度及通风状况等，自动实现保温、保湿和历史数据记录，监测温室内部环境。

各种传感器的技术特点和工作原理简述如下。

（1）气体传感器

气体传感器多采用电阻式半导体，使用金属氧化物薄膜制成表面型气敏元件。金属氧化物薄膜吸附气体后，电导变化与气体浓度成比例，导致电阻随着气体含量不同而变化，将电阻数据转化为数字信号，通过计算即可得到实际的气体浓度。气体传感器具有成本低廉、制造简单、灵敏度高、响应速度快、寿命长、对湿度敏感低和电路简单等优点。

（2）温度传感器

温度传感器多采用热敏电阻半导体，其阻值随温度增加而降低，温度变化造成电阻值大幅度改变。温度传感器具有灵敏度高、体积小、响应速度快等优点。

（3）湿度传感器

湿度传感器多采用湿敏电容，采用高分子薄膜电容制成。当环境湿度发生改变时，湿敏电容的介电常数发生变化，使其电容量发生变化，电容变化量与相对湿度成正比。

（4）光照度传感器

光照度传感器多采用光敏电阻。光敏电阻是基于光电效应，在半导体光敏材料两端装上电极引线，将其封装在带有透明窗的管壳里构成。为了增加灵敏度，两个电极常做成梳状。当光照变化时，产生电子的运动，导致光敏电阻的阻值发生变化。

随着传感器技术的成熟，传感器的成本大大降低，精度越来越高。智能农业管理系统可以采用各种传感器监测农业生产过程中的各项数据，用科学的数据指导农业生产。

2. ZigBee 技术

ZigBee 是基于 IEEE 802.15.4 标准的低功耗无线网络协议。根据这个协议规定开发的是一种短距离、低功耗的无线通信技术。这一名称来源于蜜蜂的“8 字舞”。由于蜜蜂

(bee) 靠飞翔和“嗡嗡”(zig) 地抖动翅膀的“舞蹈”来与同伴传递花粉所在方位的信息，也就是说，蜜蜂依靠这样的方式构成了群体中的通信网络，其特点是近距离、低复杂度、自组织、低功耗、高数据速率、低成本。ZigBee 适合用于自动控制和远程控制领域，可以嵌入各种设备，是一种实现便宜、低功耗的近距离无线组网的通信技术。

ZigBee 的基础是 IEEE 802.15.4，这是 IEEE 无线个人区域网工作组的一项标准，称为 IEEE 802.15.4（ZigBee）技术标准。ZigBee 技术有自己的无线电标准，在数千个微小的传感器之间相互协调，实现网络通信。这些传感器只需要很低的功耗，以接力的方式通过无线电波将数据从一个传感器传到另一个传感器，因此其通信效率非常高。

IEEE 仅处理 MAC 层和物理层协议，而 ZigBee 联盟对其网络层协议和 API 进行了标准化，还开发了安全层。ZigBee 协议分层依次为应用层、网络层、MAC 层等，如图 1-5 所示。

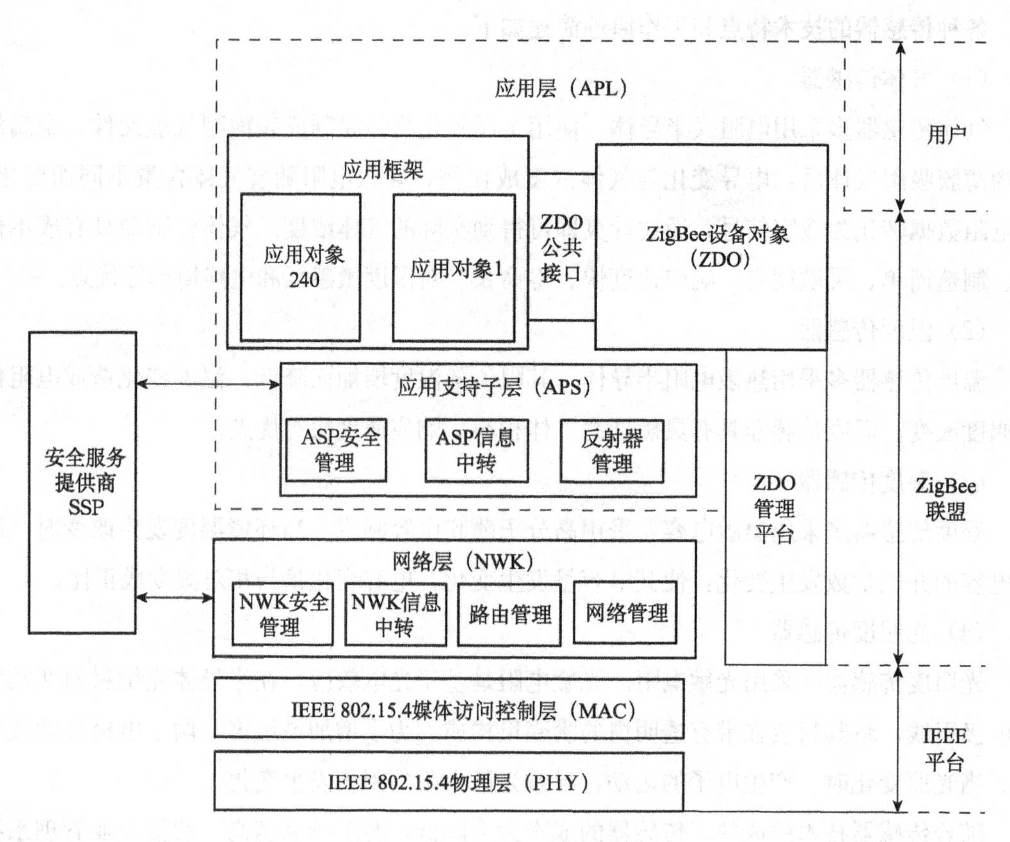

图 1-5　ZigBee 协议分层

应用 ZigBee 可组成多种网络拓扑结构——星形网络、簇状网络、网状网络，其中网状网络最重要，如图 1-6 所示。

网状拓扑结构是一种多跳的网络系统。网络中的节点可以直接通信，每一次，通信网

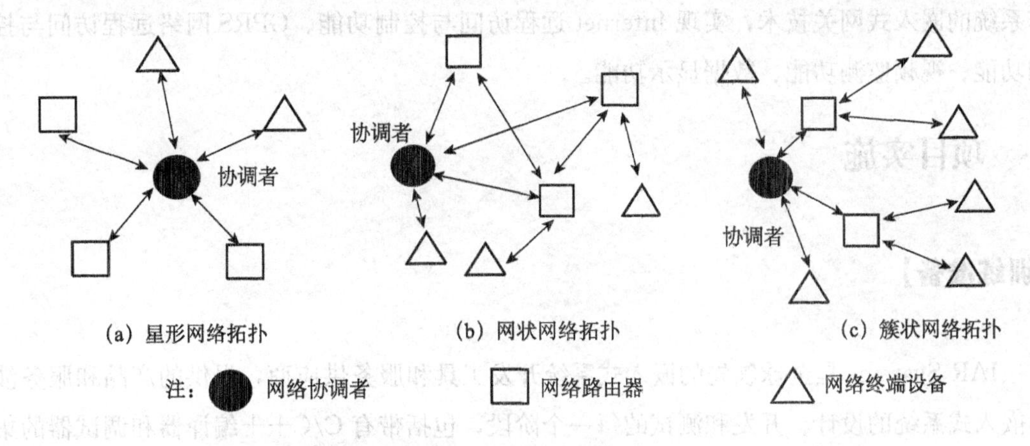

图 1-6 ZigBee 网络拓扑图

络都会选择一条或多条路由传输数据，将要传输的数据传递给目的节点，它是一种点到点网络。在点到点网络中，只要彼此都在对方的辐射范围之内，任何两个节点之间都可以直接通信。点到点支持多跳路由。点到点网络中也需要协调器，负责管理链路状态信息、认证设备身份等。网状网络中的源节点都有多条路径到达目的节点，因此节点容故障能力较强。

3. 嵌入式网关与节点技术

智能农业管理系统采用嵌入式系统作为网关，其优势如下所述。

①可靠性高。嵌入式网关采用的都是高性能的嵌入式 CPU，集成度非常高，而且没有多余的外围设备，因此硬件故障的概率显著降低。安全网关的嵌入式平台都采用低功耗设计，整个平台的发热量非常低。低发热量带来的好处就是系统运行稳定，而且无须采用风扇和相关冷却机构。

②成本低。嵌入式网关根据具体的应用量身定制，多余的器件都可以省去，不仅成本降低，而且系统更加简洁、稳定和高效。

③抗病毒能力强。嵌入式网关使用的代码是经过再次开发的，也没有可以动态加载运行的执行文件，因此病毒无法入侵此平台。整个嵌入式网关加载于内存中运行，不会受到病毒的影响。

④启动速度快。嵌入式网关的启动速度非常快，通常在 5～10s 能够加载完成并正常运行。

⑤可持续工作能力强。嵌入式网关的芯片都可以长期持续使用，现有器件若干年以后仍旧可以采购并使用。

智能农业管理系统采用嵌入式技术，将传感器节点、执行节点与 ZigBee 技术融合成具有低功耗、低成本、分布式和自组织等特点的无线传感网络节点，并采用运行 Linux 操作系统的嵌入式网关技术，实现 Internet 远程访问与控制功能、GPRS 网络远程访问与控制功能、视频监测功能、数据显示功能。

项目实施

【训练准备】

IAR Systems 是全球领先的嵌入式系统开发工具和服务供应商，提供的产品和服务涉及嵌入式系统的设计、开发和测试的每一个阶段，包括带有 C/C++编译器和调试器的集成开发环境（IDE）、实时操作系统和中间件、开发套件、硬件仿真器以及状态机建模工具。

IAR 开发环境能够把用户的思想用 CPU 能识别的语言表达出来，让 CPU 按照用户的思路去工作，通过 C++语言将功能实现。IAR 开发环境能够编译代码，生成嵌入式系统可执行的文件；同时，IAR 集成开发环境提供调试功能，为开发者提供方便。

1. IAR 开发环境安装

智能农业管理系统使用 IAR 7.51a，集成开发环境搭建过程如下所述。

①将安装软件解压后，运行可执行安装程序，并选择 Install IAR 选项，如图 1-7 所示。

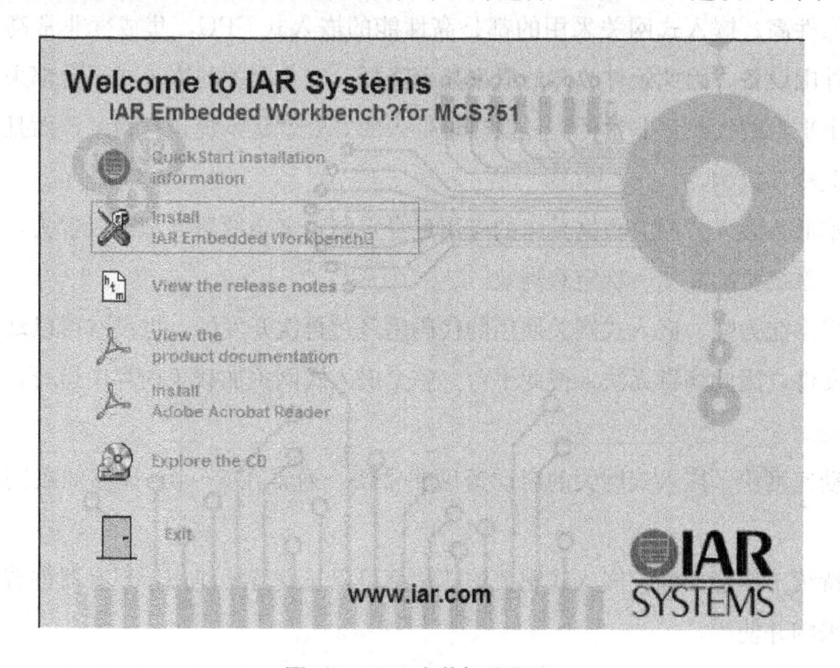

图 1-7 IAR 安装初始界面

②通过安装向导，接受协议后，输入序列号。

③选择安装路径（见图1-8），并进行完整安装，如图1-9所示。

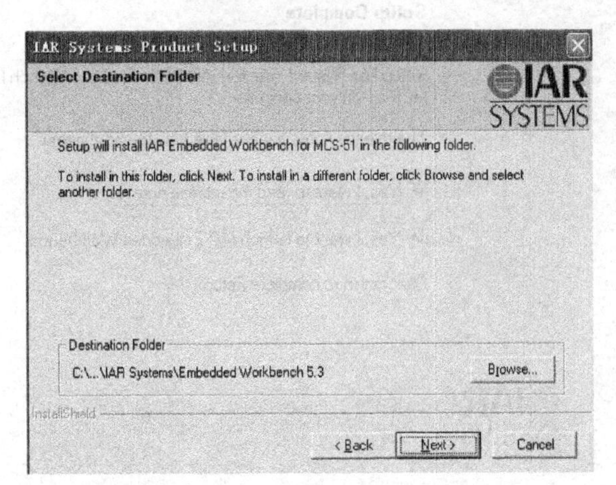

图1-8　安装路径

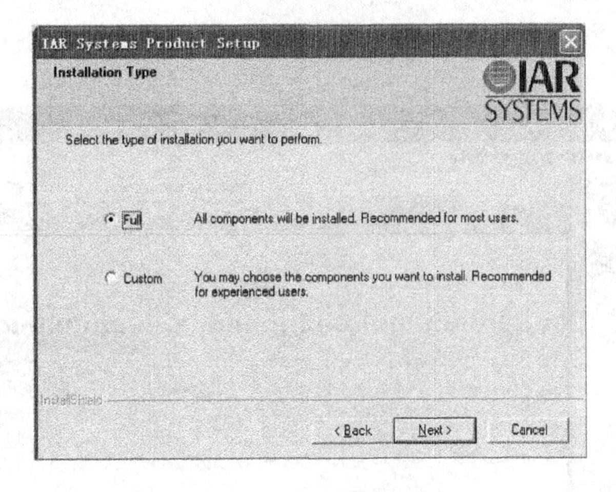

图1-9　选择完整安装

④完成后，启动IAR集成开发环境，如图1-10所示。

2. IAR开发环境界面

(1) 启动IAR开发环境

单击“程序”→IAR Embedded Workbench for MCS－51→IAR Embedded Workbench命令，启动IAR开发环境界面，如图1-11所示。

(2) 建立一个新的工程

单击Project→Creat New Project命令，弹出一个对话框，从中选择Empty Project项。确定后，在“文件名”处输入新建工程的名字，然后选择工程的保存路径，再单击“保存”按钮，新的工程就建立完成，如图1-12所示。

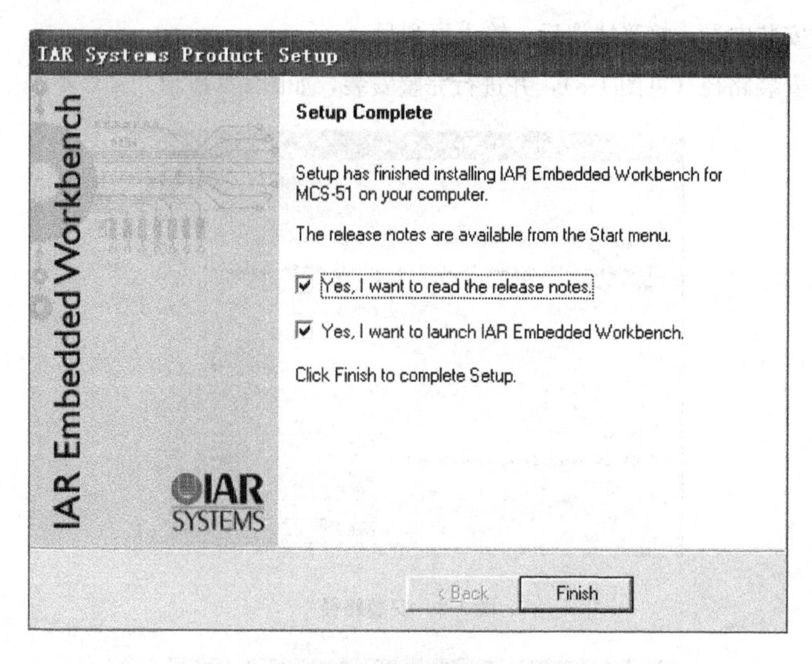

图 1-10 安装完成

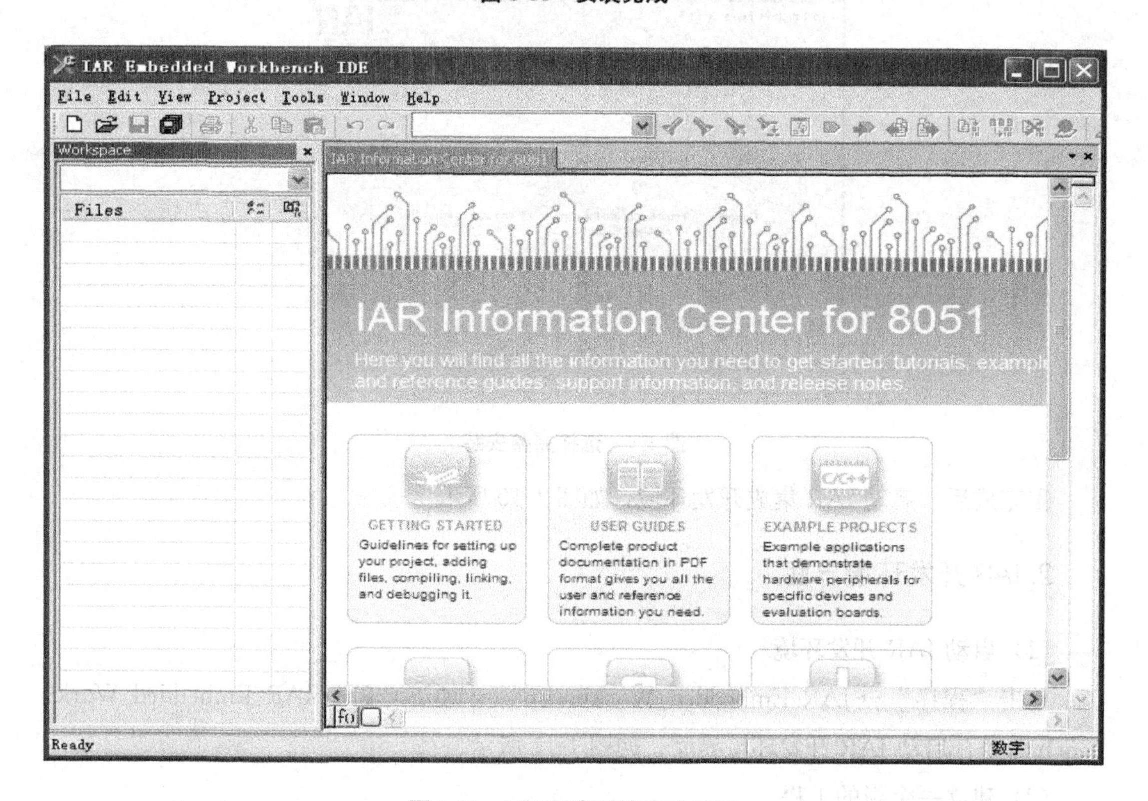

图 1-11 IAR 开发环境启动界面

(3) 建立新的 C 程序文件

在工程界面下单击 File→New→File 命令，然后单击保存按钮，在弹出的窗口“文件

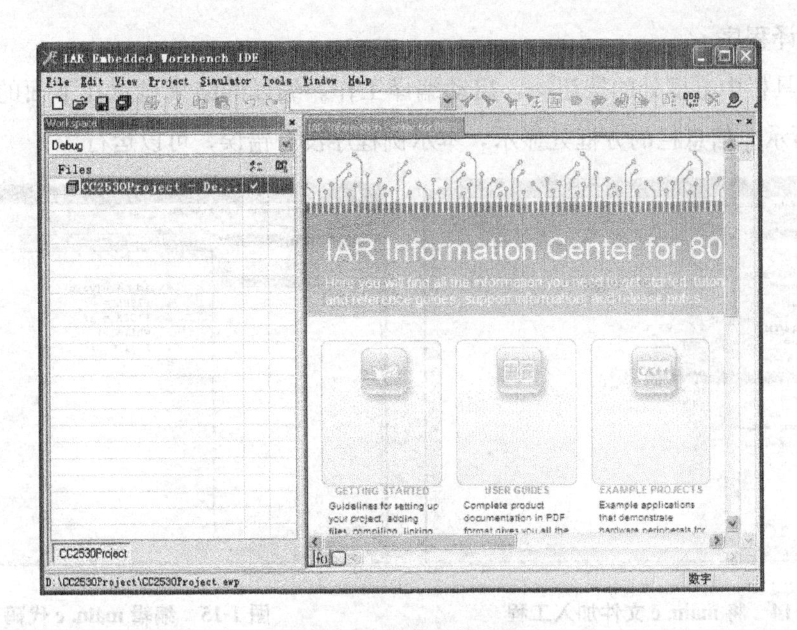

图 1-12　新建一个工程

名”处输入文件名为 main. c，保存位置选择在工程文件路径下，最后保存文件，完成文件的建立，如图 1-13 所示。

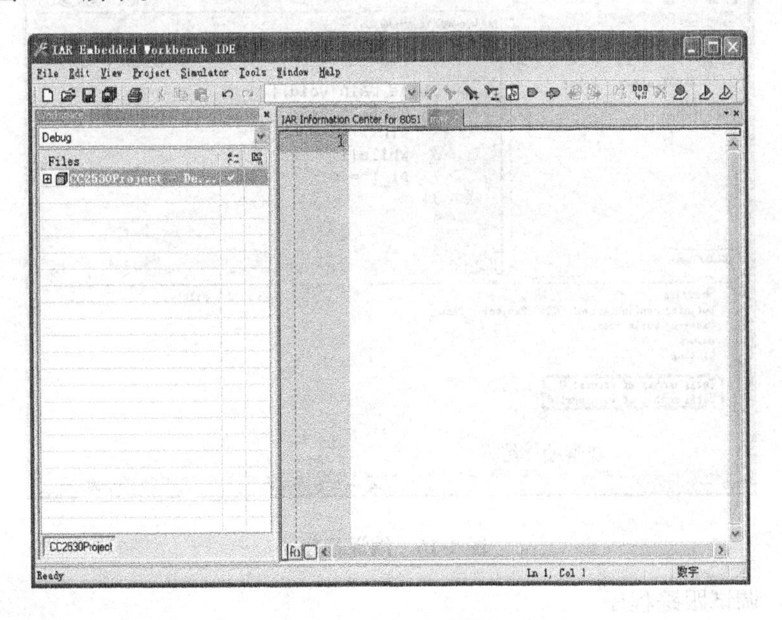

图 1-13　新建 . c 文件

（4）编辑 C 语言代码，并加入工程

编辑文件 main. c，输入相应的代码（当前代码为示例程序）。然后右击工程文件名，在弹出的快捷菜单中单击 Add→Add Files 命令（见图 1-14），选中 main. c 文件，把文件 main. c 添加到工程中，如图 1-15 所示。

（5）编译程序

单击工具栏中方框处的按钮▣，启动编译工作。编译的结果显示在下面的信息栏中，如图 1-16 所示。信息栏的方框处显示，本示例程序没有错误，可以运行。

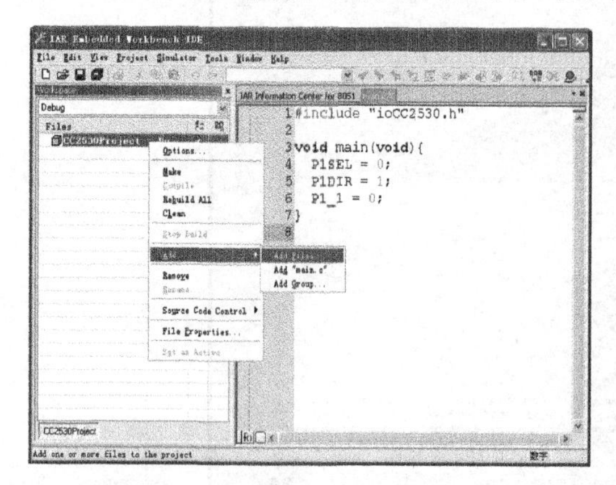

图 1-14　将 main. c 文件加入工程

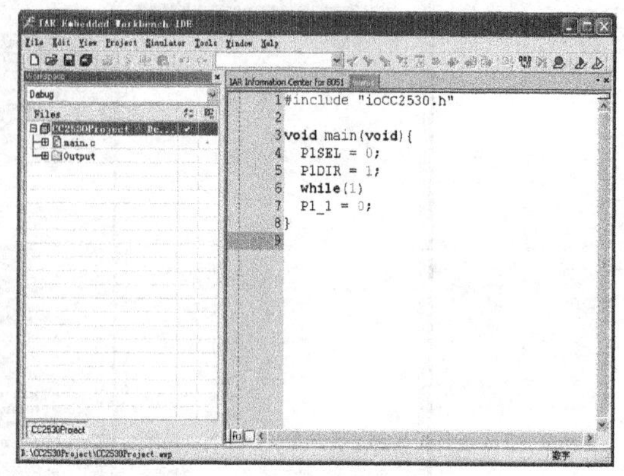

图 1-15　编辑 main. c 代码

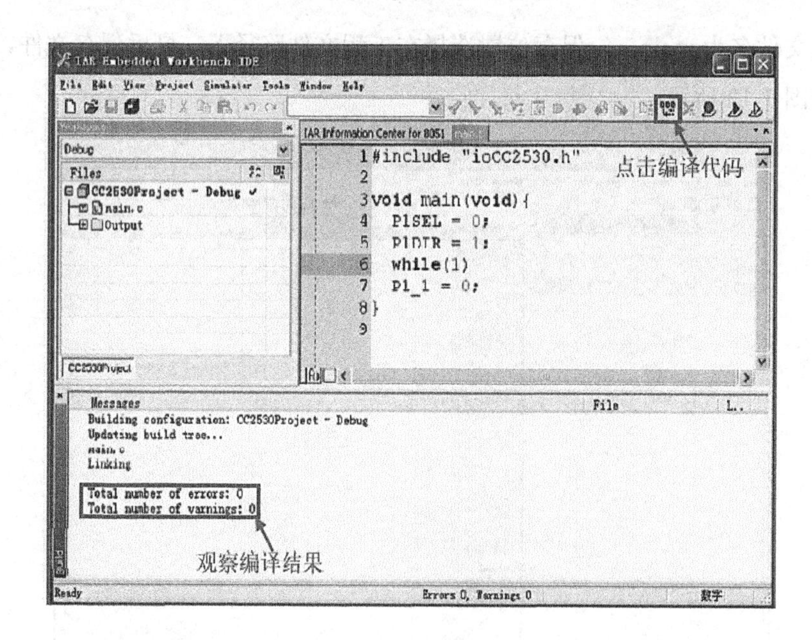

图 1-16　编译程序

（6）调试跟踪程序

单击红圈处的按钮▶执行调试，进入程序调试界面，如图 1-17 所示。

在调试对话框中，单击 View→Watch 选项，弹出观察窗口。将需要观察的对象拖到观察窗口中，或将观察对象的名字填到 Expression 项中，然后单击单步运行按钮，观察这些对象的变化，如图 1-18 所示。

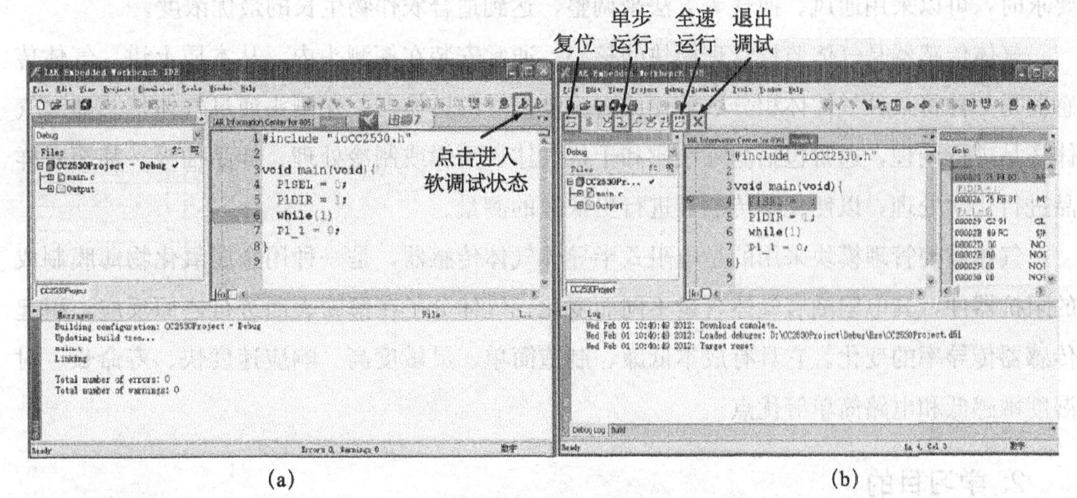

图 1-17　调试程序

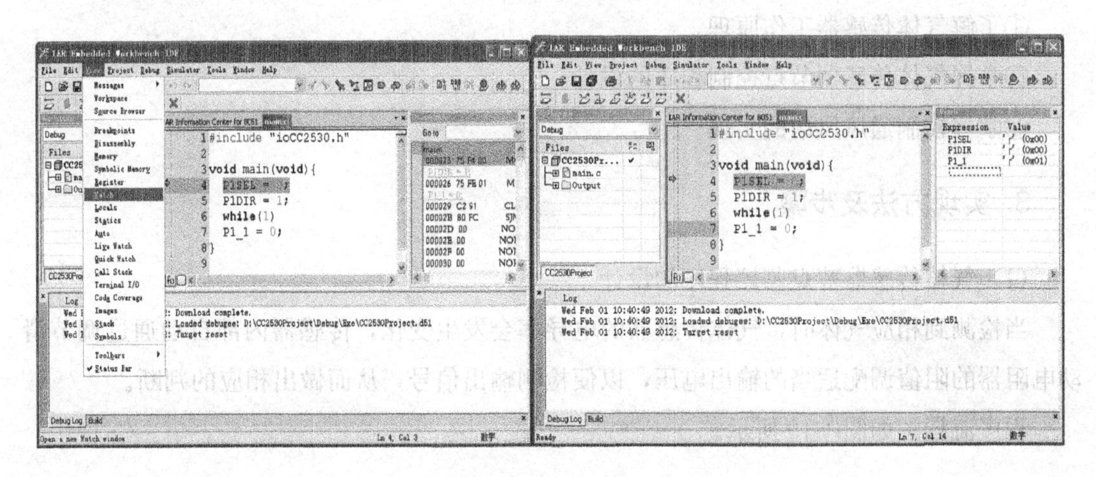

图 1-18　跟踪程序

【引导训练】

任务 1-1　气体监控管理模块

1. 任务描述

在农业生产过程中，通过气体传感器可以检测通风情况，监控 O_2 和 CO_2 浓度。气体传感器可以检测很多种气体，主要用到的气体传感器是氧气传感器、二氧化碳传感器等，通过它们，实时监控气体浓度，由嵌入式网关将数据发送给用户。当发现气体浓度不符合要求时，可以采用通风、换气等方法来调整，达到适合农作物生长的最优浓度。

气体传感器是气体监控管理模块的核心，通常安装在探测头内。从本质上讲，气体传感器是一种将某种气体体积分数转化成对应电信号的转换器。探测头通过气体传感器对气体样品进行调理，通常包括滤除杂质和干扰气体、干燥或制冷处理、样品抽吸，甚至对样品进行化学处理，以便化学传感器进行更快速的测量。

气体监控管理模块采用的是电阻式半导体气体传感器，是一种用金属氧化物薄膜制成的阻抗器件，其电阻随着气体含量不同而变化。气体分子在薄膜表面进行还原反应，引起传感器传导率的变化。它具有成本低廉、制造简单、灵敏度高、响应速度快、寿命长、对湿度敏感低和电路简单等优点。

2. 学习目的

①了解气体传感器工作原理。

②掌握气体传感器节点控制程序的设计。

③掌握控制通风风扇的实现。

3. 实现方法及步骤

(1) 气体传感器节点监控程序的设计

当检测到相应气体时，气体传感器的电导率会发生变化，传感器内部自动通过调节滑动电阻器的阻值调配适当的输出电压，以便检测输出信号，从而做出相应的判断。

程序流程图如图 1-19 所示。

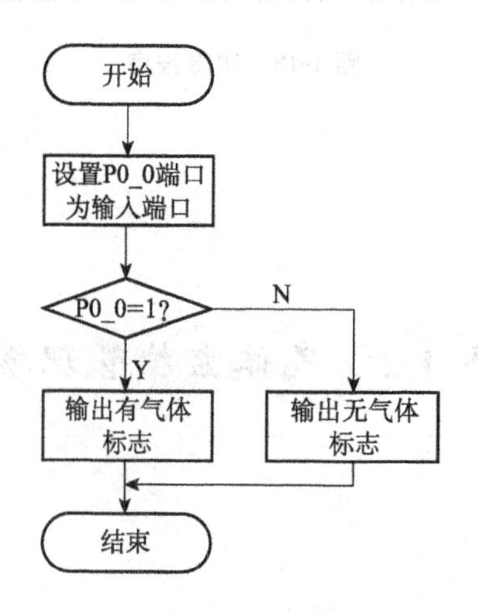

图 1-19 气体传感器监控程序流程图

①设置二氧化碳传感器。

```
const struct_subDeviceInfo subDeviceList[SUBDEVICE_NUMBER] = {
```

```
    ZD_THERMO_SENSOR;  //传感器类型
    ZD_READ;  //将传感器设置为可读模式
    "CO2Sensor";  //二氧化碳传感器
    "";
    "ppm";
};
```

②定义全局变量，用于保存传感器数据。

```
char buftestSensor[10];
```

③定义二氧化碳传感器的调用函数。本函数通过一个静态变量，存储和输出传感器数据。

```
char * CO2Sensor(uint8 cmd,uint8 dataLen,uint8 * data)
{
    static float v;  //定义静态变量
    v = filter();  //通过滤波函数读取数据
    sprintf(buftestSensor,"%3.1f",v);  //将读出的数据存放在全局变量中
    return buftestSensor;
}
```

④设置二氧化碳传感器进程。

```
typedef char * _DeviceCall(uint8 cmd,uint8 dataLen,uint8 * data);
_DeviceCall * SubDeviceProcessor[SUBDEVICE_NUMBER] =
{
    CO2Sensor;
};
```

⑤通过回调函数或者函数处理表，调用所连接的设备，查找其中的二氧化碳传感器，并进行处理。

```
void SubDeviceReceiveDataParse(uint8 cmd,uint8 subDev,uint8 dataLen,uint8 * data)
{
  if(subDev> = 0&&subDev<SUBDEVICE_NUMBER)  //检测传感器设备是否已连接
  {
    char * res;
    if(subDev = = 0)  //如果有传感器设备,此处"0"表示第一个设备
    {
        res = CO2Sensor(cmd,dataLen,data);  //调用前面的二氧化碳传感器定义函数
        break;
    }

    if(res)
      //处理二氧化碳传感器进程
      DeviceCommandResponse(cmd,subDev,osal_strlen(res)+1,res);
```

```
    else
      DeviceCommandResponse(cmd,subDev,0,0);
  }
}

//读取检测到的气体数据,并计算二氧化碳浓度
float Read_CO2Sensor()
{
    float  result;
    uint16  U;
    uint16  m;

    P0DIR = 0;  //定义 P0 口为输入口
    ADCIF = 0;  //中断转换标志位
    ADCCON1 = 0x33;  //清除转换标志位
    ADCCON2 = 0x20;  //参考内部电压 1.25V,选用通道 0,10 位转换精度
    ADCCON3 = 0xA0;  //参考电压选为电源电压 3.3V
    while ( ! ADCIF );  //循环等待
    U = ADCL;
    m = ADCH;

    U: = m<<8;  //把存储结果转化为十六进制数据
    U>> = 6;
    result = (U * 3.3)/512;  //计算实际电压值
    result = (result * 380)/0.97;  //计算二氧化碳的浓度值
    return result;
}
```

⑥为了保证处理结果准确，进行简单的数字滤波，避免一些噪声干扰。

```
float filter()
{
   #define N 5
   int count,i,j;
   float value_buf[N];
   float sum = 0, temp = 0;
   for (count = 0;count<N;count + + )
   {
      value_buf[count] = Read_CO2Sensor();
      delay(6000);
   }
   for (j = 0;j<N - 1;j + + )
   {
      for (i = 0;i<N - j;i + + )
      {
         if ( value_buf[i]>value_buf[i + 1] )
```

```
            {
                temp = value_buf[i];
                value_buf[i] = value_buf[i+1];
                value_buf[i+1] = temp;
            }
        }
    }
    for(count=0;count<N;count++)
        sum += value_buf[count];
    return (float)(sum/(N));
}
```

通过读取气体传感器的数据，气体监控管理模块既可以简单判断是否有气体，也可以获取气体浓度，从而进一步管理和监控。

(2) 气体传感器 ZigBee 协议栈的设计

在 ZigBee 协议栈中，通过调用函数 SendData() 完成数据的发送，其原型如下：

uint8 SendData (uint8 *buf, uint16 addr, uint8 Leng)

功能描述：将缓冲区 buf 中的数据发送到地址为 addr 的节点中。

输入：buf（指向发送数据）

addr（目的节点地址）

Leng（发送数据的长度）

输出：发送成功，返回“1”；否则，返回“0”。

气体传感器节点通过调用 SendData() 函数，将气体检测数据发送给嵌入式网关。嵌入式网关将在接收数据缓冲区 RxBuf [50] 中读取数据。

```
uint16 CO2_ProcessEvent( uint8 task_id, uint16 events )
{
    afIncomingMSGPacket_t *MSGpkt;
    if ( events & SYS_EVENT_MSG )
    {
      MSGpkt = (afIncomingMSGPacket_t *)osal_msg_receive( CO2_TaskID );
      while ( MSGpkt )
      {
          switch ( MSGpkt->hdr.event )
      {
//通过按键输入,开始接收数据
      case KEY_CHANGE:
      CO2_HandleKeys(((keyChange_t *)MSGpkt)->state, ((keyChange_t *)MSGpkt)
      ->keys);
      break;
//外部数据接收
```

```
        case AF_INCOMING_MSG_CMD:
        CO2_MessageMSGCB( MSGpkt );
        break;
//网络状态改变
        case ZDO_STATE_CHANGE:
        CO2_NwkState = (devStates_t)(MSGpkt->hdr.status);
        if ( (CO2_NwkState == DEV_ZB_COORD)
        || (CO2_NwkState == DEV_ROUTER)
        || (CO2_NwkState == DEV_END_DEVICE) )
        {
          #if defined( ZDO_COORDINATOR )
          conPrintROMString("嵌入式网关建立网络成功\n");
          conPrintROMString("嵌入式网关程序:物理地址:");
          memcpy(RfTx.TXDATA.IEEE,NLME_GetExtAddr(),8);      //获取物理地址
          conPrintUINT8_noleadern (RfTx.TXDATA.IEEE,8);
          conPrintROMString("嵌入式网关网络地址:");
          RfTx.TXDATA.Saddr = NLME_GetShortAddr();           //获取网络地址
          conPrintUINT16 ( RfTx.TXDATA.Saddr);
          HalLedBlink( HAL_LED_4, 4, 50, 250 );
          #elif defined( RTR_NWK ) && (!defined(ZDO_COORDINATOR))
          conPrintROMString("路由节点加入网络成功\n");
          HalLedBlink( HAL_LED_4, 3, 50, 250 );                //小灯闪烁
          RfTx.TXDATA.HeadCom[0] ='n';                         //输入命令
          RfTx.TXDATA.HeadCom[1] ='e';
          RfTx.TXDATA.HeadCom[2] ='w';
          RfTx.TXDATA.Node_type[0] ='R';                      //节点类型
          RfTx.TXDATA.Node_type[1] ='O';
          RfTx.TXDATA.Node_type[2] ='U';
          memcpy(RfTx.TXDATA.IEEE,NLME_GetExtAddr(),8);        //获取物理地址
          RfTx.TXDATA.Saddr = NLME_GetShortAddr();             //获取网络地址
          SendData(RfTx.TxBuf, 0x0000, 32);                     //发送首次信息
          #else
          conPrintROMString("最终节点加入网络成功\n");
          HalLedBlink( HAL_LED_4, 3, 50, 250 );
          RfTx.TXDATA.HeadCom[0] ='n';                         //输入命令
          RfTx.TXDATA.HeadCom[1] ='e';
          RfTx.TXDATA.HeadCom[2] ='w';
          RfTx.TXDATA.Node_type[0] ='R';                      //节点类型
          RfTx.TXDATA.Node_type[1] ='F';
          RfTx.TXDATA.Node_type[2] ='F';
          memcpy(RfTx.TXDATA.IEEE,NLME_GetExtAddr(),8);        //获取物理地址
          RfTx.TXDATA.Saddr = NLME_GetShortAddr();             //获取网络地址
          SendData(RfTx.TxBuf, 0x0000, 32);                     //发送首次信息
          #endif
//串行输出二氧化碳浓度数据
```

```
        osal_start_timerEx( CO2_TaskID,
        CO2_SEND_PERIODIC_MSG_EVT,
        CO2_SEND_PERIODIC_MSG_TIMEOUT );
        }
        else
        {
        break;
        }

        //释放内存
        osal_msg_deallocate( (uint8 * )MSGpkt );
        MSGpkt = (afIncomingMSGPacket_t * )osal_msg_receive( CO2_TaskID );
        }
    return (events ^ SYS_EVENT_MSG);
    }
```

(3) 风扇控制程序的设计

植物光合作用需要二氧化碳。二氧化碳浓度低于系统设定值时，系统自动开启风扇，加强通风，为植物提供充足的二氧化碳。风扇控制程序流程图如图 1-20 所示。

创建一个新 Qt GUI 工程，然后在 UI 界面上拖放两个 QLabel、两个 QLineEdit、一个 QCheckBox 控件。摆放位置，并设定显示文字，效果如图 1-21 所示。

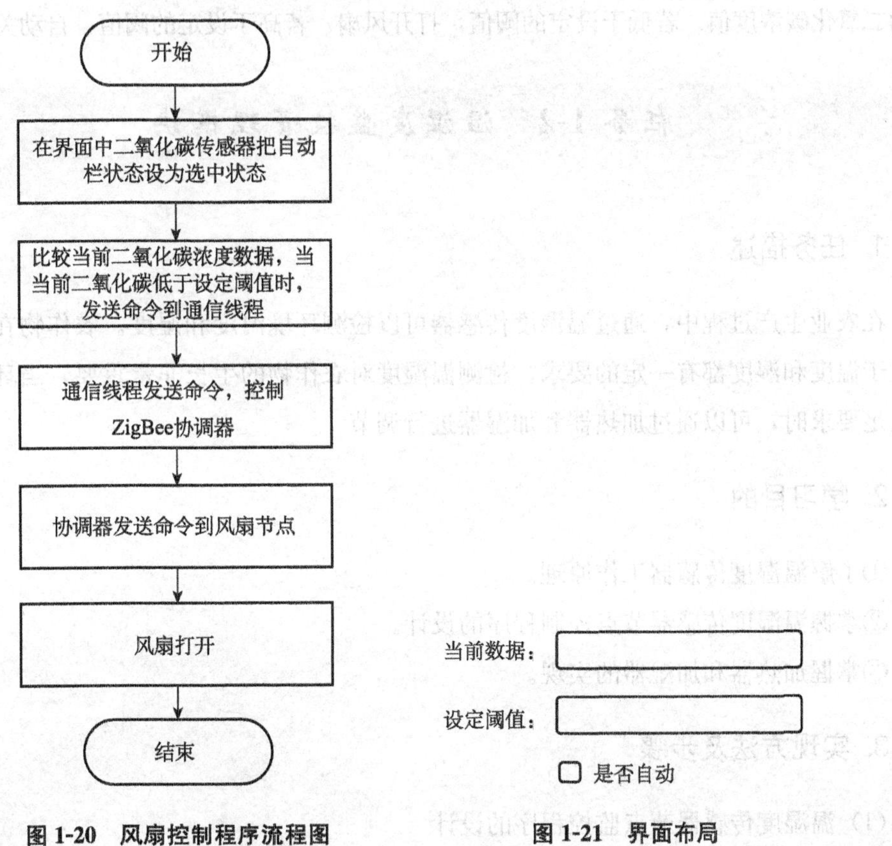

图 1-20　风扇控制程序流程图　　**图 1-21　界面布局**

在新工程中添加串口类和ZigBee线程类文件，主要功能部分实现如下：

```
void Widget::timeUpdate()
{
    float check_data;
    QString s = ui->check_data->text();
    check_data = s.toInt();
    if(ui->checkBox->checkState())
    {
        if(m_data<check_data)     //小于设定值时,打开风扇
        {
            sendAutoCmd(true);
        }
        else if (m_data>check_data)     //大于设定值时,关闭风扇
        {
            sendAutoCmd(false);
        }
    }
    emit sendReadCmd();     //发送命令,读取传感器数据
}
```

这部分代码的主要功能是定时器每隔1秒响应一次，当自动选项是选中状态时，比较当前的二氧化碳浓度值。若低于设定的阈值，打开风扇；若高于设定的阈值，自动关闭风扇。

任务1-2 温湿度监控管理模块

1. 任务描述

在农业生产过程中，通过温湿度传感器可以检测环境温度和湿度。农作物在生长过程中对于温度和湿度都有一定的要求，检测温湿度对农作物的生长非常重要。当环境温湿度不满足要求时，可以通过加热器和加湿器进行调节。

2. 学习目的

①了解温湿度传感器工作原理。

②掌握温湿度传感器节点控制程序的设计。

③掌握加热器和加湿器的实现。

3. 实现方法及步骤

(1) 温湿度传感器节点监控程序的设计

温湿度传感器根据用户设置的测量精度采集数据，并且可以完成温度和湿度数据转换。程序流程图如图1-22所示。

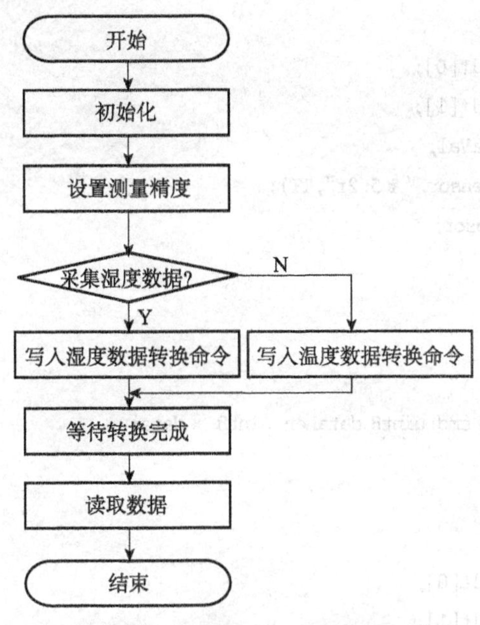

图1-22　温湿度监控程序流程图

①设置温湿度传感器。

```
const struct_subDeviceInfo subDeviceList[SUBDEVICE_NUMBER] = {
  {//温度传感器
    ZD_THERMO_SENSOR; //传感器类型
    ZD_READ; //将传感器设置为可读模式
    "TmperSensor";//温度传感器
    "";
    " % ";
  };
  {//湿度传感器
    ZD_THERMO_SENSOR;
    ZD_READ;
    "HumidSensor";//湿度传感器
    "";
    " % ";
  },
};
```

②定义全局变量，用以保存传感器数据。

```
char buftestSensor[10];
```

③定义温湿度传感器的调用函数。

```
char *ThermoSensor(uint8 cmd,uint8 dataLen,uint8 *data)
{//温度
    if(ReadT() = =1)
    {
      CC.cVal[1] = RHTRlt[0];
      CC.cVal[0] = RHTRlt[1];
      TT = D1 + D2 * CC.iVal;
      sprintf(buftestSensor," %5.2f",TT);
      return buftestSensor;
    }
    else
    { return "";}
}
char *HumiSensor(uint8 cmd,uint8 dataLen,uint8 *data)
{//湿度
    if(ReadRH() = =1)
    {
      CC.cVal[1] = RHTRlt[0];
      CC.cVal[0] = RHTRlt[1];
      RH = C1 + C2 * CC.iVal + C3 * CC.iVal * CC.iVal;
      sprintf(buftestSensor," %.2f",RH);
      return buftestSensor;
    }
    else
    { return "";}
}
```

④设置温湿度传感器进程。

```
typedef char *_DeviceCall(uint8 cmd,uint8 dataLen,uint8 *data);
_DeviceCall *SubDeviceProcessor[SUBDEVICE_NUMBER] =
{
    ThermoSensor,
};
```

⑤通过回调函数或者函数处理表，调用所连接的设备，查找其中的温湿度传感器，并进行处理。

```
void SubDeviceReceiveDataParse(uint8 cmd,uint8 subDev,uint8 dataLen,uint8* data)
{
  char s[20];
  static counter;
  counter + +;
```

```
if(subDev>=0&&subDev<SUBDEVICE_NUMBER) //检测传感器设备是否已连接
{
  char *res;
  switch(subDev) //根据传感器设备,此处"0"表示温度,"1"表示湿度
  {
      case 0:
      res = ThermoSensor(cmd,dataLen,data);
      break;
    case 1:
      res = HumiSensor(cmd,dataLen,data);
      break;
  }
  sprintf(s,"Call %d temp= %s ",counter,res);
  HalUARTWrite( SERIAL_APP_PORT,s,strlen(s));

  if(res)
     //处理温湿度传感器进程
    DeviceCommandResponse(cmd,subDev,osal_strlen(res)+1,res);
  else
    DeviceCommandResponse(cmd,subDev,0,0);
}
}
```

⑥读取温度函数。

```
char ReadT(void)
{
  char Rlt = 0;
  long i = 0;
  I2CReset();//复位通信
  I2CStart();//发送起始位
  Rlt = I2CSendB(TEMP); //发送测温命令
  if(Rlt = = 0) return 0; //是否要拉高数据线?
  P0DIR = P0DIR&0xBF;//p0.6 为输入模式
  for(i = 0;i<1999999;i++)
  {
    if(SHTDAT = = 0) break;
  }
  if(SHTDAT = = 1) return 0;
  //测试数据线传感器已经测试完成
  //读回数据
  RHTRlt[0] = I2CReadB(0);
  RHTRlt[1] = I2CReadB(0);
```

```
    RHTRlt[2] = I2CReadB(1);
    return 1;
}
```

⑦读取湿度函数。

```
char ReadRH(void)
{
    char Rlt = 0;
    long i = 0;
    I2CReset();//复位通信
    I2CStart();//发送起始位
    Rlt = I2CSendB(HUMI); //发送测湿命令.注意,此处设置与测量温度不同
    if(Rlt = = 0) return 0;
    for(i = 0;i<1999999;i + + )
    {
      if(SHTDAT = = 0) break;
    }
    if(SHTDAT = = 1) return 0;
    //测试数据线传感器已经测试完成
    //读回数据
    RHTRlt[0] = I2CReadB(0);
    RHTRlt[1] = I2CReadB(0);
    RHTRlt[2] = I2CReadB(1);
    return 1;
}
```

通过读取温湿度传感器的数据，可以根据 RHTRlt 中读出的数据得到当前的温度和湿度，从而根据需要进行调节。

（2）温湿度传感器 ZigBee 协议栈的设计

温湿度传感器的 ZigBee 协议栈设计与任务 1-1 中的气体传感器方法类似。

（3）加热器与加湿器控制程序的设计

通过获得温度和湿度数据，可以了解农作物当前的环境状态。状态获取流程如图 1-23 所示。

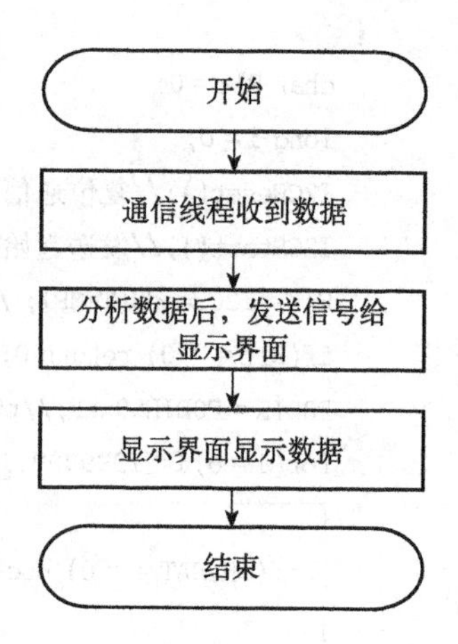

图 1-23　环境状态获取流程图

核心代码为发送读取命令，通过 sendReadCmd 函数实现。

```
void ZigbeeThread::sendReadCmd()
{
    for(int i = 0;i<nzbDevice;i + + )
        {
```

```
        for (int j = 0;j<zbDeviceList[i].nSub;j++)
        {
            QByteArray temp (zbDeviceList[i].subDevice[j].name);
            QString name(temp);
            if(name == "TmperSensor")
            {
                ZigbeeCommandSubmit(zbDeviceList[i].shortAddr,j,ZD_READ,0,0,1,0);
            }
        }
    }
}
```

当温室内温度低于设定值时，系统启动加热器来升温，直到温度达到设定值为止。当控制节点接收到温度实时数据时，将判断实时数据与阈值之间的关系。如果实时数据高于阈值，控制节点控制相应的继电器关闭加热器；如果实时数据低于阈值，控制节点便控制相应的继电器开启加热器。

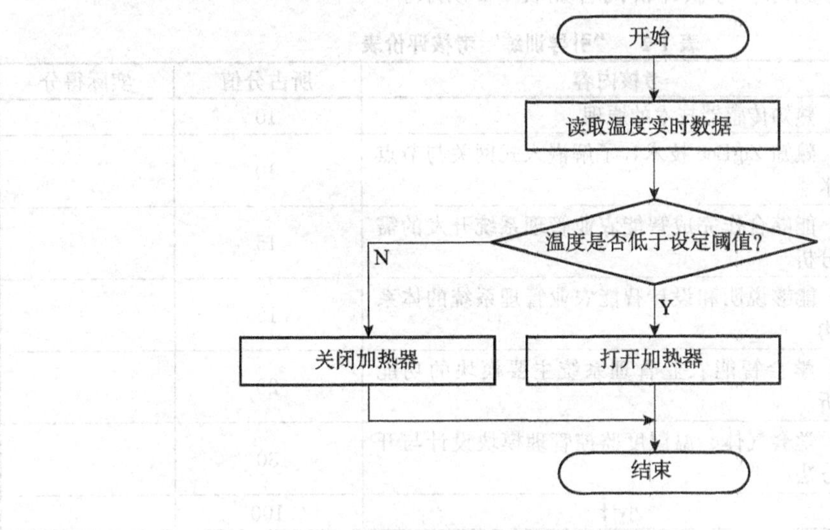

图 1-24　温度控制节点流程图

新建一个 Qt GUI 工程，拖放 QLabel、QLineEdit、QCheckBox 控件，记录当前温度数据，界面效果图如图 1-25 所示。

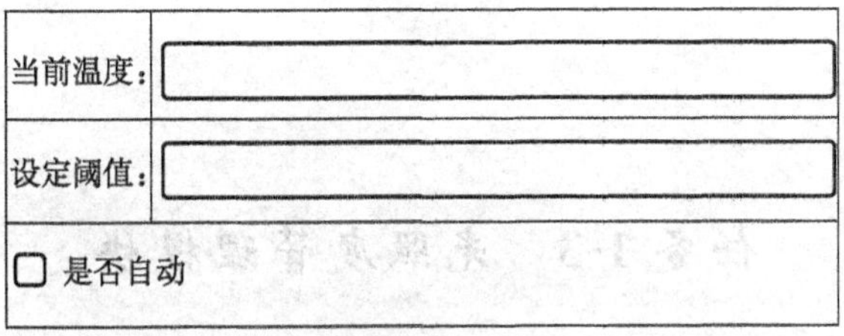

当前温度:
设定阈值:
是否自动

图 1-25　界面布局

窗体对应函数如下所示：

```
void Widget::GetRecvData(QString name,QByteArray data)
{
    m_data = data,toFloat();
    QString temp(data);
    ui->lineEdit_data->setText(temp);
}
```

这是一个自动触发函数。当收到嵌入式网关的数据时，触发信号函数，把数据发送给函数；函数根据数据来判断，通过判断命令区分数据类型。

ZD_READ 用于读取传感器数据。当 cmd 为 ZD_READ 时，将数据转换成字符串，显示在界面上，并用全局变量 data 保存，判断是否打开加热器。

【引导训练考核评价】

本项目的"引导训练"考核评价内容如表 1-2 所示。

表 1-2　"引导训练"考核评价表

	考核内容	所占分值	实际得分
考核要点	(1) 熟知传感器技术的原理	10	
	(2) 熟知 ZigBee 技术，了解嵌入式网关与节点技术	10	
	(3) 能够合作完成智能农业管理系统开发的需求分析	15	
	(4) 能够说明和设计智能农业管理系统的体系结构	15	
	(5) 学会智能农业管理系统主要模块的功能分析	20	
	(6) 学会气体、温湿度监控管理模块设计与开发方法	30	
	小计	100	
评价方式	自我评价	小组评价	教师评价
考核得分			
存在的主要问题			

【同步训练】

任务 1-3　光照度管理模块

在农业生产过程中，光照是最重要的。光照的监控对于智能农业具有重要意义。

光照度管理模块采用光敏电阻来采集光照度信息，其工作原理基于光电效应。在半导体光敏材料两端装上电极引线，将其封装在带有透明窗的管壳里，就构成光敏电阻。为了增加灵敏度，两个电极常做成梳状。构成光敏电阻的材料有金属硫化物、硒化物、碲化物等半导体。

半导体的导电能力取决于半导体导带内载流子数目的多少。当光敏电阻受到光照时，价带中的电子吸收光子能量后跃迁到导带，成为自由电子，同时产生空穴。电子-空穴对的出现使电阻率变小。光照越强，光生电子-空穴对就越多，阻值就越低。当光敏电阻两端加上电压后，流过光敏电阻的电流随光照增大而增大。入射光消失，电子-空穴对逐渐复合，电阻逐渐恢复原值，电流逐渐减小。

实现光照度管理模块的核心函数如下所示：

```
float Read_LightSensor()
{
    float  result;
    float n;
    uint16  U;
    uint16  m;

    P0DIR = 0;//定义 P0 口为输入口
    ADCIF = 0;//中断转换标志位
    ADCL = 0x00;
    ADCH = 0x00;
    ADCCON3 = 0xA0;//参考电压选为电源电压 3.3V
    while ( !ADCIF );   //等待
    U = ADCL;
    m = ADCH;
    U| = m<<8;//把存储结果转化为十进制数据
    U>> = 6;
    result = (U * 3.3)/512;//计算实际电压值
    result = 8163 - (result * 2700);//计算光照度的数据
    return result;
}
```

任务1-4　红外感应管理模块

普通人体会发射 10μm 左右的特定波长红外线，用专门设计的传感器可以针对性地检测这种红外线存在与否。当人体红外线照射到传感器后，因热释电效应，将向外释放电荷，后续电路经检测处理后就能产生控制信号。这种专门设计的探头只对波长为 10μm 左右的红外辐射敏感，所以除人体以外的其他物体不会引发探头动作。探头内包含两个互相串联或并联的热释元件，而且制成的两个电极方向正好相反，环境背景辐射对两个热释元件几乎具有相同的作用，使其产生的释电效应相互抵消，于是探测器无信号输出。

一旦有人侵入探测区域，人体红外辐射通过部分镜面聚焦，并被热释元件接收，但是两片热释元件接收到的热量不同，热释电也不同，不能抵消，于是输出检测信号。

实现红外感应管理模块的核心函数如下所示：

```
const struct _subDeviceInfo subDeviceList[SUBDEVICE_NUMBER] = {
  {
    ZD_THERMO_SENSOR;
    ZD_READ;
    "InfrarSensor";//光照传感器
    "";
    "";
  };
};
char buftestSensor[10];
char GetME003S(void)
{
  char Port1;
  P1DIR& = ~(1<<1);
  if(P1_1)
    return 1;
  else
    return 0;
}

void SubDeviceReceiveDataParse(uint8 cmd,uint8 subDev,uint8 dataLen,uint8 * data)
{
  if(subDev> = 0&&subDev<SUBDEVICE_NUMBER)
  {
    char * res;
    switch(subDev)
    {
      case 0:
        res = buftestSensor;
        sprintf(res," % d",GetME003S());
        break;
    }

    if(res)
      DeviceCommandResponse(cmd,subDev,osal_strlen(res) + 1,res);
    else
```

```
        DeviceCommandResponse(cmd,subDev,0,0);
    }
}
```

【同步训练考核评价】

本项目的“同步训练”考核评价内容如表1-3所示。

表1-3　“同步训练”考核评价表

<table>
<tr><td>任务名称</td><td colspan="4">光照度、红外感应管理模块</td></tr>
<tr><td>任务完成方式</td><td colspan="4">【　】小组合作完成　　　　【　】个人独立完成</td></tr>
<tr><td colspan="5">同步训练任务完成情况评价</td></tr>
<tr><td>自我评价</td><td></td><td colspan="2">小组评价</td><td>教师评价</td></tr>
<tr><td colspan="5">存在的主要问题</td></tr>
<tr><td colspan="5"></td></tr>
</table>

【想一想　练一练】

加热器和加湿器是通过自动触发函数，根据当前温度以及预设值控制的。如果需要手动控制，如何实现？

智能家居系统

教学导航

教学目标	(1) 熟悉智能家居系统开发的需求分析 (2) 熟悉智能家居系统的体系结构分析 (3) 了解环境感知等传感器的工作原理 (4) 了解环境监控、报警以及智能窗帘控制的实现过程 (5) 掌握智能家居系统主要模块的功能分析以及可行性分析
教学重点	(1) 智能家居系统的分析 (2) 智能家居系统应用层设计
教学难点	(1) 基于 Android 环境开发智能家居系统上位机端应用程序 (2) 智能家居系统关键代码编写和调试
教学方法	任务驱动法、分组讨论法、四步训练法（训练准备──→引导训练──→同步训练──→拓展训练）
课时建议	12 课时

项目概述

1. 项目开发目的与意义

20 世纪 80 年代初，随着大量采用电子技术的家用电器面市，住宅电子化（HE，Home Electronics）出现。80 年代中期，将家用电器、通信设备与安保防灾设备各自独立的功能综合为一体后，形成了住宅自动化概念（HA，Home Automation）。80 年代末，由于通信与信息技术的发展，出现了对住宅中各种通信、家电、安保设备通过总线技术进行监视、控制与管理的商用系统，这在美国称为 Smart Home，也就是现在智能家居的原型。

伴随着数字化和网络化进程，智能化浪潮席卷世界每一个角落，成为一种势不可挡的历史化大趋势。这一切的最终目的是为人们提供一个以人为本的舒适、便捷、高效、安全的生活环境。高科技技术促使家庭实现了生活现代化，居住环境舒适化、安全化。这些高科技影响到人们生活的方方面面，改变了人们的生活习惯，提高了人们的生活质量。但如何建立一个高效率、低成本的智能家居系统，成为当今世界的一个热点问题。

智能家居（smarthome）可以定义为一个过程或者一个系统，其组成如图 2-1 所示。

智能家居系统是以住宅为平台，家居电器及家电设备为主要控制对象，利用先进的计算机技术、网络通信技术、综合布线技术、无线技术，将与家居生活有关的各种子系统有机地结合在一起，通过统筹管理，让家居生活更加舒适、安全、有效。

由于智能家居是一个多行业交叉覆盖的系统工程，各个设备厂商按照不同的接口标准与协议生产设备，其结果是不同设备之间的互连、互通变得非常困难。这种问题实际上就是由家居设备的通信协议标准没有统一造成的。在整个智能家居系统中，家庭网络是智能家居实现通信的基础，是住宅内部的神经系统，通信协议是其精髓所在，因此在智能家居系统的设计中，采用具有良好发展前景的通信协议具有重要的意义。

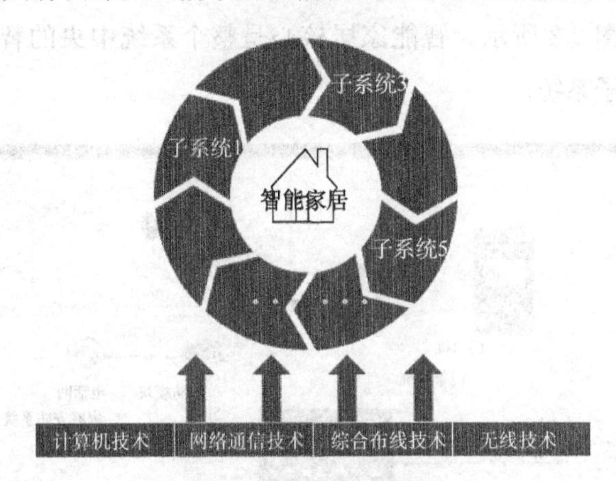

图 2-1　智能家居组成

2. 项目开发的背景

随着现代社会科技飞速发展和人们生活水平不断提高，人们工作和生活的步伐日益紧张，对高科技产品和自动化产品的需求日益增加。同时，对信息的实时化需求更加具体，侧面反映出人们对高质量生活的追求。人们希望通过相关技术将家庭中各种与信息相关的通信设备、家用电器和家庭安防等装置连接到一个家庭智能化系统上进行集中或异地监视、控制和管理，保持这些家庭设施与住宅环境的和谐与协调一致，满足用户对居住环境的需求。当然，这一切的实现需要开发一套合理、有效的智能家居系统。

智能家居系统是放眼于家庭，对家庭中用户的具体要求进行的具体产品化实现，使人们在日常生活中享受高科技带来的便捷，提高生活质量。它是具有功能易扩展、设备易维护、具有良好的人—机交互界面的智能家居系统，实现家庭工作智能化管理，从而提高人们的学习、工作、生活质量，让人们在紧张的社会步伐中享受过程。与普通家居相比，智能家居不仅具有传统的居住功能，提供舒适安全、高品位且宜人的家庭生活空间，还将原来的被动、静止结构转变为具有能动智慧的工具，提供全方位的信息交换功能，帮助家庭与外部保持信息交换畅通，优化人们的生活方式，帮助人们有效安排时间，增强家居生活的安全性，甚至为各种能源费用节约资金。

智能家居系统利用综合布线技术、网络通信技术、安全防范技术、自动控制技术、音视频技术，将与家居生活有关的设施高效集成，构建高效的住宅设施与家庭日程事务的控制管理系统，提升家居智能、安全、便利、舒适，并实现环保节能的综合智能家居网络控制系统平台。智能家居系统的网络化功能可以提供遥控、家电（空调、热水器等）控制、照明控制、室内外遥控、窗帘自控、防盗报警、电话远程控制、可编程定时控制及计算机控制等多种功能和手段，使生活更加舒适、便利和安全。由于智能家居系统布线简单，功能灵活，扩展容易，而被人们广泛接受和应用。

智能家居结构如图 2-2 所示。智能家居核心是整个系统中央的智能家居应用层系统，负责管理和控制所有子系统。

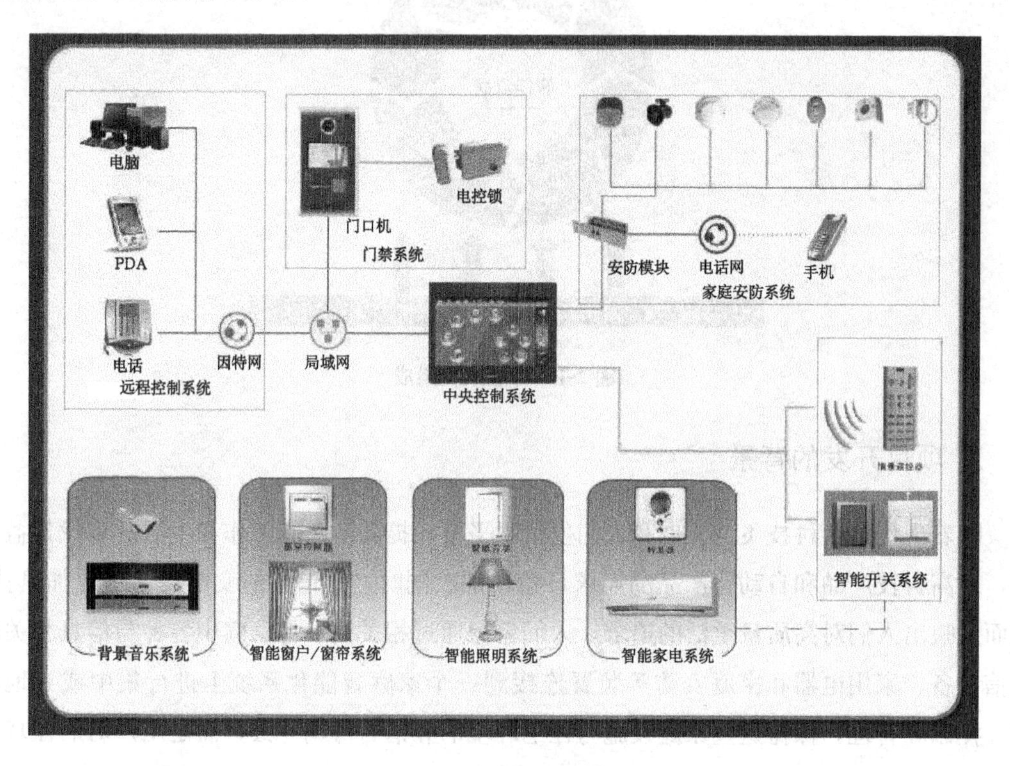

图 2-2 智能家居结构

智能家居的发展目前还处于物联网应用的初级阶段，出现部分“智能”的家居设备，如远程抄表系统、自动窗帘系统等，实现了初步的“家庭自动化”，但距离真正实现智能家居还有很长的路要走，尤其是对目前很多传统家居的改造工作非常重要。完全推倒重建，可以直接步入智能家居时代，但其花费过大，而且容易造成资源浪费。所以，对目前传统家居进行改良，使其能够实现智能家居系统的基本功能，具有重要的意义。

项目分析与设计

1. 项目需求分析

1）现状与市场需求分析

目前，智能家居行业处于初始发展阶段，国际社会暂时还没有形成公认的标准。智能家居的目标是：舒适丰富的生活环境，使用户身心健康，个性化；建立安全有效的防御体系，实现防火、防盗、防毒等方面的安全防范；提供智能化、方便灵活的生活方式，实现单一监控与操作，远程监控；高效、可靠的工作模式，实现信息采集、整理、分析、决策一体的数据自动处理智能平台。

家居智能系统让用户随时随地获取家内的安全情况和舒适度信息，让用户更好地管理整个家庭，创造更安全和更舒适的家庭环境。

家居智能系统的发展趋势如下所述：

①多媒体更多地介入智能家居，并将逐渐占据主要地位。

②综合的体系结构是未来智能家居的主要体系。

③系统的标准化和市场的规范化是智能家居发展的基础。

2）系统功能需求分析

不同的实际环境对智能家居提出了不同的要求与解决办法。此外，不同的用户对智能家居有着不同的要求，有些用户比较注重家电的智能控制，有些用户可能更加关心家庭安全防范，还有些用户希望建立相对全面的智能家居系统，满足多方面的需求。

常见的智能家居系统包括中央控制子系统、智能窗帘子系统、智能照明子系统、智能家电系统、环境监控子系统、智能安防子系统、智能门禁子系统、远程抄表子系统等。

此外，为进一步提升生活品质，一些住宅还配有家庭影院系统、家用中央吸尘及新风系统、宠物设备、智能卫浴系统、车库智能换气系统、自动浇花系统、自动给排水系统等智能家居系统。

智能家居系统应该具有以下特点：

①系统构成灵活。从总体上看，智能家居系统是由各个子系统通过网络通信系统组合而成的，可以根据需要，减少或者增加子系统，以满足需求。

②操作管理便捷。智能家居系统的所有设备可以通过手机、平板电脑、触摸屏等人—机接口操作，方便、快捷。

③场景控制功能丰富。可以设置各种控制模式，如回家模式，夜晚模式，安全模式、报警模式等，满足生活品质需求。

④安装、调试方便。即插即用，特别是采用无线的方式，可以快速部署系统。

3）技术需求分析

随着新技术和自动化的发展，传感器的使用数量越来越多，功能越来越强，各种传感器已经标准化、模块化，给智能家居系统的设计提供了极大方便。

在技术方面，在智能家居系统中，无线网络技术应用于家庭网络是势不可挡的趋势，这不仅仅因为无线网络可以提供更大的灵活性、流动性，省去了花在综合布线上的费用和精力，而且它更符合于家庭网络的通信特点；同时，无线网络技术进一步发展，必将促进家庭环境智能化、网络化的进程。

为了实现智能家居系统的功能，系统设计要求如下所述。

（1）硬件设计要求

①小型化：为了保证设备外观漂亮，应尽量保证节点的体积小型化。

②低功耗：由于设备需要长期在无人值守的情况下工作，所以要使用低功耗的器件，以节约能源，延长使用寿命。

③可靠性：为了保障各监测节点能够正常工作，必须提高硬件的可靠性。

④可扩展性：当有新的监测对象引入该系统时，不同类型的传感器模块的信号形式与大小可能制约系统的兼容性。设计系统的硬件时，必须具有较高的可扩展性。

（2）软件设计需求

①模块化结构：保证软件各部分采用模块化结构设计，各模块之间按照规定接口通信，任何一个模块的更新和改进都不会影响到其他模块。

②数据格式统一：任何两个模块在通过接口传输数据时，格式要统一，便于通信传输，提高传输性能。模块内部可根据需要对数据格式进行转化。

（3）开发平台需求

智能家居系统一般宜采用智能移动终端作为应用对象，基于 Android 或 iOS 为开发平台，同时结合计算机平台。

4）其他需求分析

（1）性能

系统响应时间应该足够短，及时处理和响应相关操作。

（2）安全性

不允许以明文方式保存用户卡号等各类密码相关信息，保证数据的安全性。

（3）可靠性

整个系统应能够连续 24 小时不间断工作，出现故障应能及时告警。系统发生故障时，有相应的恢复措施，能够快速地恢复正常运行。同时，应用软件要防止消耗过多的系统资源，避免系统崩溃。

(4) 通用性

整个系统应尽可能使用通用接口设备，兼容广泛的连接技术。

2. 系统的总体设计

智能家居系统的设计成功与否，取决于系统的设计和配置是否经济、合理，系统能否成功运行，系统的使用、管理和维护是否方便，系统或产品的技术是否成熟、适用。换句话说，就是如何以最少的投入、最简便的实现途径来换取最大的功效，实现便捷、高质量的生活。

为了实现上述目标，设计智能家居系统时要遵循以下原则：

①实用性、便利性。智能家居最基本的目标是为人们提供舒适、安全、方便和高效的生活环境。对智能家居产品来说，最重要的是以实用为核心，摒弃那些华而不实，只能充作摆设的功能，产品要以实用性、易用性和人性化为主。

②可靠性。整个建筑的各个智能化子系统应能24小时运转，系统的安全性、可靠性和容错能力必须高度重视。对于各个子系统，在电源、系统备份等方面采取相应的容错措施，保证系统正常、安全使用，质量、性能良好，具备应付各种复杂环境变化的能力。

③标准性。智能家居系统方案的设计应依照国家和地区的有关标准，确保系统的扩充性和扩展性。在系统传输上，采用标准的TCP/IP协议网络技术，保证不同产商系统之间可以兼容与互联。系统的前端设备是多功能的、开放的、可以扩展的设备。例如，系统主机、终端与模块采用标准化接口设计，为家居智能系统外部厂商提供集成的平台，而且其功能可以扩展，当需要增加功能时，不必再开挖管网，简单、可靠，方便、节约。设计选用的系统和产品能够使本系统与未来不断发展的第三方受控设备互通互连。

④方便性。布线安装是否简单，直接关系到成本、可扩展性，可维护性的问题。一定要选择布线简单的系统，施工时可与小区宽带一起布线，简单、容易；在设备方面，应容易学习、掌握，操作和维护简便。

系统便于安装、调试，也非常重要。家庭智能化有一个显著的特点，就是安装、调试与维护的工作量非常大，需要大量的人力、物力投入，成为制约行业发展的瓶颈。针对这个问题，系统在设计时，就应考虑安装与维护的方便性，比如系统可以通过Internet远程调试与维护。

通过网络，不仅使用户能够实现家庭智能化系统的控制功能，还允许工程人员在远程检查系统的工作状况，诊断系统出现的故障。这样，系统设置与版本更新可以在异地进行，大大方便了系统的应用与维护，提高了响应速度，降低了维护成本。

⑤先进性。在满足用户现有需求的前提下，设计时应充分考虑各种智能化技术迅猛发

展的趋势，不仅在技术上保持最先进和适度超前，更注重采用最先进的技术标准和规范，以适应未来技术发展的趋势，使整个系统随着技术发展和进步，具有更新、扩充和升级的能力。系统设计应遵循开放性原则，软件、硬件、通信接口、网络操作系统和数据库管理系统等符合国际标准，使系统具备良好的兼容性和扩展性。

本系统的总体设计有以下内容。

1）系统网络结构

在智能家居系统组网结构中，家居设备、移动终端以及其他域设备通过网关实现信息互通、协议转换、信息共享和交互；借助有线网络与无线互联，各种智能家居设备可以自动、无须任何配置地接入系统，极大提高了系统的灵活性、易用性及可扩展性。

基于物联网的智能家居系统采用分层体系架构，分为感知层、网络传输层、融合服务层3个层面。

①智能家居感知层：包括各种与家电、家居有关的传感器、控制器、执行器及识别装置等，以及有线网络结合无线泛在网络的物理连接。这一层还包括不同接入方式的MAC子层和链路控制子层，作用包括：对上层网络层提供统一的接口，屏蔽异构网络之间的差异；进行不同形式家庭通信网络间的MAC协议数据单元（PDU）映射，以便不同网络间互通；支持动态、智能的有线网络及多种无线网络的接入及选择。

②智能家居网络传输层：主要包括家庭内部网络和骨干网络接入两部分。家庭内部组网支持的有线方式包括以太网IEEE 802.3、802.3u、串行USB和IEEE 1394等；无线方式包括无线局域网、家庭射频技术、ZigBee等。网络接入层通过家庭网关与业务网关，实现不同应用协议规范的互联、互通、互操作，并与骨干网络实现无缝连接。

③智能家居融合服务层：以用户为中心的融合业务层提供用户接口和不同制式的智能家居服务。通过智能家居组网多层协作的自适应QoS，自适应匹配异构网络终端设备，充分保证端到端多种业务服务。

本项目设计的智能家居系统示例的无线传感网络采用星形连接，主要包括一个基于Android的控制中心、一个家庭网关、若干个无线通信子节点以及一台服务器。家庭网关上有一个ZigBee无线收发主模块，其他终端设备上安装ZigBee无线通信模块。通过这些ZigBee无线模块，数据在主节点和子节点之间传输。智能家居中的无线传感网络结构如图2-3所示。

2）主要功能模块

本系统坚持模块化的设计原则，保持各个模块功能的独立性，以便在系统有新的模块加入或旧模块退出时保持系统稳定；同时，为了保证节点长期工作，必须减少节点的功耗。

作为智能家居系统示例，设计的模块包括智能门禁模块、环境监控与消防报警模块和智能窗帘模块，结构如图2-4所示。

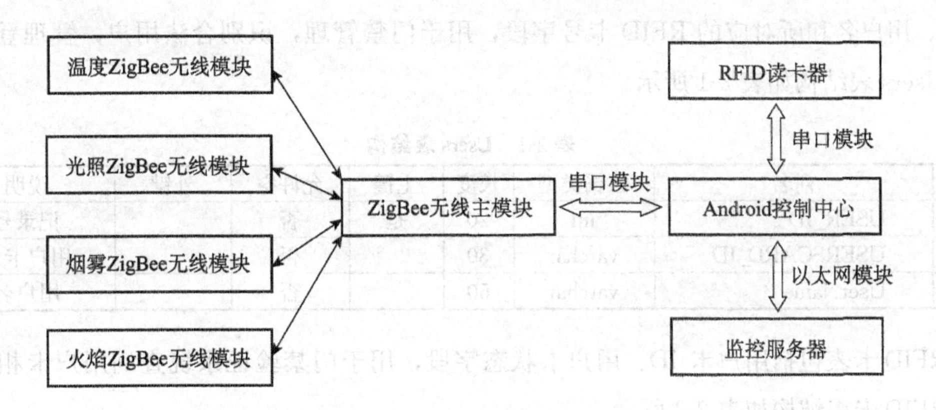

图 2-3　智能家居系统网络结构

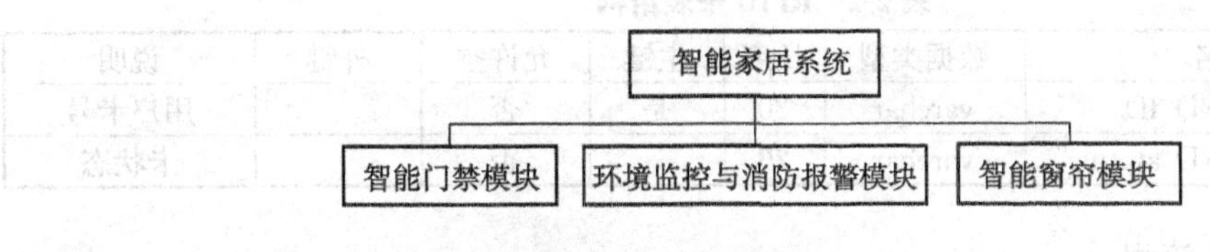

图 2-4　智能家居系统模块结构

(1) 智能门禁模块

智能门禁模块突破了传统的只有钥匙才可以开锁的观念，其智能化体现在识别率、准确率、安防性和人性化等方面。

(2) 环境监控与消防报警模块

该模块将采集的环境数据通过多种方式呈现给用户。环境监控模块通过无线传感网实时采集房间内的环境信息。通过该模块，用户可以直接在房间内的终端中实时获知居住环境的信息，如温湿度、光线明暗程度、有害气体浓度、火灾信息等，分析室内环境舒适度。

当房间内发生火灾等特殊情况时，通过烟雾、火焰传感器，将紧急情况（系统中表示为火灾）警报发送给小区物业保安室的 PC 端，提示相关人员注意。当烟雾报警器或火焰报警器侦测到烟雾或火焰时，将连接小区物业监控程序，发送报警命令给小区物业保安，寻求相关人员的后续处理。

(3) 智能窗帘模块

智能窗帘模块通常是由遮阳窗帘、电机及控制子模块组成。控制子模块软件是智能遮阳模块的一个组成部分，与智能窗帘模块硬件配套使用。在智能家居系统中，控制软件通常属于智能家居控制主机软件的一部分。一个完整的智能遮阳系统能根据周围自然条件的变化，通过系统线路，自动调整帘片角度或做整体升降，完成对遮阳百叶的智能控制功能，既阻断辐射热、减少阳光直射，避免产生眩光，又充分利用自然光，节约能源。

3) 系统的数据库

智能家居系统示例的数据库设计了用户表（Users 表）和 RFID 卡表，用户表包括用户 ID、用户名和所对应的 RFID 卡号字段，用于门禁管理，识别合法用户，管理登录验证。Users 表结构如表 2-1 所示。

表 2-1 Users 表结构

序号	列名	数据类型	长度	主键	允许空	外键	说明
1	USER_ID	int	20	是	否		记录号
2	USERSCARD_ID	varchar	30		否		用户卡号
3	UserName	varchar	50		否		用户名

RFID 卡表包括用户卡 ID、用户卡状态字段，用于门禁验证系统查询用户卡相关信息。RFID 卡表结构如表 2-2 所示。

表 2-2 RFID 卡表结构

序号	列名	数据类型	长度	主键	允许空	外键	说明
1	USERSCARD_ID	varchar	30	是	否		用户卡号
2	USERSCARD_status	varchar	20		否		卡状态

4）系统的业务流程

智能门禁模块业务流程是：系统初始化→用户刷卡→系统读卡。如果是有效卡，则查询数据库，验证用户合法性；如果不是有效卡，要重新注册。如果是合法用户，验证结束。具体流程如图 2-5 所示。

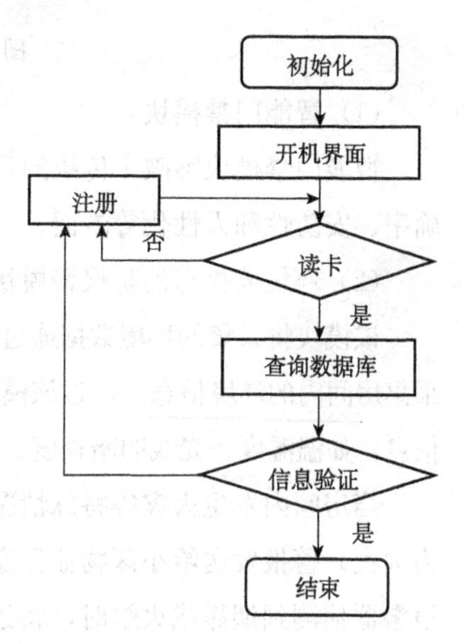

图 2-5 智能门禁模块业务流程图

环境监控与火灾报警模块业务流程是：系统初始化→实时从传感器采集数据→与阈值匹配验证是否正常。如果环境数据在正常范围内，则在用户界面显示；如果环境数据不在正常范围内，则在用户界面告警，并将告警信息传输到服务器。具体流程如图 2-6 所示。

智能窗帘控制模块业务流程是：系统初始化→获取窗帘状态信息→获取按钮动作（开、关或停）→与当前窗帘状态匹配。如果不匹配，则将窗帘状态改为按钮对应状态，对窗帘进行控制，完成当前动作。具体流程如图 2-7 所示。

关键技术与相关知识

1. RFID 技术

射频识别即 RFID（Radio Frequency Identification）技术，又称无线射频识别，是一种通信技术，可通过无线电信号识别特定目标并读写相关数据，无须识别系统与特定目标

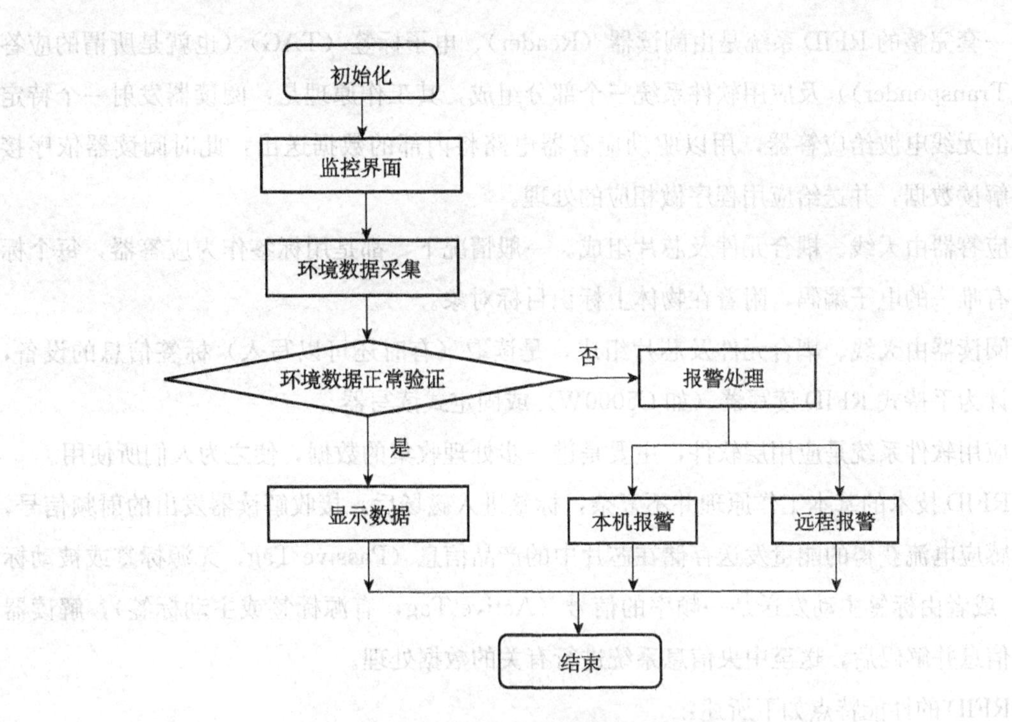

图 2-6　环境监控与火灾报警模块业务流程图

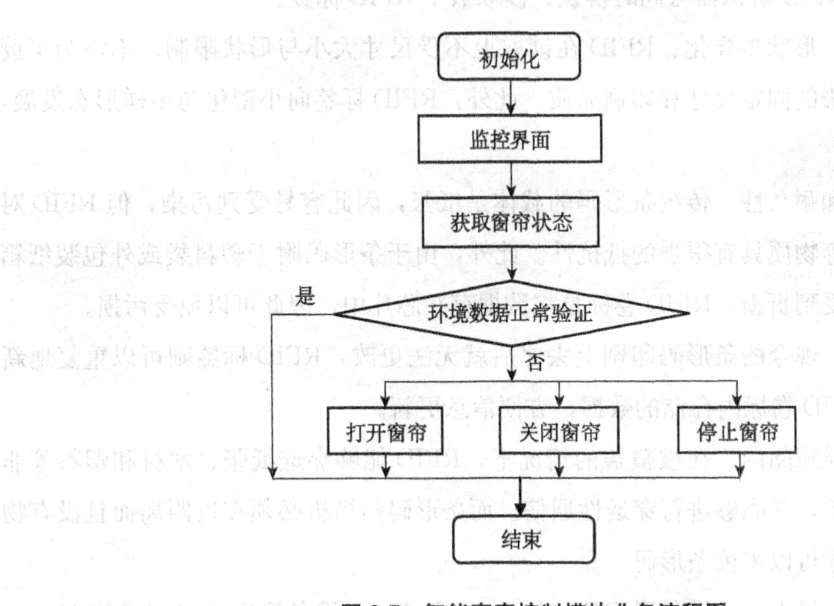

图 2-7　智能窗帘控制模块业务流程图

之间建立机械或光学接触。常用的有低频（125k～134.2kHz）、高频（13.56MHz）、超高频、微波等技术。RFID 读写器分移动式的和固定式的。目前 RFID 技术应用很广，如物流和供应管理、生产制造和装配、航空行李处理、邮件或快运包裹处理、文档追踪或图书馆管理、动物身份标识、运动计时、门禁控制或电子门票、道路自动收费、一卡通、仓储中的塑料托盘及周转管理等。

一套完整的 RFID 系统是由阅读器（Reader）、电子标签（TAG）（也就是所谓的应答器（Transponder））及应用软件系统三个部分组成，其工作原理是：阅读器发射一个特定频率的无线电波给应答器，用以驱动应答器电路将内部的数据送出，此时阅读器依序接收、解读数据，并送给应用程序做相应的处理。

应答器由天线、耦合元件及芯片组成。一般情况下，都是用标签作为应答器，每个标签具有唯一的电子编码，附着在物体上标识目标对象。

阅读器由天线、耦合元件及芯片组成，是读取（有时还可以写入）标签信息的设备，可设计为手持式 RFID 读写器（如 C5000W）或固定式读写器。

应用软件系统是应用层软件，主要是进一步处理收集的数据，使之为人们所使用。

RFID 技术的基本工作原理并不复杂：标签进入磁场后，接收解读器发出的射频信号，凭借感应电流获得的能量发送存储在芯片中的产品信息（Passive Tag，无源标签或被动标签），或者由标签主动发送某一频率的信号（Active Tag，有源标签或主动标签），解读器读取信息并解码后，送至中央信息系统进行有关的数据处理。

RFID 的性能特点如下所述：

①快速扫描。RFID 辨识器可同时辨识、读取数个 RFID 标签。

②体积小型化、形状多样化。RFID 在读取上不受尺寸大小与形状限制，不需为了读取精确度而配合纸张的固定尺寸和印刷品质。此外，RFID 标签向小型化与多样形态发展，以应用于不同产品。

③抗污染能力和耐久性。传统条形码的载体是纸张，因此容易受到污染，但 RFID 对水、油和化学药品等物质具有很强的抵抗性。此外，由于条形码附于塑料袋或外包装纸箱上，所以特别容易受到折损；RFID 卷标是将数据存在芯片中，因此可以免受污损。

④可重复使用。现今的条形码印刷上去之后就无法更改，RFID 标签则可以重复地新增、修改、删除 RFID 卷标内存储的数据，方便信息更新。

⑤穿透性和无屏障阅读。在被覆盖的情况下，RFID 能够穿透纸张、木材和塑料等非金属或非透明的材质，并能够进行穿透性通信。而条形码扫描机必须在近距离而且没有物体阻挡的情况下，才可以辨读条形码。

⑥数据的记忆容量大。一维条形码的容量是 50 字节，二维条形码最多可存储 2000～3000 字节，RFID 的最大容量有数兆字节。随着记忆载体的发展，数据容量不断扩大。未来物品所需携带的资料量越来越大，对卷标扩充容量的需求相应增加。

⑦安全性。由于 RFID 承载的是电子式信息，其数据内容由密码保护，使其内容不易被伪造及变造。

RFID 产品的工作频率包含低频、高频和超高频。

低频 RFID 技术首先在低频得到广泛的应用和推广。该频率主要是通过电感耦合的方式工作，也就是在读写器线圈和感应器线圈间存在变压器耦合作用。通过读写器交变场的作用，在感应器天线中感应的电压被整流，用作供电电压。磁场区域能够很好地被定义，但是场强下降得太快。

高频 RFID 的感应器不再需要线圈绕制，可以通过腐蚀或者印刷的方式制作天线。感应器一般通过负载调制的方式工作，也就是通过感应器上负载电阻的接通和断开，促使读写器天线上的电压发生变化，实现用远距离感应器对天线电压进行振幅调制。如果通过数据控制负载电压接通和断开，这些数据能够从感应器传输到读写器。

值得关注的是，在 13.56MHz 频段中主要有 ISO 14443 和 ISO 15693 两个标准。符合 ISO 14443 标准的产品俗称 Mifare 1 系列产品，其识别距离近、价格低、保密性好，常作为公交卡、门禁卡使用。ISO 15693 产品的最大优点在于其识别效率，通过较大功率的阅读器，可将识别距离扩展至 1.5m 以上，由于波长的穿透性好，在处理密集标签时优于超高频的读取效果。

超高频 RFID 系统通过电场来传输能量。电场的能量下降得不是很快。该频段的读取距离比较远，无源可达 10m 左右，主要通过电容耦合方式实现。

2. ZigBee 技术

ZigBee 技术前面项目 1 已介绍。ZigBee 译为“紫蜂”，它与蓝牙类似，是一组基于 IEEE 802.15.4 无线标准研制开发的有关组网、安全和应用软件方面的通信技术。ZigBee 有自己的无线通信标准，可在数千个微小的节点之间协调通信，这些节点只需要很少的能量，以接力的方式通过无线电波将数据从一个节点传到另一个节点，通信效率非常高。

ZigBee 技术具有以下几个显著特点：

①节点功耗低。节点的收发距离短，所需功耗低。另外，ZigBee 技术配合芯片采用多种节能工作模式，确保两节五号电池支持长达 6 个月到 1 年半左右的使用时间。

②网络的自组织强。ZigBee 具有自组织功能，网络节点工作无须人工干预，并能够感知其他节点的存在，并确定连接关系，组成结构化网络。

③网络容量大。一个 ZigBee 网络可容纳多达 65000 个节点，每个节点容纳最多 254 台从设备，一个区域内可以同时存在 200 多个 ZigBee 网络。

④延时短。典型搜索设备延时为 30ms，休眠激活延时为 15ms，活动设备信道接入延时为 15ms。

⑤开发成本低。ZigBee 网络协议简单，开发时间成本较低，而且 ZigBee 协议免除专利费，ZigBee 的工作频率采用 ISM 频段，选择灵活。同时，各大半导体公司设计出适合

ZigBee 技术规范的芯片，价格较低廉。

3. SQLite 数据库技术

SQLite 是一个非常流行的嵌入式数据库，它支持 SQL 语言，并且只利用很少的内存就有很好的性能。此外，它是开源的，任何人都可以使用它。许多开源项目（Mozilla、PHP、Python）都使用 SQLite。

SQLite 由以下几个组件构成：SQL 编译器、内核、后端以及附件。SQLite 通过利用虚拟机和虚拟数据库引擎（VDBE），使调试、修改和扩展 SQLite 的内核更加方便。

SQLite 基本上符合 SQL-92 标准，和其他的主要 SQL 数据库没什么区别。其优点就是高效，Android 运行时环境包含了完整的 SQLite。

SQLite 和其他数据库最大的不同就是对数据类型的支持。创建一个表时，可以在 CREATE TABLE 语句中指定某列的数据类型，但是用户可以把任何数据类型放入任何列中。当某个值插入数据库时，SQLite 将检查其类型。如果该类型与关联的列不匹配，SQLite 会尝试将该值转换成该列的类型。如果不能转换，该值将作为其本身具有的类型存储。比如，可以把一个字符串（String）放在 INTEGER 列。SQLite 称之为“弱类型”（manifest typing）。

此外，SQLite 不支持一些标准的 SQL 功能，特别是外键约束（FOREIGN KEY constrains），嵌套 transcaction、RIGHT OUTER JOIN 和 FULL OUTER JOIN，还有一些 ALTER TABLE 功能。SQLite 是一个完整的 SQL 系统，拥有完整的触发器、交易等。

项目实施

【训练准备】

1. Android 开发平台搭建步骤

Android 应用开发环境平台使用的是 Eclipse 开发环境，Android 环境平台的搭建一般包括以下几个部分安装与配置：

①JDK（Java（TM）SE Development Kit）安装配置。

②集成 eclipse 和 ADT 的 adt－bundle－windows 安装。

③ADT 安装与配置。

安装前需要以下软件：①根据操作系统选择相应的 JDK 版本（32 位选择 Windows x86；64 位选择 Windows x64），本书下载的是 32 位 Windows x86 版本 jdk-7u60-windows-i586. exe（下载地址：http：//www. oracle. com/technetwork/java/javase/downloads/index. html）；②adt-bundle-windows（下载地址：http：//developer. android. com/sdk/index. html）。

Android 开发平台的搭建步骤如下：

（1）第一步：JDK 安装配置

①双击 jdk-7u60-windows-i586. exe，单击“下一步”按钮如图 2-8 所示，选择安装的 JDK 路径如图 2-9 所示，单击“下一步”完成安装。

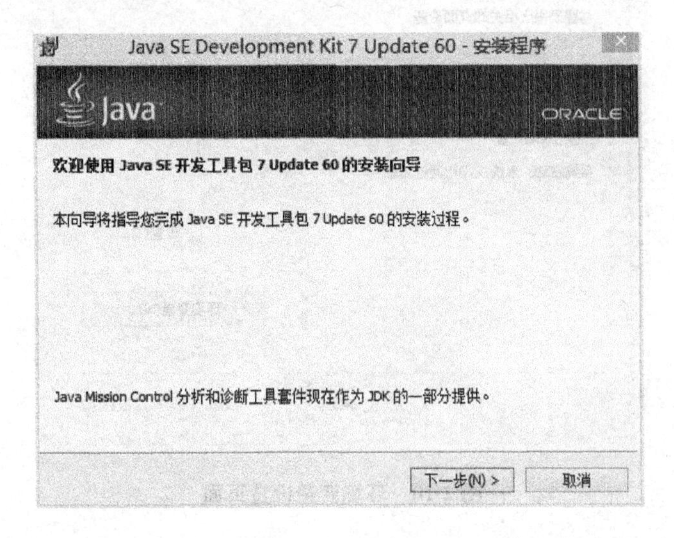

图 2-8 JDK 安装

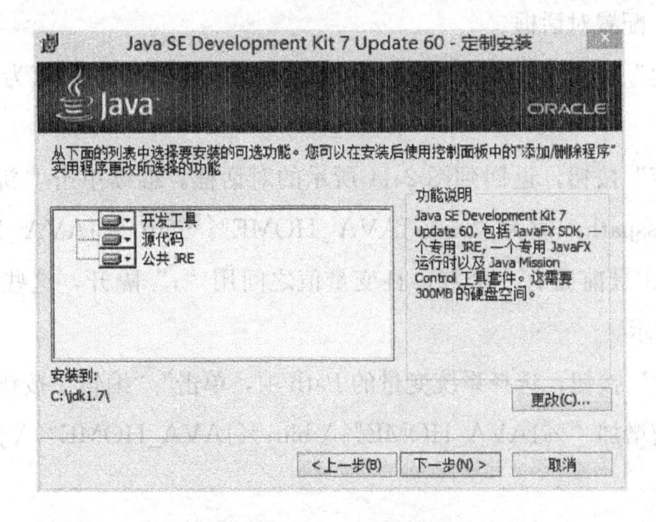

图 2-9 JDK 安装路径设置

②配置 JDK 环境变量。在桌面上鼠标右击“计算机”图标，在快捷菜单中选择“属性”命令，在打开的窗口中单击左边侧栏里的“高级系统设置”选项，弹出“系统属性”对话框，如图 2-10 所示。

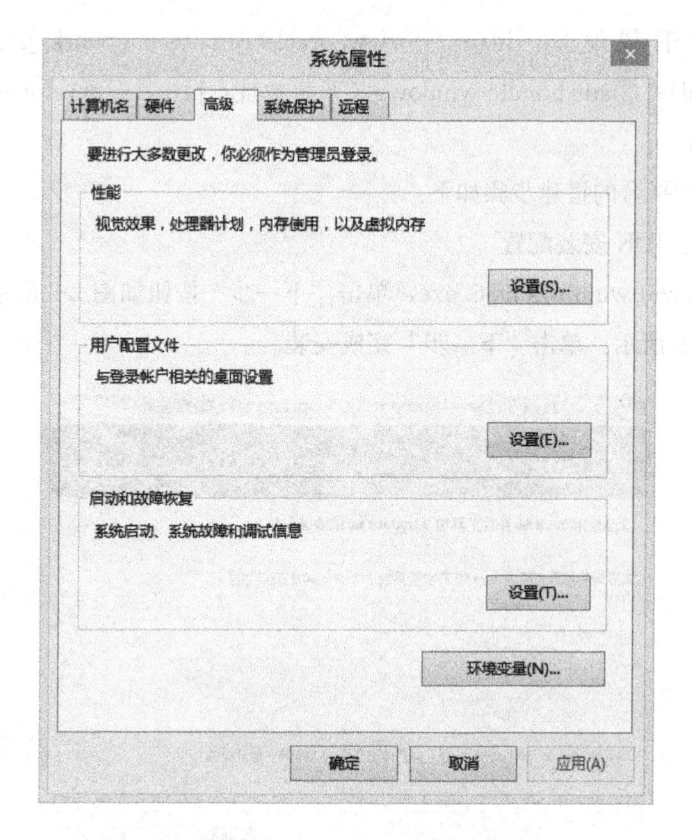

图 2-10　环境变量设置页面

③在“系统属性”的“高级”选项卡中，单击“环境变量”按钮，出现如图 2-11 所示的“环境变量”配置对话框。

④单击“新建”按钮，在系统变量中添加一项 JAVA_HOME，值为 jdk 的安装路径，如图 2-12 所示。

⑤单击“确定”按钮，返回到图 2-11 所示的对话框。继续单击“新建”按钮，添加一项系统变量 classpath，值为“.;%JAVA_HOME%\lib;%JAVA_HOME%\lib\tools.jar”（注：在最前面有一个点，且变量值之间用“;”隔开，这些都是英文半角符号），如图 2-13 所示。

⑥单击“确定”按钮，选择系统变量的 Path 项，单击”“编辑”按钮，进行配置用户变量。在变量值前增加“%JAVA_HOME%\bin;%JAVA_HOME%\jre\bin;”，参考步骤⑤完成。

⑦检验 JDK 安装是否成功。单击“开始”→“运行”命令，在“运行”窗口中输入 DOS 命令“javac-version”并回车，出现命令列表，JDK 安装成功，如图 2-14 所示。或者输入 javac 或者 java 命令，出现帮助信息，也证明 JDK 安装成功。

(2) 第二步：安装集成 eclipse 和 ADT 的 adt-bundle-windows 安装

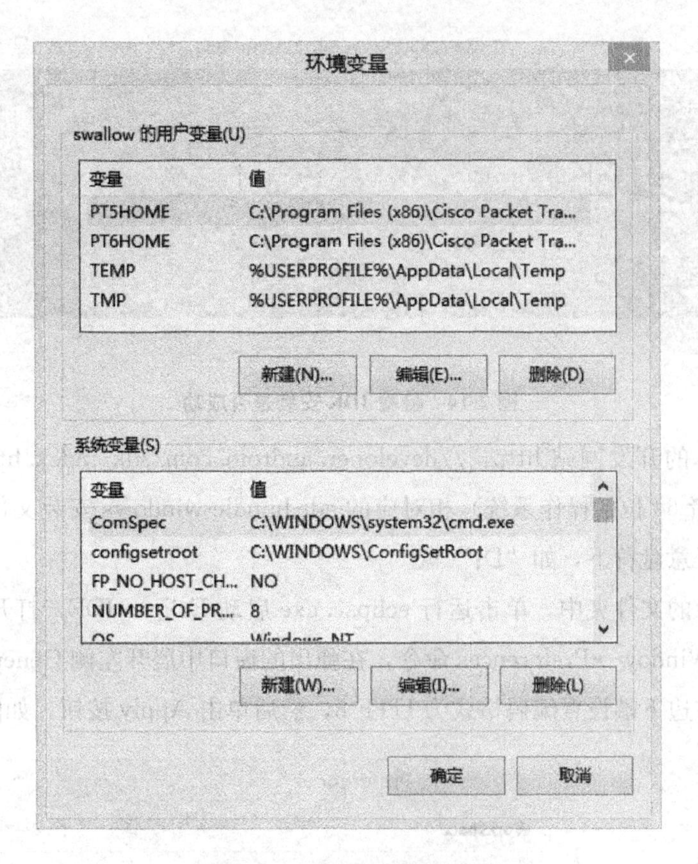

图 2-11　JDK 环境变量配置

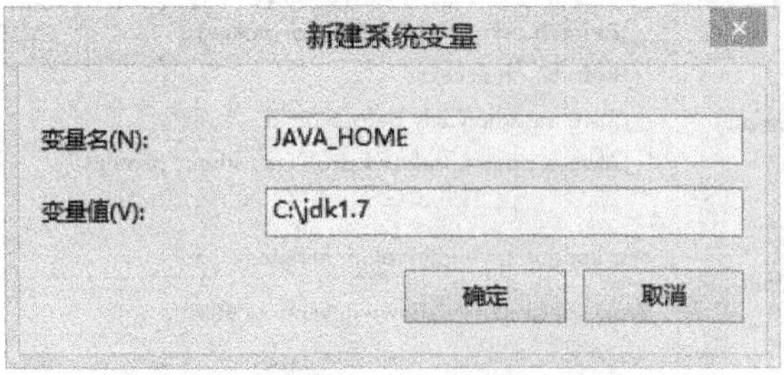

新建系统变量

变量名(N): JAVA_HOME

变量值(V): C:\jdk1.7

确定　取消

图 2-12　添加“JAVA_HOME”系统变量

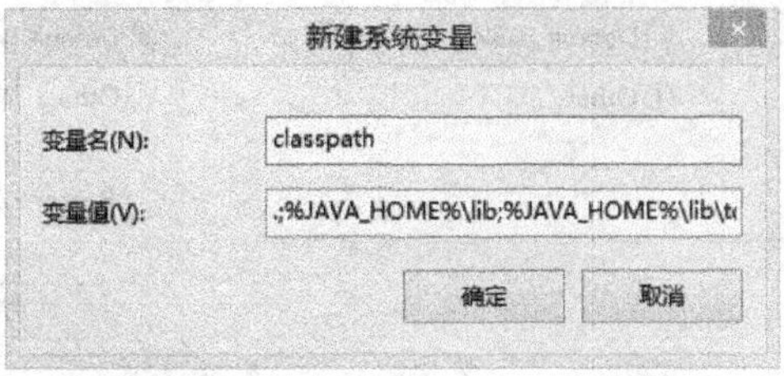

新建系统变量

变量名(N): classpath

变量值(V): .;%JAVA_HOME%\lib;%JAVA_HOME%\lib\t

确定　取消

图 2-13　添加“classpath”系统变量

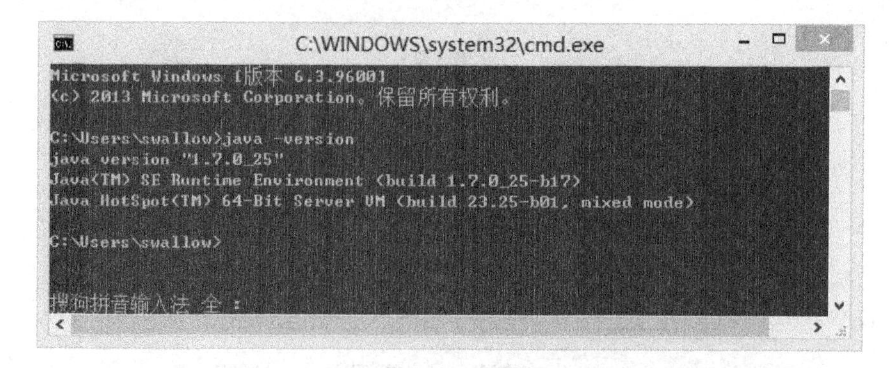

图 2-14 检验 JDK 安装是否成功

①登录安卓的开发网站 http：//developer. android. com/sdk/index. html 下载与操作系统（32 位或者 64 位的操作系统）相对应的 adt-bundle-windows 安装文件，下载成功后解压缩软件包任意盘符下，如“D：”盘。

②在解压后的文件夹中，单击运行 eclipse. exe 启动 Eclipse IDE，打开 eclipse，然后在菜单栏单击 Window→Preferences 命令，在弹出的窗口中展开左侧 General→Workspace 路径，然后在右边下端设置编码格式为 UTF-8，然后单击 Apply 按钮，如图 2-15 所示。

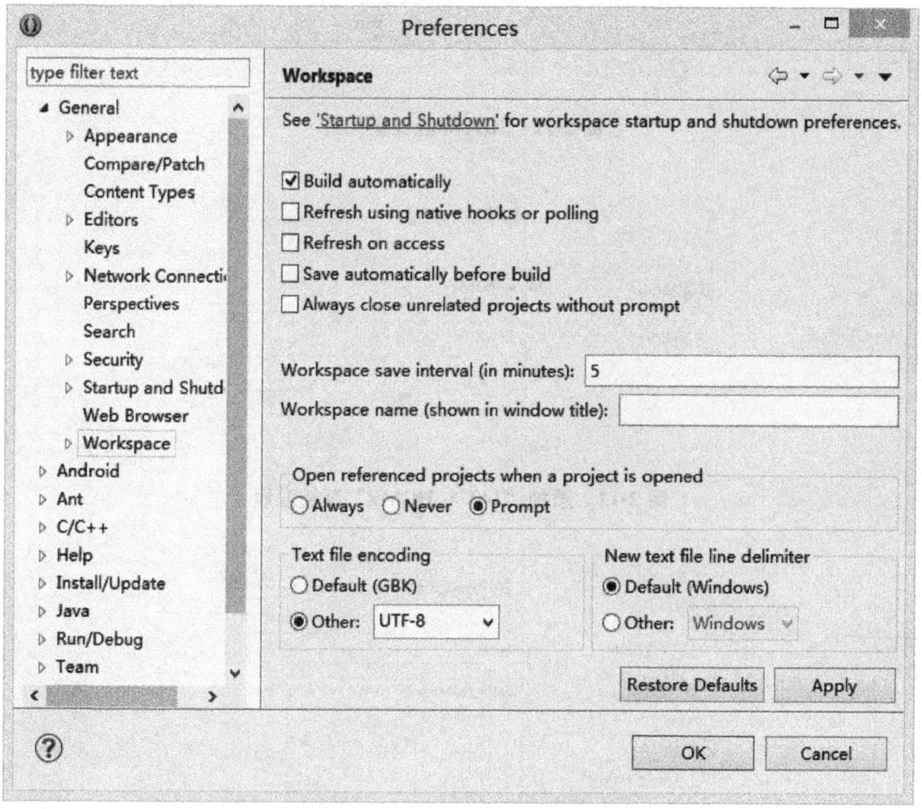

图 2-15 设置 UTF-8 编码格式

注：不设置这个编码格式也能编写代码，不过 UTF-8 是国际通用的编码格式，有助于以后代码的移植。

（3）第三步：ADT 安装与配置

①在上一步解压的相应目录下，运行 eclipse. exe 启动 Eclipse IDE，在 Eclipse 的菜单中，单击 Window→Android SDK Manager 命令或单击工具栏上的图标，出现 Android SDK Manager 窗口，如图 2-16 所示。

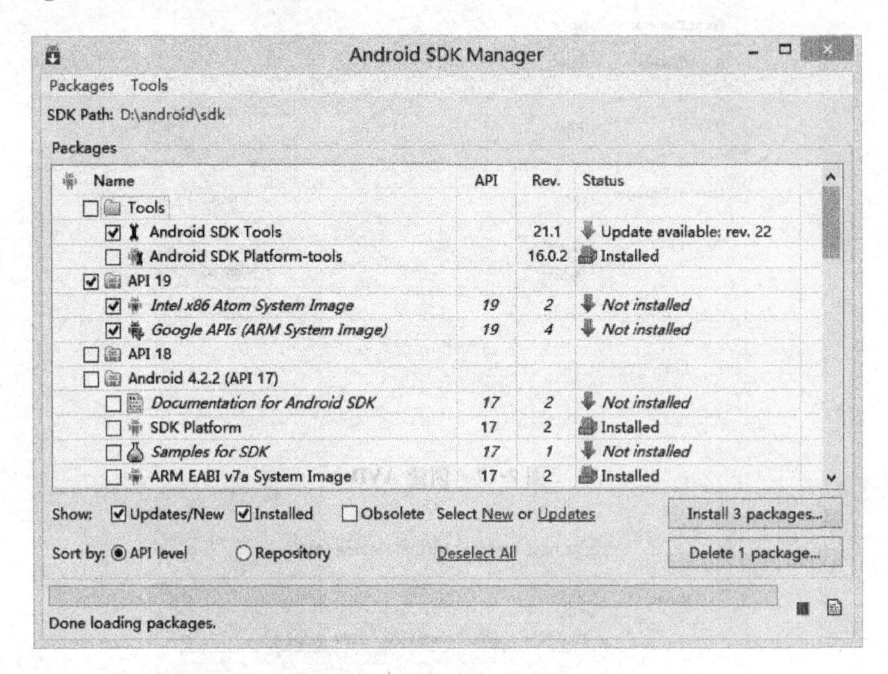

图 2-16　“Android SDK Manager”窗口

②更新 Android SDK。在图 2-16 对话框中选择需要下载的版本（建议 android4. 2、android4. 1、android4. 0、android2. 3、android2. 2 等主流版本），然后单击右下方的 Install packages 按钮，进行下载安装。

③创建 AVD 虚拟设备。在 Eclipse 的菜单中，选择 Window→Android Virtual Device Manager 命令或单击工具栏上的图标，出现 Android SDK Manager 窗口，单击右侧的 New 按钮，弹出建立一个虚拟设备的对话框，如图 2-17 所示。

④在 Create new Android Virtual Device 对话框中完成各选项配置，如图 2-18 所示，单击 OK 按钮完成。

⑤在 Android Virtual Device Manager 窗口中，选择一个设备，单击右侧的 Start 按钮，将启动虚拟设备，选中 Scale Display 选项，调整虚拟机屏幕大小。启动后的 AVD 界面如图 2-19 所示。

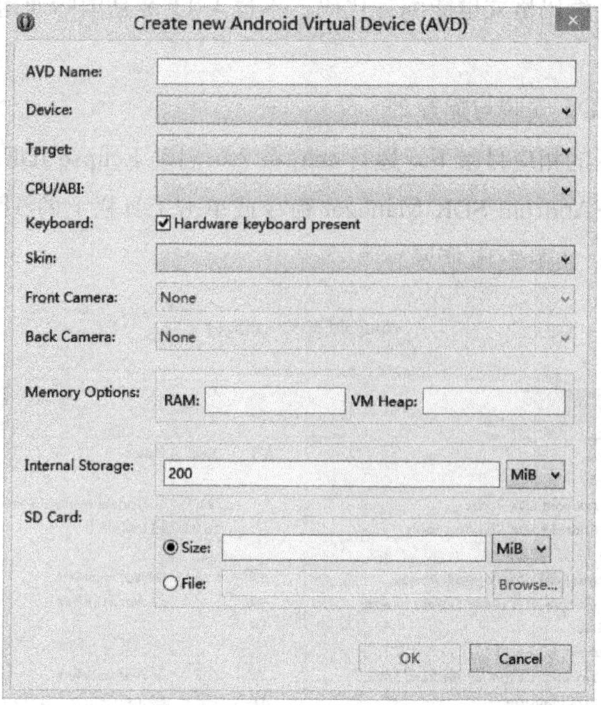

Create new Android Virtual Device (AVD)

AVD Name:
Device:
Target:
CPU/ABI:
Keyboard: Hardware keyboard present
Skin:
Front Camera: None
Back Camera: None
Memory Options: RAM: VM Heap:
Internal Storage: 200 MiB
SD Card:
Size: MiB
File: Browse...
OK Cancel

图 2-17　创建 AVD

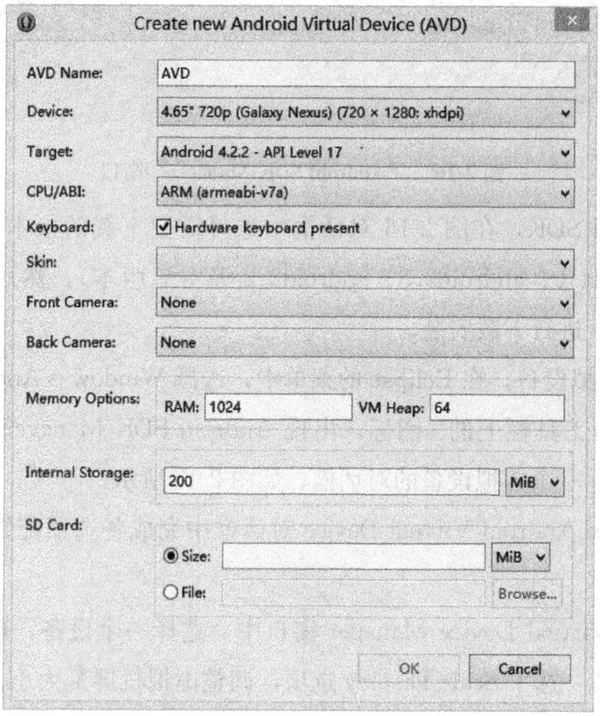

Create new Android Virtual Device (AVD)

AVD Name: AVD
Device: 4.65" 720p (Galaxy Nexus) (720 × 1280: xhdpi)
Target: Android 4.2.2 - API Level 17
CPU/ABI: ARM (armeabi-v7a)
Keyboard: Hardware keyboard present
Skin:
Front Camera: None
Back Camera: None
Memory Options: RAM: 1024 VM Heap: 64
Internal Storage: 200 MiB
SD Card:
Size: MiB
File: Browse...
OK Cancel

图 2-18　配置 AVD

图 2-19　启动后的 AVD 界面

2. 创建 Android 工程示例

（1）第一步：创建一个简单的 Android 工程

①打开 Eclipse IDE，依次单击 File→New→Project 命令，弹出 New Project 对话框，选择 Android Application Project 项，弹出 New Android Application 对话框，如图 2-20 所示。

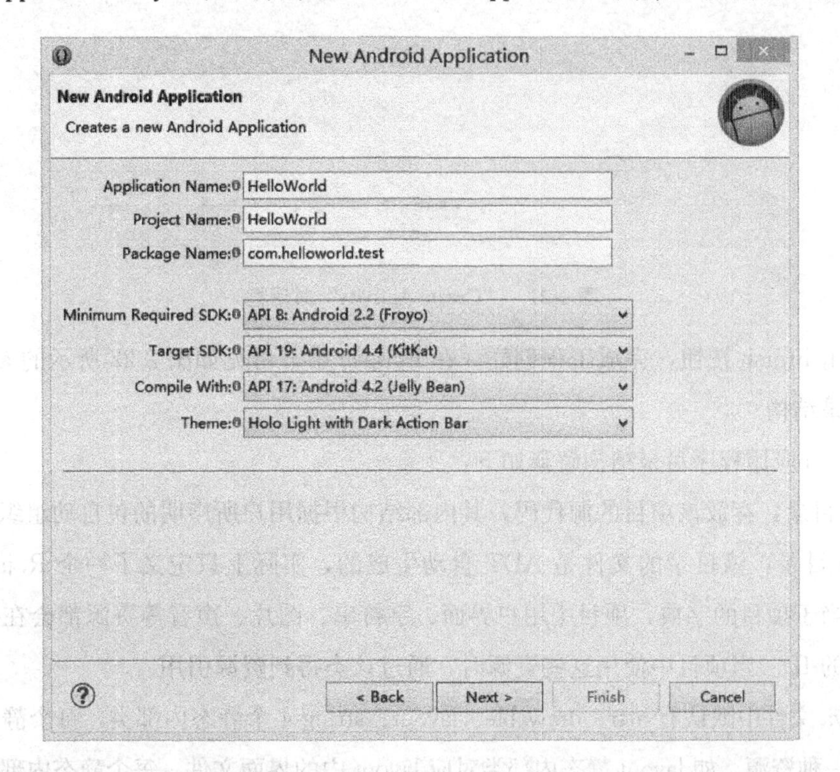

图 2-20　“New Android Application”对话框

②按图 2-20 所示填写必要的参数。Project Name 为包含这个项目的文件夹的名称。Package Name 为“包名”，用包名来区分不同的类是很重要的，如使用 com. helloworld. test。

③单击 Next 按钮，使用默认设置；再单击 Next 按钮，弹出 Create Activity 对话框，选择 Activity 类型；再单击 Next 按钮，弹出如图 2-21 所示，修改 Activity Name、LayoutName、Title 的内容。Activity Name 是项目的主类名，这个类将会是 Android 的 Activity 类的子类。

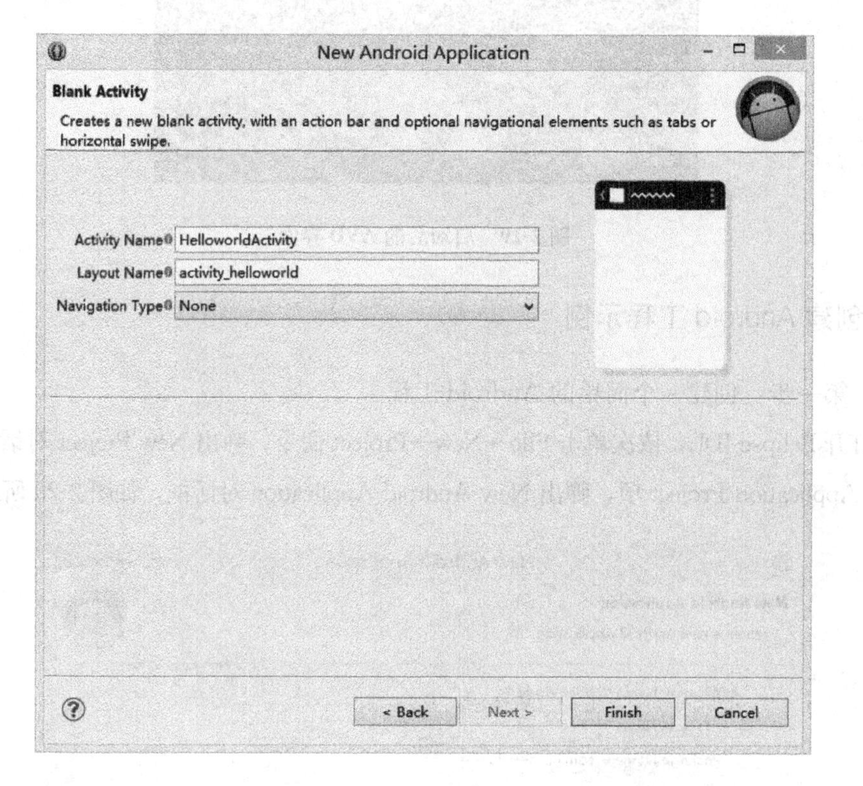

图 2-21 “Create Activity”对话框

④单击 Finish 按钮，完成工程创建。在 Eclipse 中，可见如图 2-22 所示的 android 应用程序目录结构。

Android 应用程序目录结构解释如下：

- src 目录：存放该项目的源代码，其内部结构根据用户所声明的包自动组织。
- gen 目录：该目录的文件是 ADT 自动生成的，实际上只定义了一个 R. java 文件。该文件相当于项目的字典，项目中用户界面、字符串、图片、声音等资源都会在该类中创建其唯一的 ID。当项目中使用这些资源时，通过该类得到资源引用。

R. java 文件中默认有 attr、drawable、layout、string 4 个静态内部类，每个静态内部类分别对应一种资源，如 layout 静态内部类对应 layout 中的界面文件。每个静态内部类中的静态常量分别定义一条资源标识符，如“public static final int main ＝0x7f030000；”对应的是 layout 目录下的 main. xml 文件。

R. java 文件除了有自动标识资源的“索引”功能之外，还有另一个主要的功能，即若 res 目录中的某个资源在应用中没有被使用到，在该应用被编译时，系统不会把对应的资源编译到该应用的 APK 包中，这样可以节省 Android 手机的资源。

- android 4. 2. 2 目录：该目录中存放的是该项目支持的 JAR 包，同时包含项目打包时需要的 META-INF 目录。
- assets 目录：用于存放项目相关的资源文件，例如视频文件、MP3 等媒体文件。
- res 目录：res 是 resource 的缩写，存放应用程序中经常使用的资源文件，如存放一些图标、界面文件、应用中用到的文字信息。

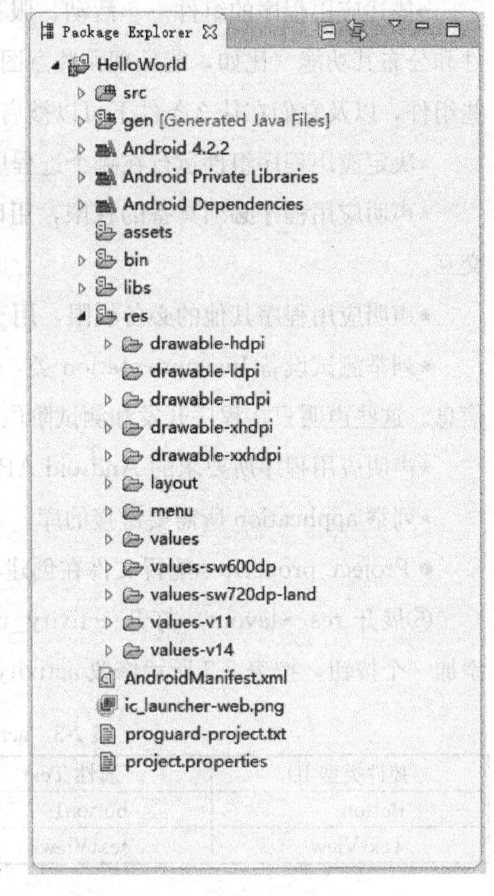

图 2-22　android 应用程序目录结构

res 目录下有 3 个 dawable 文件夹——drawable -* dpi，区别只是将图标按分辨率高低来放入不同的目录。drawable -hdpi 用来存放高分辨率的图标，drawable -mdpi 用来存放中等分辨率的图标，drawable -ldpi 用来存放低分辨率的图标。程序运行时，根据手机分辨率的高低选取相应目录下的图标。

layout 子目录的文件 main. xml 是布局文件。

values 子目录下有个 strings. xml 文件，用来定义字符串和数值等文字内容。在 Activity中使用 getResources() . getString（resourceId）或 getResources() . getText（resourceId）取得资源。

raw 子目录存放应用程序用到的声音等资源。

values 子目录存放所有 XML 格式的资源描述文件。

- AndroidManifest. xml：该文件是应用程序系统功能配置清单文件，列出了应用中使用的所有组件。

AndroidManifest. xml 主要有以下功能：

★命名应用程序的 Java 应用包，这个包名用来唯一标识应用程序。

★描述应用程序的组件——活动、服务、广播接收者、内容提供者；命名实现每个组件和公布其功能（比如，能处理哪些意图消息）的类。这些声明使得 Android 系统了解这些组件，以及它们在什么条件下可以被启动。

★决定应用程序组件运行在哪个进程里。

★声明应用程序必须具备的权限，用以访问受保护的部分 API，以及和其他应用程序交互。

★声明应用程序其他的必备权限，用于组件之间的交互。

★列举测试设备 Instrumentation 类，用来提供应用程序运行时所需的环境配置及其他信息。这些声明只在程序开发和测试阶段存在，发布前将被删除。

★声明应用程序所要求的 Android API 的最低版本级别。

★列举 application 所需要链接的库。

● Project. properites 配置文件在创建项目时自己就配置了版本信息。

⑤展开 res→layout，打开 activity_main. xml 文件。切换到 Graphical Layout 视图，添加一个按钮，按表 2-3 所示修改 activity_main. xml 布局文件。

表 2-3　activity_main. xml 控件

控件类型 ID	属性 Text	属性值	说明
Button	button1	单击按钮	触发事件
TextView	textView2	Hello world!	helloworld 文本

备注：也可以切换到 activity_main. xml 视图下，通过直接编辑 XML 文件内容来修改界面布局。

修改后的 activity_main. xml 布局如图 2-23 所示。

⑥展开 src→com. helloworld，打开 MainActivity. java 文件。编辑该文件，添加 Android 单击事件。实现单击命令按钮时，弹出提示信息框，提示内容与 textViwe2 控件的文本内容相同，即“HelloWorld!”。

在 activity_main. xml 文件添加描述文档，代码如下所示：

```
1. <RelativeLayout xmlns:android = "http://schemas.android.com/apk/res/android"
2.     xmlns:tools = "http://schemas.android.com/tools"
3.     android:layout_width = "match_parent"
4.     android:layout_height = "match_parent"
5.     android:paddingBottom = "@dimen/activity_vertical_margin"
6.     android:paddingLeft = "@dimen/activity_horizontal_margin"
7.     android:paddingRight = "@dimen/activity_horizontal_margin"
8.     android:paddingTop = "@dimen/activity_vertical_margin"
9.     tools:context = ".MainActivity" >
```

图 2-23　编辑 activity_main. xml

```
10.  <TextView
11.      android:id="@+id/textView1"
12.      android:layout_width="wrap_content"
13.      android:layout_height="wrap_content"
14.      android:text="@string/hello_world" />
15.  <Button
16.      android:id="@+id/button1"
17.      android:layout_width="wrap_content"
18.      android:layout_height="wrap_content"
19.      android:layout_alignLeft="@+id/textView1"
20.      android:layout_below="@+id/textView1"
21.      android:layout_marginLeft="44dp"
22.      android:layout_marginTop="34dp"
23.      android:text="@string/button" />
24.  <TextView
25.      android:id="@+id/textView2"
26.      android:layout_width="wrap_content"
27.      android:layout_height="wrap_content"
28.      android:layout_alignLeft="@+id/textView1"
29.      android:layout_below="@+id/button1"
30.      android:layout_marginLeft="23dp"
31.      android:layout_marginTop="34dp"
32.      android:ems="10"
```

```
33.            android:text = "@string/str" >
34.            <requestFocus />
35.        </TextView>
36. </RelativeLayout>
```

打开 strings. xml 文件，添加完整代码如下所示：

```
1. <?xml version = "1. 0" encoding = "utf - 8"?>
2. <resources>
3.      <string name = "app_name">My first Helloworld</string>
4.      <string name = "action_settings">Settings</string>
5.      <string name = "hello_world">Hello world!  Hello Android! </string>
6.      <string name = "button">单击按钮</string>
7.      <string name = "str">Hello world! </string>
8. </resources>
```

打开 MainActivity. java 文件，添加完整代码如下所示：

```
1. package com. helloworld. test;
2. import android. os. Bundle;
3. import android. app. Activity;
4. import android. view. Menu;
5. import android. view. View;
6. import android. widget. Button;
7. import android. widget. TextView;
8. import android. view. View. OnClickListener;
9. import android. widget. Toast;
10. public class MainActivity extends Activity {
11.        private TextView textView2;
12.        @Override
13.        protected void onCreate(Bundle savedInstanceState) {
14.             super. onCreate(savedInstanceState);
15.             setContentView(R. layout. activity_main);
16.             //获取 textView2 文本控件
17.             textView2 = (TextView) findViewById(R. id. textView2);
18.              //获取 button1 按钮控件
19.             Button but = (Button)this. findViewById(R. id. button1);
20.             //添加按钮侦听事件
21.             but. setOnClickListener(new OnClickListener() {
22.             public void onClick(View v) {
23.                  String str  =  textView2. getText(). toString();
24.                  Toast. makeText(getApplicationContext(), str, Toast. LENGTH_SHORT). show();
25.             }
26.             });
```

```
27.     }
28.     @Override
29.     public boolean onCreateOptionsMenu(Menu menu) {
30.         // Inflate the menu; this adds items to the action bar if it is present.
31.         getMenuInflater().inflate(R.menu.main, menu);
32.         return true;
33.     }
34. }
```

（2）第 2 步：测试 HelloWorld 项目

在 Eclipse 中，右击“HelloWorld”项目，在弹出的菜单上执行 Run AS→Android Application 命令，创建一个新的配置文件；设置右侧 Android 选项卡中的 Name 项，并指定 Project 项目，如图 2-24 所示。

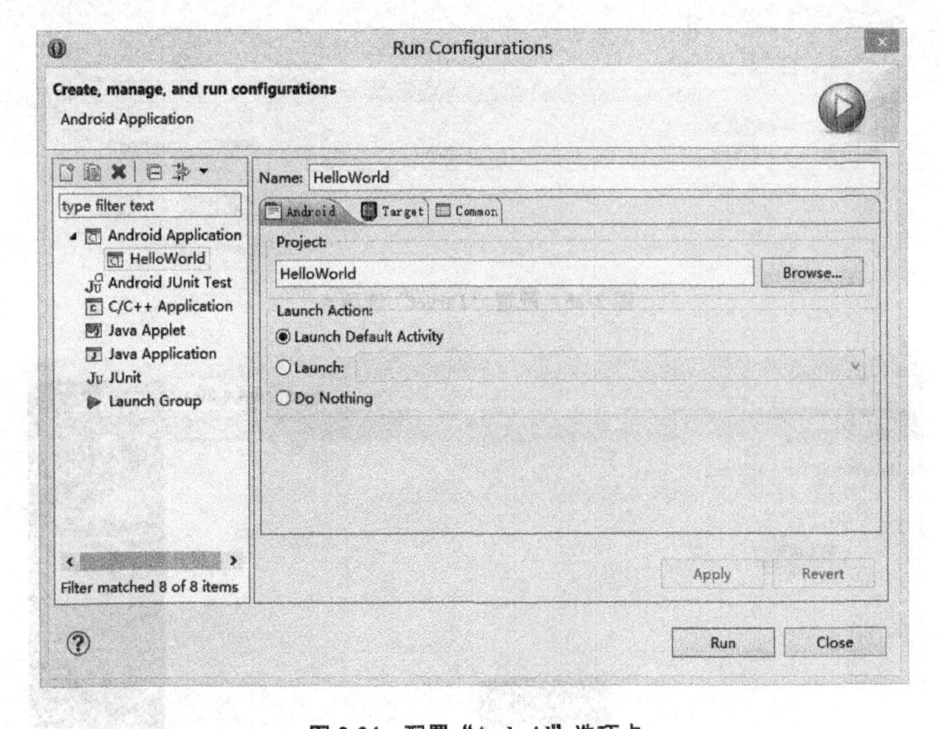

图 2-24 配置“Android”选项卡

①单击 Target 选项卡，如图 2-25 所示。在 Target 选项卡右侧列表中，选择创建的模拟器。

②勾选已创建的 AVD 模拟器，单击 Apply 按钮后，再单击 Run 按钮，运行该程序。单击命令按钮时，将弹出文本相同的内容提示信息框。运行结果如图 2-26 所示。

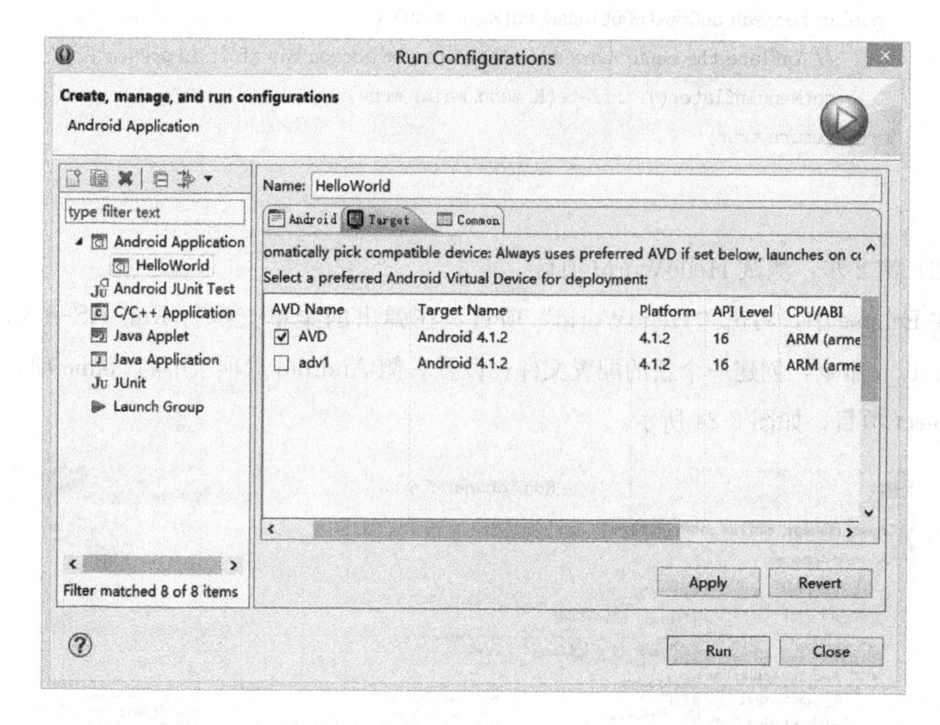

图 2-25　配置“Target”选项卡

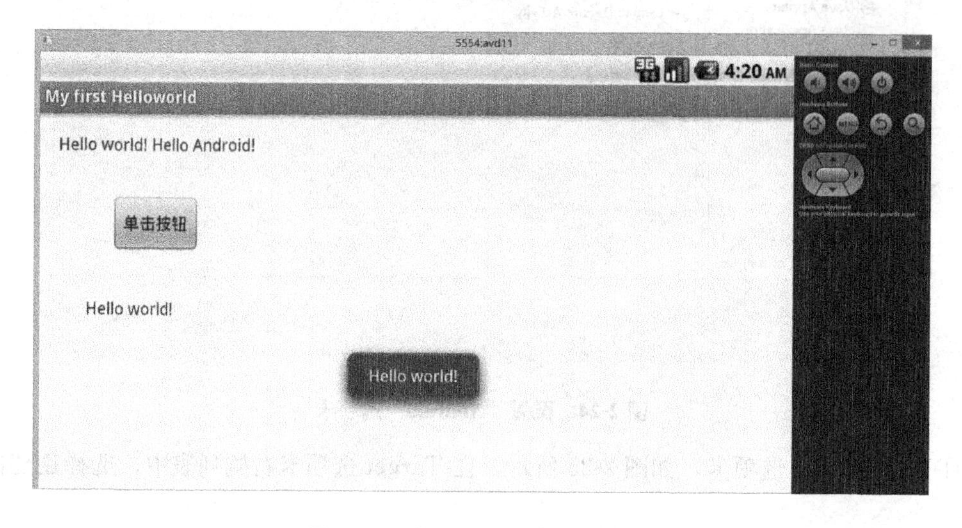

图 2-26　“HelloWorld”运行结果

【引导训练】

任务2-1 智能门禁模块设计与实现

1. 学习目的

①掌握Android终端高频RFID数据采集。

②掌握Android的UI应用程序开发。

③熟悉串口通信及应用开发。

2. 实现方法及步骤

在智能门禁模块，首先对该模块进行初始化。用户可以对RFID卡进行设置。再录入用户RFID卡到数据库，完成用户注册。

在刷卡验证时，RFID阅读器采集用户指纹信息，并和指纹特征库进行对比，查看是不是用户。如果是，进一步确定是管理员还是普通用户身份，对其赋予相关权限。

(1) Android布局管理

在介绍Android的布局管理器之前，首先要了解View类。该类是Android中所有视图组件的基类，主要提供控件绘制和事件处理的方法。创建用户界面所使用的控件都继承自View类，如TextView、Button、CheckBox等。此外，ViewGroup也是View的子类，但是ViewGroup可以是其他View的父类或者容器。

关于View组件布局的方式，Android官方推荐使用XML布局的方式。布局管理器的分类有：线性布局管理器（LinearLayout）、表格布局管理器（Table Layout）、相对布局管理器（RelativeLayout）、绝对布局管理器（AbsoluteLayout）和帧布局管理器（FrameLayout）。

在Eclipse创建一个SmartHomeDemo工程，修改在res \ layout目录下的mail. xml布局资源，对其属性的说明如表2-4所示。

表2-4 刷卡验证界面控件属性

类　别	ID	说　明
Button	buttonSearch	刷卡验证按钮
	buttonClearBarn	清空用户按钮
	buttonRegister	用户注册按钮
	buttonExit	应用退出按钮
ImageView	imageView_fingerMachine	高频刷卡机模拟图
com. smarthome. view. RotateView	无	自定义的动态门控件

线性布局（LinearLayout）是最简单的布局之一，本项目的系统就采用这种布局组织Button控件，代码如下所示。

案例 2-1 刷卡界面的线性布局实现。

```
1. <LinearLayout
2.         android:id="@+id/linearLayout3"
3.         android:layout_width="fill_parent"
4.         android:layout_height="fill_parent"
5.         android:orientation="horizontal" >
6.         <com.smarthome.view.RotateView
7.             android:layout_width="262px"
8.             android:layout_height="296px"
9.             android:layout_marginLeft="70dp"
10.            android:layout_marginTop="60dp" />
11.        <ImageView
12.            android:id="@+id/imageView_fingerMachine"
13.            android:layout_width="wrap_content"
14.            android:layout_height="wrap_content"
15.            android:layout_marginLeft="70dp"
16.            android:layout_marginTop="70dp"
17.            android:src="@drawable/readcard" />
18.        <LinearLayout
19.            android:id="@+id/linearLayout1"
20.            android:layout_width="match_parent"
21.            android:layout_height="match_parent"
22.            android:layout_gravity="right"
23.            android:layout_marginRight="15dp"
24.            android:layout_marginTop="1dp"
25.            android:gravity="right"
26.            android:orientation="vertical" >
27.            <Button
28.                android:id="@+id/buttonSearch"
29.                android:layout_width="100dp"
30.                android:layout_height="40dp"
31.                android:gravity="center"
32.                android:text="刷卡验证"
33.                android:textSize="14dp" />
34.            <Button
35.                android:id="@+id/buttonSearchStop"
36.                android:layout_width="100dp"
37.                android:layout_height="40dp"
38.                android:gravity="center"
```

```
39.                 android:text = "中止操作"
40.                 android:textSize = "14dp"
41.                 android:visibility = "gone"/>
42.             <Button
43.                 android:id = "@ + id/buttonClearBarn"
44.                 android:layout_width = "100dp"
45.                 android:layout_height = "40dp"
46.                 android:text = "清空用户"
47.                 android:textSize = "14dp" />
48.             <Button
49.                 android:id = "@ + id/buttonRegister"
50.                 android:layout_width = "100dp"
51.                 android:layout_height = "40dp"
52.                 android:gravity = "center"
53.                 android:text = "用户注册"
54.                 android:textSize = "14dp" />
55.             <Button
56.                 android:id = "@ + id/buttonExit"
57.                 android:layout_width = "100dp"
58.                 android:layout_height = "40dp"
59.                 android:gravity = "center"
60.                 android:text = "退出"
61.                 android:textSize = "14dp" />
62.         </LinearLayout>
63.     </LinearLayout>
```

(2) gif 图片播放

在 Android 中播放 gif 图片，用到了 GifView 类。首先，把 GifView.jar 加入到项目中；然后，在 XML 中配置 GifView 的基本属性。GifView 继承自 View 类，和 Button、ImageView 一样，是一个 UI 控件。

案例 2-2　gif 图片播放的布局。

```
1. <LinearLayout
2.         android:id = "@ + id/linearLayout2"
3.         android:layout_width = "wrap_content"
4.         android:layout_height = "25dp"
5.         android:layout_gravity = "center"
6.         android:layout_marginTop = "40dp"
7.         android:orientation = "horizontal"
8.         android:visibility = "visible" >
9.         <com.ant.liao.GifView
10.             android:id = "@ + id/searchLoading"
```

```
11.            android:layout_width="wrap_content"
12.            android:layout_height="wrap_content"
13.            android:layout_gravity="center" />
14.        <TextView
15.            android:id="@+id/textViewSearch"
16.            android:layout_width="wrap_content"
17.            android:layout_height="wrap_content"
18.            android:layout_marginLeft="10dp"
19.            android:gravity="center"
20.            android:text="" />
21.        <com.ant.liao.GifView
22.            android:id="@+id/loading"
23.            android:layout_width="wrap_content"
24.            android:layout_height="wrap_content"
25.            android:layout_gravity="center" />
26.        <TextView
27.            android:id="@+id/textViewMessage"
28.            android:layout_width="wrap_content"
29.            android:layout_height="wrap_content"
30.            android:layout_marginLeft="10dp"
31.            android:gravity="center"
32.            android:text="" />
33.    </LinearLayout>
```

GifView 类操作方法及功能说明如表 2-5 所示。

表 2-5 GifView 类操作方法及功能

GifView 类方法	功 能
findViewById（R. id. gif1）	从 XML 中得到 GifView 的句柄
setGifImage（R. drawable. gif1）	设置 Gif 图片源
setOnClickListener（this）	添加监听器
setShowDimension（300，300）	设置显示的大小，拉伸或者压缩
setGifImageType（GifImageType. COVER）	设置加载方式：先加载后显示、边加载边显示、只显示第一帧再显示

案例 2-3 gif 图片播放的刷卡验证实现。

在 SmartHomeDemo 工程的主类 Main. java 中添加如下方法：

```
1. private void initView() {
2.     buttonSearch = (Button) findViewById(R.id.buttonSearch);
3.     buttonRegister = (Button) findViewById(R.id.buttonRegister);
4.     buttonClearBarn = (Button) findViewById(R.id.buttonClearBarn);
5.     buttonExit = (Button) findViewById(R.id.buttonExit);
6.         myPcThread = new SendPCThread();
```

```
7.      myPcThread.start();
8. // 注册用户
9.      buttonRegister.setOnClickListener(new OnClickListener() {
10.          public void onClick(View v) {
11.              String[] cardID = new String[1];
12.              // 寻卡
13.              if (hf.selectCard(1, cardID) < 0) {
14.              Toast.makeText(Main.this, "读卡失败,请重试!", Toast.LENGTH_SHORT).show();
15.                  return;
16.              }
17.              if (myDatabaseUtils.registerdata(cardID[0]))
18.                  Toast.makeText(Main.this, "注册成功!", Toast.LENGTH_SHORT).show();
19.              else
20.                      Toast.makeText(Main.this, "注册失败或当前用户卡已被注册!",
     Toast.LENGTH_SHORT).show();
21.          }
22.      });
23.      //门禁刷卡
24.      buttonSearch.setOnClickListener(new OnClickListener() {
25.          public void onClick(View v) {
26.              String[] cardID = new String[1];
27.              // 寻卡
28.              if (hf.selectCard(1, cardID) < 0) {
29.                  Toast.makeText(Main.this, "读卡失败,请重试!", Toast.LENGTH_SHORT).show();
30.              return;
31.              }
32.              if (myDatabaseUtils.selectdatabase(cardID[0])) {
33.                  dooropen = true;
34.              }else {
35.                  Toast.makeText(Main.this, "此用户卡未注册", Toast.LENGTH_SHORT).show();
36.              }
37.          }
38.      });
39.      //清空数据库
40.      buttonClearBarn.setOnClickListener(new OnClickListener() {
41.          public void onClick(View v) {
42.              final AlertDialog.Builder builder = new AlertDialog.Builder(Main.this);
43.              builder.setTitle("提示").setMessage("确定要清空所有的用户数据?")
44.                      .setCancelable(true).setPositiveButton("确定",
45.                          new DialogInterface.OnClickListener() {
46.                              public void onClick(DialogInterface dialog, int id) {
47.                                  dialog.cancel();
```

```
48.                                 if (myDatabaseUtils.deletealldata()) {
49.                                         Toast.makeText(Main.this, "清空用户数据成功!",
    Toast.LENGTH_SHORT).show();
50.                                 }else {
51.                                         Toast.makeText(Main.this, "清空用户数据失败!",
    Toast.LENGTH_SHORT).show();
52.                                 }
53.                         }
54.                     })
55.                 .setNegativeButton("取消",
56.                     new DialogInterface.OnClickListener() {
57.                         public void onClick(DialogInterface dialog, int id) {
58.                             dialog.cancel();
59.                         }
60.                     });
61.         AlertDialog alert = builder.create();
62.         alert.show();
63.     }
64.     });
65.     //退出
66.     buttonExit.setOnClickListener(new OnClickListener() {
67.         public void onClick(View v) {
68.             exit();
69.         }
70.     });
71. }
```

智能门禁刷卡界面运行结果如图 2-27 所示。

（3）SQLite 数据库操作代码实现

Android 在运行时（run-time）集成了 SQLite，所以每个 Android 应用程序都可以使用 SQLite 数据库。对于熟悉 SQL 的开发人员来说，在 Android 开发中使用 SQLite 相当简单。但是，由于 JDBC 会消耗太多的系统资源，所以 JDBC 对于手机这种内存受限设备来说并不合适。因此，Android 提供了一些新的 API 来使用 SQLite 数据库。Android 开发中，程序员需要学会使用这些 API。数据库存储在 data/<项目文件夹>/databases/下。

Android 开发中，Activites 可以通过 Content Provider 或者 Service 访问一个数据库。Android 不自动提供数据库。在 Android 应用程序中使用 SQLite，用户必须自己创建数据库，然后创建表、索引，填充数据。Android 提供了 SQLiteOpenHelper，帮助用户创建数据库，只要继承 SQLiteOpenHelper 类，就可以轻松创建数据库。SQLiteOpenHelper 类根据开发应用程序的需要，封装了创建和更新数据库使用的逻辑。SQLiteOpenHelper

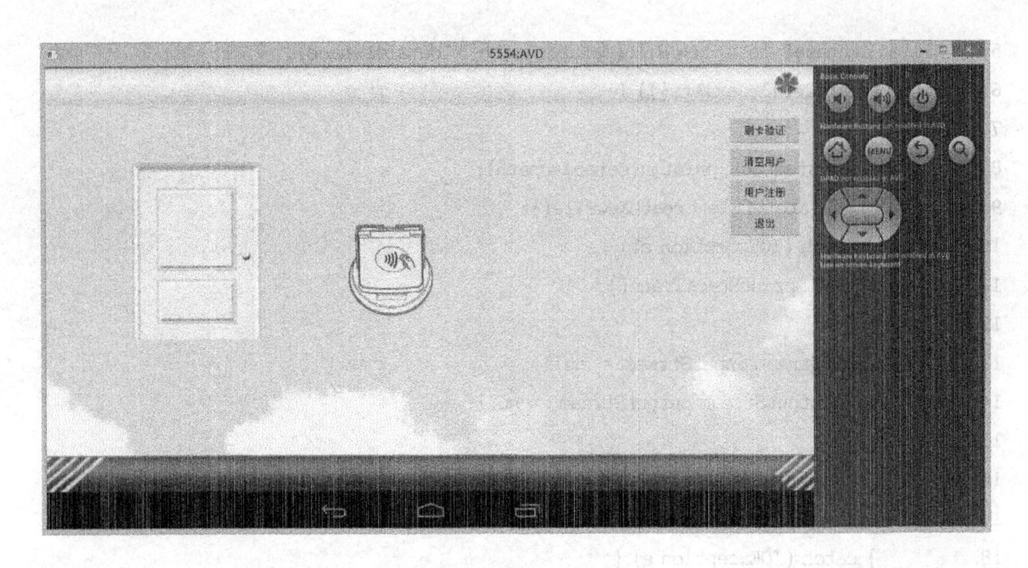

图 2-27　刷卡验证界面

的子类至少需要实现以下三个方法。

①构造函数，调用父类 SQLiteOpenHelper 的构造函数。这个方法需要四个参数：上下文环境（例如一个 Activity）、数据库名字、一个可选的游标工厂（通常是 Null）和一个代表正在使用的数据库模型版本的整数。

②onCreate（SQLiteDatabase）方法。它需要一个 SQLiteDatabase 对象作为参数，根据需要，对该对象填充表和初始化数据。

③onUpgrage（SQLiteDatabase，int，int）方法。它需要三个参数、一个 SQLiteDatabase 对象、一个旧的版本号和一个新的版本号，以便把一个数据库从旧的模型转变到新的模型。

onOpen（SQLiteDatabase）是打开数据库时的回调函数，一般不会用到。

在本系统中，SQLite 操作类主要包括数据库初始化、注册用户、删除用户、查询用户等操作，如下所示：

- **SQLiteDatabase initdatabase()**

功能：数据库初始化。

参数：无。

返回值：SQLiteDatabase。

案例 2-4　SQLite 操作 initdatabase 方法的实现。

```
1. public SQLiteDatabase initdatabase() {
2.     if (!new File(databasepath).exists()) {
3.         new File(databasepath).mkdir();
4.     }
```

```
5.    File databasefile = new File(databasepath + databasename);
6.    if (!databasefile.exists()) {
7.        try {
8.            System.out.println(databasepath);
9.            databasefile.createNewFile();
10.       } catch (IOException e1) {
11.           e1.printStackTrace();
12.       }
13.       InputStream inputStream = null;
14.       FileOutputStream outputStream = null;
15.       try {
16.           inputStream = activity.getResources().getAssets()
17.               .open(databasename);
18.       } catch (IOException e) {
19.           e.printStackTrace();
20.       }
21.       try {
22.           outputStream = new FileOutputStream(databasepath + databasename);
23.       } catch (FileNotFoundException e) {
24.           e.printStackTrace();
25.       }
26.       byte[] buffer = new byte[1024];
27.       int length;
28.       try {
29.           while ((length = inputStream.read(buffer)) > 0) {
30.               outputStream.write(buffer, 0, length);
31.               buffer = new byte[1024];// 一次写入128B的数据
32.               System.out.println("write over!");
33.           }
34.       } catch (IOException e) {
35.           e.printStackTrace();
36.       }
37.       // 关闭数据流
38.       try {
39.           outputStream.flush();
40.       } catch (IOException e) {
41.           e.printStackTrace();
42.       }
43.       try {
44.           outputStream.close();
45.       } catch (IOException e) {
46.           e.printStackTrace();
```

```
47.         }
48.         try {
49.             outputStream.close();
50.         } catch (IOException e) {
51.             e.printStackTrace();
52.         }
53.         sqLiteDatabase = null;
54.         sqLiteDatabase = SQLiteDatabase.openDatabase(databasepath
55.             + databasename, null, SQLiteDatabase.OPEN_READWRITE);
56.             Toast.makeText(activity, "位于本地的数据库初始化完成!", Toast.LENGTH_LONG).show
            ();
57.     }
58.     sqLiteDatabase = SQLiteDatabase.openDatabase(databasepath
59.         + databasename, null, SQLiteDatabase.OPEN_READWRITE);
60.     return sqLiteDatabase;
61. }
```

- **boolean registerdata（String data）**

功能：注册用户。

参数：高频卡号。

返回值：是否注册成功。true：成功；false：失败。

案例 2-5 SQLite 操作 registerdata 方法的实现。

```
1. public boolean registerdata(String data) {
2.     boolean issuccess = false;
3.     if (sqLiteDatabase ! = null) {
4.         try {
5.             if (!selectdatabase(data)) {
6.                 ContentValues myContentValues = new ContentValues();
7.                 myContentValues.put("USERSCARD_ID", data);
8.                 sqLiteDatabase.insert("USERSCARD", null, myContentValues);
9.                 issuccess = true;
10.            } else
11.                issuccess = false;
12.        } catch (Exception e) {
13.            issuccess = false;
14.        }
15.    }
16.    return issuccess;
17. }
```

● **boolean selectdatabase（String dataforselect）**

功能：查询用户。

参数：高频卡号。

返回值：是否查询成功。true：成功；false：失败。

案例 2-6 SQLite 操作 selectdatabase 方法的实现。

```
1.    public boolean selectdatabase(String dataforselect) {
2.        boolean isSuccess = true;
3.        if (sqLiteDatabase != null) {
4.            Cursor cursor;
5.            String str_sql = "select * from USERSCARD where USERSCARD_ID = '"
6.                + dataforselect + "'";
7.            cursor = sqLiteDatabase.rawQuery(str_sql, null);
8.            if (cursor.moveToFirst())
9.                isSuccess = true;
10.            else
11.                isSuccess = false;
12.            if (cursor != null) {
13.                cursor.close();
14.            }
15.        }
16.        return isSuccess;
17.    }
18.
```

● **boolean deletealldata（）**

功能：清空所有用户。

参数：无。

返回值：是否删除成功。true：成功；false：失败。

案例 2-7 SQLite 操作 deletealldata 方法的实现。

```
1. public boolean deletealldata() {
2.     if (sqLiteDatabase != null) {
3.         String str_sql = "delete from USERSCARD";
4.         sqLiteDatabase.execSQL(str_sql);
5.         return true;
6.     }
7.     return false;
8.     }
```

● **void closedatabase ()**

功能：关闭数据库。

参数：无。

返回值：无。

案例 2-8 SQLite 操作 closedatabase 方法的实现。

```
1. public void closedatabase() {
2.     try {
3.         sqLiteDatabase.close();
4.     } catch (Exception e) {
5.         }
6.     }
```

（4）RFID 读写操作实现

在 SmartHomeDemo 工程中，创建 HighRFID.java 类，实现在智能门禁模块中对 RFID 读写操作。HighRFID 类用到的读写数据方法如下所示：

①**int writeData（int block，String data ）**

功能：写数据块。

参数：block——绝对块号，取值范围 0～63，块 0 及每个区的块 3 不可写；data—要写入的数据字符串，可为任意字符，包括中文字符，总长度不超过 16 个字节，超过则截取前 16 个字节。

返回值：执行状态。0——命令执行成功；非 0——执行失败。

②**int readData（int block，String [] data）**

功能：读数据块。

参数：block——绝对块号，取值范围 0～63，块 0 及每个区的块 3 不可写；Data—输出类型：data [0] 为读到的块数据。

返回值：执行状态码。0——操作成功；1——输入参数非法；255——无卡；252——认证出错；246——未认证；－1——操作失败。

案例 2-9 HighRFID 类的读写数据方法的实现。

在 SmartHomeDemo 工程的 HighRFID 类中，添加如下方法：

```
1. public int writeData(int block, String data)
2.     {
3.         char cData[] = Convert.stringTo16CharArray(data);
4.         char command[] = new char[24];
5.         command[0] = '\002';
```

```
6.         command[1] = '\0';
7.         command[2] = '\023';
8.         command[3] = '3';
9.         command[4] = '(';
10.         command[5] = (char)block;
11.         for (int i = 0; i < 16; i + + )
12.             command[i + 6] = cData[i];
13.         command[22] = getLRC(command);
14.         command[23] = '\003';
15.         int result = -1;
16.         String recdata = getCmdReturn(command);
17.             if (recdata ! = null && recdata.length() >= 5)
18.             result = recdata.charAt(4);
19.         return result;
20.     }
21. public int readData(int block, String data[])
22.     {
23.         char command[] = new char[8];
24.         command[0] = '\002';
25.         command[1] = '\0';
26.         command[2] = '\003';
27.         command[3] = '3';
28.         command[4] = '\';
29.         command[5] = (char)block;
30.         command[6] = getLRC(command);
31.         command[7] = '\003';
32.         int result = -1;
33.         String recdata = getCmdReturn(command);
34.         if (recdata ! = null && recdata.length() >= 23)
35.             {
36.                 result = recdata.charAt(4);
37.             if (recdata.charAt(3) = = 0 && result = = 0)
38.                 data[0] = Convert.dataToString(recdata.substring(5, 21));
39.             }
40.         return result;
41.     }
```

（5）RFID 寻卡、密钥验证、读写等方法实现

以下介绍高频 RFID 读写设备对高频卡的基本操作，主要有寻卡、密钥验证、读写等方法。

①int selectCard（int time，String [] cardID）

功能：寻卡操作，获取卡的序列号。

参数：**time**—等待卡激活时间（**ms**），**cardID**—输出类型，**cardID** [0] 为卡号。

返回值：执行状态。0——寻卡成功；1——输入参数非法；2——防冲突失败；3——选卡失败；4——寻卡失败；6——超时；9——检测到多张卡；16——**RC**531 芯片初始化异常，或者该机型未配备射频卡功能；−1——操作失败。

②int haltCard()

功能：终止卡。

返回值：执行状态。0——操作成功，1——中止卡错误，−1——操作失败。

③int storeKey（int block，String key）

功能：存储密钥。当用加载密钥验证时，操作过存储密钥、加载密钥后才可以使用。

参数：block——绝对块号，取值范围 0～63，密钥（Key），6 个字符。

返回值：执行状态。0——操作成功，1——输入参数非法，255——无卡，252——认证出错，246——未认证，−1——操作失败。

④int downloadKey（int block）

功能：加载密钥。当用加载密钥验证时，操作过存储密钥、加载密钥后才可以使用。

参数：block——取值范围 0～63，密钥（Key），6 个字符。

返回值：执行状态。0——操作成功，1——输入参数非法，255——无卡，252——认证出错，246——未认证，−1——操作失败。

⑤int updateKey（int block，String newkey）

功能：更改密钥。

参数：block——绝对块号，取值范围 0～63，密钥（Key），6 个字符。

返回值：执行状态。0——操作成功，1——输入参数非法，255——无卡，252——认证出错，246——未认证，−1——操作失败。

⑥int authenticationDownloadKey（int block）

功能：加载验证密钥。

参数：block——绝对块号，取值范围 0～63，密钥（Key），6 个字符。

返回值：执行状态。0——操作成功，1——输入参数非法，255——无卡，252——认证出错，246——未认证，−1——操作失败。

⑦**int int authenticationExternKey（int block，String key）**

功能：外部密钥验证。

参数：block——绝对块号，取值范围 0～63，密钥（Key），6 个字符。

返回值：执行状态。0——操作成功，1——输入参数非法，255——无卡，252——认证出错，246——未认证，−1——操作失败。

案例 2-10 HighRFID 类的寻卡、密钥验证方法的实现。

在 SmartHomeDemo 工程的 HighRFID 类中，添加如下方法：

```
1. public int selectCard(int time, String cardID[])
2.     {
3.         char command[] = new char[10];
4.         command[0] = '\002';
5.         command[1] = '\0';
6.         command[2] = '\005';
7.         command[3] = '3';
8.         command[4] = '!';
9.         command[5] = 'R';
10.        command[6] = '\0';
11.        command[7] = (char)time;
12.        command[8] = getLRC(command);
13.        command[9] = '\003';
14.        int result = -1;
15.        String data = getCmdReturn(command);
16.        if (data != null && data.length() >= 12)
17.        {
18.            char c1 = data.charAt(3);
19.            char c2 = data.charAt(4);
20.            result = c2;
21.            if (c1 == 0 && c2 == 0)
22.            {
23.                cardID[0] = data.substring(9, 13);
24.                CardID = cardID[0].toCharArray();
25.                cardID[0] = Convert.dataToHexString(cardID[0]);
26.            }
27.            if (c1 == '0' && c2 == '\001')
28.                result = 4;
29.        }
```

```
30.         return result;
31.     }
32.
33. public int haltCard()
34.     {
35.         char command[] = {
36.             '\002', '\0', '\002', '3', '"', '\021', '\003'
37.         };
38.         int result = -1;
39.         String data = getCmdReturn(command);
40.         if (data != null && data.length() >= 5)
41.             result = data.charAt(4);
42.         return result;
43.     }
44. public int downloadKey(int block)
45.     {
46.         char command[] = new char[9];
47.         command[0] = '\002';
48.         command[1] = '\0';
49.         command[2] = '\004';
50.         command[3] = '3';
51.         command[4] = '$';
52.         command[5] = '';
53.         command[6] = (char)block;
54.         command[7] = getLRC(command);
55.         command[8] = '\003';
56.         int result = -1;
57.         String data = getCmdReturn(command);
58.         if (data != null && data.length() >= 5)
59.             result = data.charAt(4);
60.         return result;
61.     }
62. public int authenticationDownloadKey(int block)
63.     {
64.         char command[] = new char[13];
65.         command[0] = '\002';
66.         command[1] = '\0';
67.         command[2] = '\b';
68.         command[3] = '3';
```

```
69.         command[4] = '%';
70.         command[5] = '\0';
71.         for (int i = 0; i< 4; i+ + )
72.             command[i + 6] = CardID[i];
73.         command[10] = (char)block;
74.         command[11] = getLRC(command);
75.         command[12] = '\003';
76.         int result = - 1;
77.         String data = getCmdReturn(command);
78.         if (data ! = null && data. length() >= 5)
79.             result = data. charAt(4);
80.         return result;
81.     }
82. public int authenticationExternKey(int block, String key)
83.     {
84.         char cKey[] = {
85.             '\377', '\377', '\377', '\377', '\377', '\377'
86.         };
87.         char command[] = new char[19];
88.         command[0] = '\002';
89.         command[1] = '\0';
90.         command[2] = '\016';
91.         command[3] = '3';
92.         command[4] = '&';
93.         command[5] = '';
94.         for (int i = 0; i< 4; i+ + )
95.             command[i + 6] = CardID[i];
96.         command[10] = (char)block;
97.         for (int j = 0; j< 6; j+ + )
98.             command[j + 11] = cKey[j];
99.         command[17] = getLRC(command);
100.         command[18] = '\003';
101.         int result = - 1;
102.         String data = getCmdReturn(command);
103.         if (data ! = null && data. length() >= 5)
104.             result = data. charAt(4);
105.         return result;
106.     }
```

（6）串口连接操作实现

在 SmartHomeDemo 工程中，创建 SerialPort. java 类，实现在智能门禁模块中与 RFID 连接的串口进行连接操作。

int openPort（int port，int mode，int baudRate）

功能：连接设备。

参数：port——串口值 0～9（默认为 3），USB 值 0～9。当 mode=2 时，i=0，低频；i=1，超高频；i=2 为二维码；mode——端口模式（mode=0，表示高频 RFID 连接至串口）；baudRate——波特率（默认值为 6，表示波特率为 57600），取值为 0～9，分别表示波特率为 1200、2400、4800、9600、19200、38400、57600、115200、230400 及 921600。

返回值：执行状态。0——命令执行成功，非 0——执行失败。

案例 2-11　打开和关闭 RFID 设备的串口连接。

在 SmartHomeDemo 工程的 SerialPort 类中，添加如下方法：

```
1.      public int openPort(int port, int mode, int baudRate) {
2.          int com_fd = -1;
3.          try {
4.              com_fd = Linuxc.openUart(port, mode);
5.              if (com_fd > 0) {
6.                  int status = Linuxc.setUart(com_fd, (char) baudRate);
7.                  if (mode == 3)
8.                      status = 1;
9.                  if (status > 0) {
10.                     return com_fd;
11.                 }
12.             }
13.         }
14.         catch (Exception e) {
15.             com_fd = -1;
16.         }
17.             return com_fd;
18.     }
19.
```

【引导训练考核评价】

本项目的“引导训练”考核评价内容如表 2-6 所示。

表 2-6 “引导训练”考核评价表

考核内容		所占分值	实际得分
考核要点	（1）熟知 RFID 技术的原理	5	
	（2）熟知 ZigBee 技术，Android UI 应用程序开发关键技术与一般流程	15	
	（3）能够合作完成智能家居系统开发的需求分析	15	
	（4）能够说明和设计智能家居系统的体系结构	15	
	（5）学会智能家居系统主要模块的功能分析	15	
	（6）学会利用 RFID 技术实现智能门禁模块设计与开发的方法	35	
	小计	100	
评价方式	自我评价	小组评价	教师评价
考核得分			
存在的主要问题			

【同步训练】

任务 2-2　环境监控与火灾报警模块设计与开发

1. 学习目的

①掌握 Android 终端温度、光照、火焰、烟雾等数据采集方法。

②掌握 Android UI 应用程序的开发。

③熟悉 C/S 架构应用程序的开发。

2. 实现方法及步骤

在家居环境监控界面中，可以实时地看到传感器数据区域块的数据。当室内温度升高或者下降时，温度传感器将采集到的温度数据发送到 Android 端，在家居环境监控界面中显示实时的温度数据值。光照传感器也是采集房间的光照数据发送到 Android 端，在家居环境监控界面中显示实时的光照数据值。

火焰传感器的报警功能简述如下：将打火机靠近火焰传感器，传感器感测到火焰数据，将其发送到 Android 端和服务器（PC 端），PC 端将自动通知相关人员处理。此时，家居环境监控界面中的“火焰：正常”立刻显示为“火焰：着火”。

功能设计说明如表 2-7 所示。

表 2-7 系统功能模块表

模块名	功 能
环境监控	显示当前环境读数
安防报警	如果探测到火灾，上报服务器
远程访问（界面）	显示包含本机 IP 地址的二维码
远程访问（后台）	通过 TCP 协议，与手机端通信，传输环境信息

(1) Android 布局管理与初始化

家居环境监控界面主要包括温度、湿度、光照和火焰传感器的实时数据。

在 SmartHomeDemo 工程的 res \ layout 目录下添加 room. xml 布局资源，对其属性的说明如表 2-8 所示。

表 2-8 房间场景界面控件属性

类 别	ID	说 明
Button	buttonBack	返回高频验证界面按钮
	buttonShowQR	显示 IP 地址按钮
	buttonExit	应用退出按钮
com. smarthome. view. Text3DView	无	环境数值显示

案例 2-12 家居环境监控界面布局。

本系统采用线性布局（LinearLayout），具体代码如下所示：

```
1. <LinearLayout
2.         android:layout_width = "match_parent"
3.         android:layout_height = "360px"
4.         android:orientation = "horizontal" >
5.         <com. smarthome. view. Text3DView
6.             android:layout_width = "500px"
7.             android:layout_height = "360px" />
8.     </LinearLayout>
9.     <LinearLayout
10.         android:layout_width = "match_parent"
11.         android:layout_height = "120px"
12.         android:gravity = "center">
13.         <Button
14.             android:id = "@ + id/buttonBack"
15.             android:layout_width = "40dp"
16.             android:layout_height = "40dp"
17.             android:background = "@drawable/button_style" />
```

```
18.         <Button
19.             android:id="@+id/buttonShowQR"
20.             android:layout_width="45dp"
21.             android:layout_height="45dp"
22.             android:layout_marginLeft="30px"
23.             android:background="@drawable/button_style_showqr" />
24.         <Button
25.             android:id="@+id/buttonSetIP"
26.             android:layout_width="55dp"
27.             android:layout_height="55dp"
28.             android:layout_marginLeft="30px"
29.             android:background="@drawable/button_style_setip" />
30.         <Button
31.             android:id="@+id/buttonExit"
32.             android:layout_width="60dp"
33.             android:layout_height="60dp"
34.             android:layout_marginLeft="480px"
35.             android:background="@drawable/button_style_exit" />
36.     </LinearLayout>
```

案例 2-13 家居环境监控界面控件初始化。

初始化控件，具体代码如下所示：

```
1. private void initView() {
2.     buttonExit = (Button) findViewById(R.id.buttonExit);
3.     buttonBack = (Button) findViewById(R.id.buttonBack);
4.     buttonQR = (Button) findViewById(R.id.buttonShowQR);
5.     buttonSET = (Button) findViewById(R.id.buttonSetIP);
6.     // PC交互线程开启
7.     buttonBack.setOnClickListener(new OnClickListener() {
8.         public void onClick(View v) {
9.         final AlertDialog.Builder builder = new AlertDialog.Builder(
10.             Room.this);
11.          builder.setTitle("提示")
12.             .setMessage("确定要退出房间,返回到刷卡验证吗?")
13.             .setCancelable(true)
14.             .setPositiveButton("确定",
15.                 new DialogInterface.OnClickListener() {
16.                     public void onClick(DialogInterface dialog,
17.                         int id) {
18.                     dialog.cancel();
19.                     mHandler.removeCallbacks(update);
```

```
20.                 Main.dooropen = false;
21.                 flag = false;
22.                 finish();
23.             }
24.         })
25.     .setNegativeButton("取消",
26.         new DialogInterface.OnClickListener() {
27.             public void onClick(DialogInterface dialog,
28.                 int id) {
29.             dialog.cancel();
30.         }
31.     });
32.   AlertDialog alert = builder.create();
33.   alert.show();
34. }
35. });
36. //二维码
37. buttonQR.setOnClickListener(new OnClickListener() {
38.   public void onClick(View v) {
39.     startActivity(new Intent().setClass(Room.this,
40.         QR_IP_Activity.class));
41.     }
42.   });
43.   //设置
44.   buttonSET.setOnClickListener(new OnClickListener() {
45.     public void onClick(View v) {
46.         startActivity(new Intent().setClass(Room.this,
47.             SetIPActivity.class));
48.     }
49.   });
50.   //退出
51.   buttonExit.setOnClickListener(new OnClickListener() {
52.         public void onClick(View v) {
53.             exit();
54.         }
55.     });
56.   }
57.
```

(2) 环境传感器数据采集与显示的实现

实现环境传感器数据监控界面初始化，然后实时获取房间温度、光照、火焰与烟雾情况，再根据阈值判断是否出现火灾。

案例 2-14 环境传感器数据采集与显示的实现。

```
1. public class Room extends Activity {
2.     private ReceiveThread rt;
3.     private Button buttonExit, buttonBack, buttonQR, buttonSET;
4.     public static String temp_toshow = "温度:20℃";
5.     public static String light_toshow = "光照:30 lx";
6.     public static String flame_toshow = "火焰:正常";
7.     public static String smoke_toshow = "烟雾:正常";
8.     @Override
9.     protected void onCreate(Bundle savedInstanceState) {
10.        super.onCreate(savedInstanceState);
11.        requestWindowFeature(Window.FEATURE_NO_TITLE); // 设置标题为空
12.        getWindow().setFlags(WindowManager.LayoutParams.FLAG_FULLSCREEN,
13.            WindowManager.LayoutParams.FLAG_FULLSCREEN);// 设置全屏
14.        setContentView(R.layout.room);
15.        initView();
16.        ShareData.Request = getCRCChar(ShareData.Request);
17.        ShareData.Request_String = String.valueOf(ShareData.Request);
18.        ShareData.mdata = new MyData(0, 0, 0, 0, 0, 0, 0, 0, 0, 0, 0, 0, 0, 0,
19.            0, 0, 0, 0, "", System.currentTimeMillis());
20.        ShareData.modbusData = new ModbusData("0", "0", "0", "0", "0");
21.        final SerialPort sPort = new SerialPort();
22.        // 打开串口,设置波特率
23.        Global.com_modbus = sPort.openPort(1, 0, 3);
24.        mHandler = new Handler();
25.        mHandler.post(update);
26.        rt = new ReceiveThread();
27.        rt.execute(0, 0, 0);
28.    }
29.    private int ms = 800;
30.    private Handler mHandler = null;
31.    private Runnable update = new Runnable() {
32.        public void run() {
33.            mHandler.postDelayed(update, ms);
34.            upDataUI();
35.        }
36.    };
37.    //界面更新
38.    public void upDataUI() {
39.        // 向工控模块发送请求命令
40.        String strKLHA = "#01960106oo\r"; //最后面需要加换行
```

```
41.         Linuxc.sendMsgUart(Global.com_modbus, strKLHA);
42.         try {
43.             Thread.sleep(200);
44.         } catch (InterruptedException e) {
45.         }
46.         // 发送数据,触发工控模块设备,返回串口数据
47.         Linuxc.sendMsgUartHex(Global.com_modbus, ShareData.Request_String,
48.                 ShareData.Request_String.length());
49.         // 工控模块设备数据采集
50.         MainAssist.getinstance().setADAM4117Data(0, true);
51.         // 获取温度传感器值
52.         String strT = DataConvert.getdataConvert().ConvertTemperature(
53.             MainAssist.getinstance().datatemp1,
54.             MainAssist.getinstance().datatemp2, 9999, 200, 50);
55.         MainAssist.getinstance().setADAM4117Data(1, false);
56.         if (!strT.trim().equals("")) {
57.             if (Double.parseDouble(strT.trim()) <= 100
58.                 && Double.parseDouble(strT.trim()) != 0) {
59.               ShareData.modbusData.strTemp = strT;
60.             }
61.             temp_toshow = "温度:" + ShareData.modbusData.strTemp + "°c";
62.         }
63.         // 获取光照传感器值
64.         String strLight = DataConvert.getdataConvert().ConvertTemperature(
65.             MainAssist.getinstance().datalight1,
66.             MainAssist.getinstance().datalight2, 9999, 5000, 0);
67.         if (!strLight.trim().equals("")) {
68.             if (Double.parseDouble(strLight.trim()) != 0)
69.                 ShareData.modbusData.strLight = strLight;
70.             light_toshow = "光照:" + ShareData.modbusData.strLight + "lx";
71.         }
72.         // 获取烟感火焰开关值.这里连接取值为工控模块设备的第5通道
73.         if (MainAssist.getinstance().setADAM4150(5) == '1') {
74.             ShareData.fire = true;
75.             flame_toshow = "火焰:着火";
76.         } else {
77.             ShareData.fire = false;
78.             flame_toshow = "火焰:正常";
79.         }
80.         // 获取烟感火焰开关值.这里连接取值为工控模块设备的第6个通道
81.         if (MainAssist.getinstance().setADAM4150(6) == '1') {
82.             ShareData.smoke = true;
```

```
83.                smoke_toshow = "烟感:冒烟";
84.            } else {
85.                ShareData.smoke = false;
86.                smoke_toshow = "烟感:正常";
87.            }
88.    }
89.    protected void onDestroy() {
90.            super.onDestroy();
91.            if (Global.com_modbus > 0)
92.                Linuxc.closeUart(Global.com_modbus);
93.            if (flag) {
94.                android.os.Process.killProcess(android.os.Process.myPid());
95.                System.exit(0);
96.            }
97.    }
98.    private boolean flag = true;
99.    public boolean onKeyDown(int keyCode, KeyEvent event) {
100.            if (keyCode == KeyEvent.KEYCODE_BACK && event.getRepeatCount() == 0) {
101.                exit();
102.            }
103.            return false;
104.        }
105. }
```

（3）静态变量存储 ShareData 类的实现

在 Android 系统中，最简单的数据存储方法是 SharedPreferences。这是一种轻量级的数据保存方式。通过 SharedPreferences，开发人员可以将 NVP（Name、Value、Pair，名称、值、对）保存在 Android 文件系统中，而且 SharedPreferences 完全屏蔽对文件系统的操作过程，开发人员仅通过调用 SharedPreferences 对 NVP 进行保存和读取。

案例 2-15　静态变量存储。

在智能家居系统中，ShareData 类定义了常用的静态变量，关键代码如下所示：

```
1. public class ShareData {
2.      public static MyData mdata = null;//modbus 通道数据存储
3.      public static ModbusData modbusData = null;//modbus 数据存储
4.      public static byte addressByte = 0x01;//工控模块指令地址码
5.      public static byte functionInByte = 0x01;// 工控模块输入功能码
6.      public static char[] Request = { (char) addressByte,
7.              (char) functionInByte, 0x00, 0x00, 0x00, 0x07 };// 工控模块请求指令,未加后面两位
                校验位
8.      public static String Request_String = String.valueOf(Request);
```

```
9.        public static int current_status = 0;//当前状态值
10.        public static boolean fire = false; //火焰
11.        public static boolean smoke = false;//烟感
12.        public static SharedPreferences spPreferences;//轻量级存储类
13.        public static Editor editor;
14.        public static boolean dooropen = false;//开门,关门
15.        public static int com_modbus = -1; //有线传感串口值
16. }
```

（4）传感器数据采集 ReceiveThread 类的实现

Modbus 是由 Modicon（现为施耐德电气公司的一个品牌）在 1979 年发明的，是全球第一个真正用于工业现场的总线协议。

目前的通信方式是 232 串口，使用 Modbus 通信协议。在 Android 上，只需完成人—机界面、指令下发并接收反馈。

①modbus 工业控制总线传感器值接口，包括光照线性值、温度线性值、霍尔开关值、接近开关值、光电开关值：

public　String　getModbus（String strType）；

②高频 RFID：

public　void　setCard（String str）；

public string getCard（String strType）；

案例 2-16　传感器数据采集。

Modbus 通过线程 ReceiveThread. java 实时获取传感器数据。

```
1. protected Integer doInBackground(Integer... params) {
2.            int len = 0;
3.            char d[] = new char[1024];
4.            String str_receive = null;
5.            while (Global.com_modbus > 0) {
6.                 if (!islen) {
7.                      str_receive = Linuxc.receiveMsgUartHex(Global.com_modbus);
8.                 }
9.                 if (this.isCancelled()) {
10.                      break;
11.                 }
12.                 try {
13.                      Thread.currentThread().sleep(45);
14.                 } catch (InterruptedException e) {
15.                      e.printStackTrace();
16.                 }
```

```
17.        if (str_receive = = null) {
18.            continue;
19.        }
20.        if (str_receive.indexOf("=+") >= 0) {
21.            try {
22.                ShareData.mdata.firsttime = System.currentTimeMillis();
23.        // 获取 Kl M4000 通道值
24.        String ValueString = str_receive;
25.        ShareData.mdata.data01 = judge(ValueString.substring(
26.            ValueString.indexOf("=") + 1,
27.            ValueString.indexOf("@")));
28.        ValueString = ValueString.substring(ValueString
29.            .indexOf("@") + 2);
30.        ShareData.mdata.data11 = judge(ValueString.substring(
31.            ValueString.indexOf("=") + 1,
32.            ValueString.indexOf("@")));
33.        ValueString = ValueString.substring(ValueString
34.            .indexOf("@") + 2);
35.        ShareData.mdata.data21 = judge(ValueString.substring(
36.            ValueString.indexOf("=") + 1,
37.            ValueString.indexOf("@")));
38.        ValueString = ValueString.substring(ValueString
39.            .indexOf("@") + 2);
40.        ShareData.mdata.data31 = judge(ValueString.substring(
41.            ValueString.indexOf("=") + 1,
42.            ValueString.indexOf("@")));
43.        ValueString = ValueString.substring(ValueString
44.            .indexOf("@") + 2);
45.        ShareData.mdata.data41 = judge(ValueString.substring(
46.            ValueString.indexOf("=") + 1,
47.            ValueString.indexOf("@")));
48.        ValueString = ValueString.substring(ValueString
49.            .indexOf("@") + 2);
50.        ShareData.mdata.data51 = judge(ValueString.substring(
51.            ValueString.indexOf("=") + 1,
52.            ValueString.indexOf("@")));
53.        ValueString = ValueString.substring(ValueString
54.            .indexOf("@") + 2);
55.        ShareData.mdata.data61 = judge(ValueString.substring(
56.            ValueString.indexOf("=") + 1,
57.            ValueString.indexOf("@")));
58.        ValueString = ValueString.substring(ValueString
```

```
59.                 .indexOf("@") + 2);
60.             ShareData.mdata.data71 = judge(ValueString.substring(
61.                 ValueString.indexOf("=") + 1,
62.                 ValueString.indexOf("@")));
63.         } catch (Exception e) {
64.             e.printStackTrace();
65.         }
66.     }
67.             len = str_receive.length();
68.             count = len + count;
69.             if (len == 0) {
70.                 continue;
71.             }
72.             d = str_receive.toCharArray();
73.             System.arraycopy(d, 0, data, datalen, len);
74.             datalen += len;
75.             while (true) {
76.                 islen = false;
77.                 mark_head = findCharInReceiveData(0, (char) 0x01);
78.                 if (mark_head < 0) // 查找不到,把所有的数据丢掉
79.                 {
80.                     datalen = 0;
81.                     break;
82.                 }
83.                 lengthcount = 6;
84.                 if (datalen < lengthcount) { // 数据量小于 6 个,不判断
85.                     break;
86.                 }
87.                 funCode = (char) 0x01;
88.                 int length = 1;
89.                 if (data[mark_head + 1] != funCode) {
90.                         if (datalen >= lengthcount) {
91.                         datalen = datalen - lengthcount - mark_head;
92.                         if (datalen > 0) {
93.                           System.arraycopy(data, mark_head + lengthcount,
94.                                 data, 0, datalen);
95.                         }
96.                     }
97.                     continue;
98.             } else {
99.                 // 正确执行命令的返回数据
100.                    if (datalen - mark_head < lengthcount) {
```

```
101.                    // 数据没有接收完;等待接收完再处理
102.                    break;
103.                }
104.                if (data[mark_head + 2] ! = length) {
105.                    datalen = datalen - lengthcount - mark_head;
106.                    System.arraycopy(data, mark_head + lengthcount, data,
107.                        0, datalen);
108.                break;
109.            }
110.            ShareData.mdata.firsttime = System.currentTimeMillis();
111.                ShareData.mdata.length = data[mark_head + 2];
112.                ShareData.mdata.data4150 = data[mark_head + 3];
113.                datalen = datalen - lengthcount - mark_head;
114.                System.arraycopy(data, mark_head + lengthcount, data, 0,
115.                    datalen);
116.                if (datalen >= lengthcount) {
117.                    islen = true;
118.                } else {
119.                    islen = false;
120.                }
121.                count = 0;
122.            }
123.        }
124.        }
125.        return 1;
126.    }
```

（5）传感器数据转换 DataConvert 类的实现

Modbus 传感器值转换 DataConvert.java 类，功能是实现温度、光照值转换与校验。

ConvertTemperature（int data01，int data02，int ValueRange，int TemperatureRange，int NegativeTemperature）

参数：data01——十六进制值 byte1；data02——十六进制值 byte2；ValueRange——量值；TemperatureRange——温度范围值总和；NegativeTemperature——温度负数值。

返回值：温度值。

案例 2-17 传感器数据转换。

```
1. public String ConvertTemperature(int data01, int data02, int ValueRange,
2.             int TemperatureRange, int NegativeTemperature) {
3.         // 未连接设备时,ADAM4117 返回值为"FF"
```

```
4.          if (data01 = = 255 && data02 = = 255)
5.          return "未连接";
6.          // 两个十六进制值相加,转换成十进制值
7.          String sValue = Integer.toHexString(data01)
8.           + Integer.toHexString(data02);
9.              int TemValue = Integer.parseInt(sValue, 16);
10.          // 模拟值换算公式:温度 T = 模拟值/量值×温度范围值总和 - 温度负数值
11.          float v1 = (float) data01 / (float) ValueRange;// 强制转化成 float 型取得小数位
12.          float fValue = v1 * TemperatureRange - NegativeTemperature;
13.          // 温度出现异常时,返回空值
14.          if (fValue < -40)
15.              return "0";
16.          else if (fValue > 500)
17.              return "500";
18.          else {
19.              DecimalFormat df = new DecimalFormat("0.0");// 格式化小数,不足的补 0
20.              String strTemValue = df.format(fValue);
21.              return strTemValue;
22.          }
23.      }
```

环境监控界面运行结果如图 2-28 所示。

图 2-28　环境监控界面

场景模拟当房间出现火灾的情况下，通过 TCP 协议，将报警信息即时地通知服务器端，通信方式为平板端对客户端的单向通信，PC 为服务器端。

案例 2-18 与 PC 端服务器通信的线程类。

```
1. public class SendPCThread extends Thread {
2.     public static String IP = "192.168.1.2";
3.     public static int PORT = 9999;
4.     private BufferedWriter myBufferedWriter;
5.     @Override
6.     public void run() {
7.         super.run();
8.         Socket mySocket = new Socket();
9.         IP = Global.spPreferences.getString("dormIP", "192.168.0.1");
10.        while (!Main.system_exit) {
11.            if (ShareData.fire || ShareData.smoke) {
12.                try {
13.                    mySocket = new Socket(IP, PORT);
14.                    myBufferedWriter = new BufferedWriter(
15.                            new OutputStreamWriter(mySocket.getOutputStream()));//通过 TCP
    向 PC 端以 JSon 格式发送报警信息
16.                    myBufferedWriter.write(new JSONObject()
17.                            .put("warning", "on").toString() + "\r\n");
18.                    myBufferedWriter.flush();
19.                    sleep(15000);
20.                } catch (UnknownHostException e) {
21.                } catch (IOException e) {
22.                } catch (JSONException e) {
23.                } catch (InterruptedException e) {
24.                }
25.            } else {
26.                try {
27.                    sleep(200);
28.                } catch (InterruptedException e) {
29.                }
30.            }
31.        }
32.        interrupt();
33.    }
34.
35. }
```

案例 2-19 与 PC 服务器通信消息的获取。

```
1. public class SendMessage extends Thread {
2.     private Socket mySocket;
```

```
3.      private BufferedReader myBufferedReader;
4.      private JSONObject myInput_JsonObject;
5.      private JSONObject myOutput_JsonObject;
6.      public SendMessage(Socket socket) {
7.          mySocket = socket;
8.      }
9.      @Override
10.      public void run() {
11.          super.run();
12.          while (!Main.system_exit) {
13.              try {
14.                  if (getResponse() != null) {
15.                      BufferedWriter bw = new BufferedWriter(
16.                              new OutputStreamWriter(mySocket.getOutputStream()));
17.                      bw.write(myOutput_JsonObject.toString() + "\n");
18.                      bw.flush();
19.                  }
20.              } catch (Exception e) {
21.              }
22.          }
23.          interrupt();
24.      }
25.      //获取响应数据
26.      private JSONObject getResponse() {
27.          myOutput_JsonObject = null;
28.          try {
29.              myOutput_JsonObject = new JSONObject();
30.              myOutput_JsonObject.put("temp", Dorm.temp_toshow);
31.              myOutput_JsonObject.put("light", Dorm.light_toshow);
32.              myOutput_JsonObject.put("flame", Dorm.flame_toshow);
33.              myOutput_JsonObject.put("smoke", Dorm.smoke_toshow);
34.          } catch (Exception e) {
35.              myOutput_JsonObject = null;
36.          }
37.          return myOutput_JsonObject;
38.      }
39. }
```

任务 2-3 窗帘控制子系统设计与开发

1. 学习目的

①掌握 Android 对终端设备状态数据的采集方法。

②掌握 Android UI 应用程序的开发。

③熟悉基于 Android 的直流电机控制与窗帘自动控制。

2. 实现方法及步骤

控制窗帘的开、关、暂停等状态。单击相应的控制按钮，便可以控制窗帘到某个特定的状态。此外，窗帘图标显示对应的状态。窗帘控制界面如图 2-29 所示。

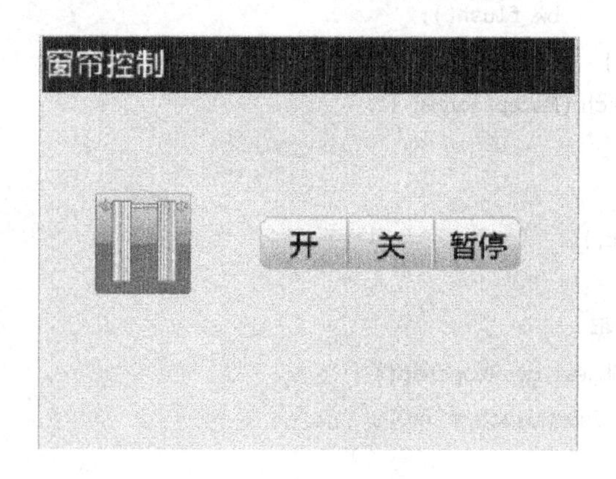

图 2-29 窗帘控制界面

界面中，窗帘图标表示窗帘的状态。其中，图标关闭，表示实际状态“关闭”；图标打开，表示实际状态“打开”；图标打开，并有 STOP 字样，表示实际状态“停止”。

案例 2-20 窗帘控制类实现。

```
1. public class OperationCurtain extends Activity{
2.     private int curtainState = 0;//窗帘开关状态并初始化
3.     @Override
4.     protected void onCreate(Bundle savedInstanceState) {
5.         super.onCreate(savedInstanceState);
6.         setContentView(R.layout.activity_main);
7.         final ImageView img = (ImageView)findViewById(R.id.open);
8.         private EnvMonitorDevic zigbee = EnvMonitorDevic.envMonitorDevice();
9.         Button open = (Button)this.findViewById(R.id.butOpen);
```

```
10.            Button close = (Button)this.findViewById(R.id.butClos);
11.            Button stop = (Button)this.findViewById(R.id.butStop);
12.            open.setOnClickListener(new OnClickListener() {
13.            public void onClick(View v) {
14.                int result = 1;
15.                    if(result != curtainState)//如果值与窗帘状态相比有改变
16.                        {
17.                        curtainState = result;
18.                        setCurtainState(curtainState);
19.                        img.setImageResource(R.drawable.open);
20.
21.                        }
22.                    else return;
23.                }
24.                });
25.            close.setOnClickListener(new OnClickListener() {
26.            public void onClick(View v) {
27.                int result = 0;
28.                if(result != curtainState)//如果值与窗帘状态相比有改变
29.                    {
30.                    curtainState = result;
31.                    setCurtainState(curtainState);
32.                    img.setImageResource(R.drawable.close);
33.                    }
34.                else return;
35.                }
36.                });
37.            stop.setOnClickListener(new OnClickListener() {
38.                public void onClick(View v) {
39.                    int result = 2;
40.                    if(result != curtainState)//如果值与窗帘状态相比有改变
41.                        {
42.                        curtainState = result;
43.                        setCurtainState(curtainState);
44.                        img.setImageResource(R.drawable.stop);
45.
46.                        }
47.                    else return;
48.                    }
49.                    });
50.                public void setCurtainState(int curtainState)
51.                {
```

```
52.             switch (curtainState){
53.             case 0:
54.                 zigbee.CloseCurtain();
55.                 break;
56.             case 1:
57.                 zigbee.OpenCurtain();
58.             case 2:
59.                 zigbee.StopCurtain();
60.             }
61.         }
```

【同步训练考核评价】

本项目的“同步训练”考核评价内容如表 2-9 所示。

表 2-9 “同步训练”考核评价表

<table>
<tr><td>任务名称</td><td colspan="4">环境监控与火灾报警模块设计与开发</td></tr>
<tr><td>任务完成方式</td><td colspan="2">【 】小组合作完成</td><td colspan="2">【 】个人独立完成</td></tr>
<tr><td colspan="5">同步训练任务完成情况评价</td></tr>
<tr><td>自我评价</td><td></td><td>小组评价</td><td></td><td>教师评价</td></tr>
<tr><td colspan="5">存在的主要问题</td></tr>
<tr><td colspan="5"></td></tr>
</table>

【想一想　练一练】

由于实际情况不同，用户往往有不同的要求。根据不同用户的需求，智能家居系统还包含很多可选功能模块。

1. 家庭影院视频

此模块的功能是：用户需用一套数字电视机顶盒、DVD/VCD、卫星电视及摄像头等设备，用电视设备的常用遥控器控制，红外设备只有电源键有状态显示，其他按钮只做控制，就能在任何房间的电视机上随心所欲地观看这些设备的节目。可以在不同房间观看不同的节目，又可以同时共享同一节目，轻松方便。

2. 家用中央吸尘及新风

此模块的功能是：家用中央吸尘和新风模块，常用于豪华住宅项目。

3. 宠物设备

此模块用于宠物禁区、自动宠物喂食、喂鱼器等。

4. 智能卫浴模块

此模块的用途是：时尚按摩浴缸，带空气按摩系统和水力按摩模块。浴缸一侧配有防水扬声器，可一边沐浴一边享受音乐；集温水调节、座圈加温、自动除臭、自动烘干、静音落座等功能于一身的智能马桶；多功能洗脸台，镜子上嵌有超薄显示器，用户可一边刷牙，一边通过显示器查看天气预报。

5. 车库智能换气模块

此模块的功能是：通过（遥控）手动或自动定时控制给车库换气，将汽车尾气和汽油味清除干净，并注入室外空气。

6. 自动浇花、给排水模块

此模块的功能是：自动浇水和定时浇水。在阳台上观景时，可以用遥控器启动浇花的电磁阀门，站在阳台上，就可以控制花园里的喷头。同时，系统对游泳池的给排水进行控制，可以定时自动地更换游泳池的水，时刻保持水质优良。

项目 3 智能物流定位管理系统

教学导航

教学目标	(1) 熟知二维码生产和识别的原理 (2) 熟知 GPS 定位的原理，3G 网络/卫星通信的原理以及 GIS 显示的实现过程 (3) 能够合作完成智能物流定位管理系统开发的需求分析 (4) 能够说明和设计智能物流定位管理系统的体系结构 (5) 学会智能物流定位管理系统主要模块的功能分析 (6) 学会车载 GPS 定位追踪系统的设计与开发方法
教学重点	(1) 智能物流定位管理系统的需求分析 (2) 智能物流定位管理系统的设计 (3) 智能物流定位管理系统的开发方法和流程
教学难点	(1) 基于 Android 开发智能物流定位管理系统的环境配置 (2) 智能物流定位管理系统关键代码编写和调试
教学方法	任务驱动法、分组讨论法、四步训练法（训练准备——→引导训练——→同步训练——→拓展训练）
课时建议	12 课时

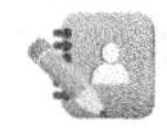

项目概述

1. 项目开发背景

全球经济一体化发展使得企业的采购、仓储、销售、配送等协作关系日趋复杂。企业间的竞争不仅是产品性能和质量的竞争，也包含物流能力的竞争。利用信息技术代替实际操作，可以减少浪费，节约时间和费用，实现供应链无缝对接和整合，实现物流流程信息化管理。采用信息化管理手段对公司的仓储、物流信息等进行一体化管理，可促进数据共享，货物和资金的周转率，提高工作效率，达到与现代化物流企业管理同步的信息化流程。

物流行业不仅是国家十大产业振兴规划中的一个，也是信息化及物联网应用的重要领域。它的信息化和综合化物流管理、流程监控，可有效提升物流效率，控制物流成本，从整体上提高物流行业的信息化水平，带动整个产业发展。江苏省作为物联网发展的先锋省份，大规模地利用产业信息化为传统产业带来先进的管理、生产以及人才培养方法。

目前国内物流行业的信息化水平不高，企业方面缺乏系统的信息化解决方案，不能借助功能丰富的平台，快速定制解决方案。另外，跨地区物流在信息共享、传输网络方面也有障碍，地方壁垒较高。有一些第三方提供的行业信息化解决方案采用了局部物联网的技术，部分方案仅在接入层或业务层展开小范围的应用研究和方案演示，给行业示范性的智能物流发展带来了一定困难。甚至在不少中小物流企业的仓储、配载管理中，还采用手工方式，既费时、费力，又容易产生错误。因此，效率低下的手工管理方式很难保证收货、验货及发货的正确性，从而产生库存、延迟交货、增加成本，以致失去为客户服务的机会；而且手工管理方式不能为管理者提供实时、快速、准确的仓库作业和库存信息。物流管理的最终目标是降低成本、提高服务水平，这需要物流企业及时、准确、全面地掌握运输车辆的信息，对运输车辆实现实时监控、调度。

2. 项目开发目的与意义

随着物流技术不断进步和人工智能应用领域不断扩大，人们对物流管理的智能化要求越来越高。智能化成为目前物流管理系统的主流方向之一。本项目旨在设计开发智能物流定位管理系统。该系统是能够应用于物流公司管理的应用程序软件，主要针对物流公司用户。该软件能够提高物流管理效率，为加强物流公司日常运营管理提供方便。

智能物流定位管理系统主要提供货物实时定位、货车实时定位和货物装车自动识别功能。整个软件定义包括服务器（计算机）和传感终端（车载终端和仓储终端）两部分，物流公司系统管理人员相对于使用服务器部分，货车用户相对于使用车载移动端部分。

智能物流定位管理系统软件具有很强的实用性，物流企业员工用户可以轻松管理仓库货物和相关信息，快速管理货物，并实时定位管理。同时，物流企业员工用户可以轻松管理货车和相关信息，快速定位货车和货车所装货物，提高了物流管理的效率。

智能物流定位管理系统的应用目标包括集记录仓库库存、查询货物当前状态和位置、查询货车当前状态和位置、二维码扫描、智能卡于一身的一款功能强大、方便、快捷的物流定位管理系统软件，它支持运行在多种系统平台上。

智能物流系统简图如图 3-1 所示。

3. 项目（系统）的特点

①先进性：系统将运输作业流程管理与物流运输动态信息完美结合，实现了物流运输从单一的静态管理转向全面的实时动态管理。系统采用B/S+C/S混合结构，兼备两者的优势。

②稳定性：合理的体系结构设计和系统配置，经过大量用户的实际应用与不断发展，无论是系统软件或硬件，已非常稳定和可靠。

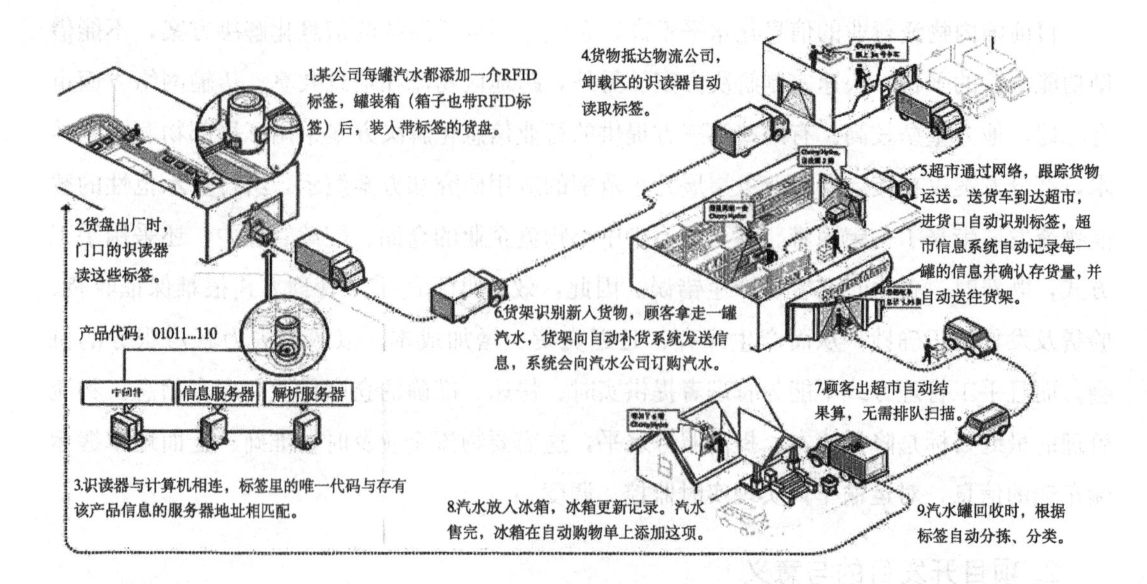

图 3-1　智能物流

③安全性：完善的安全保护措施，保证系统的运行安全；可靠的数据备份与恢复机制，保障系统的数据安全。

④灵活性：系统模块化设计，业务功能可以灵活组合，满足不同企业的管理需求，且能根据企业的需求进行二次开发。

⑤扩展性：系统设计充分考虑扩充、发展的需要，采用模块化构建方式，方便系统升级和功能的增加。

⑥开放性：该系统能够与其他物流信息系统，如仓储管理、销售管理、ERP 等物流管理系统无缝接口，打破企业部门间的信息壁垒，满足企业信息共享的要求（需第三方提供系统接口协议）实现整个物流信息系统的高效运作。

⑦易操作：系统操作界面友好、直观，用户无需专业技能，经简单培训即可熟练应用。

⑧易维护：支持远程安装、维护，自动升级，无需专业维护人员。

项目分析与设计

1. 项目需求分析

软件需求分析就是把软件计划期间建立的软件可行性分析求精和细化，分析各种可能的解法，并且分配给各个软件元素。需求分析是软件定义阶段中的最后一步，确定系统必须完成哪些工作，对目标系统提出完整、准确、清晰、具体的要求。为了方便客户和项目经理很好地沟通功能需求，更为了所有软件开发者、文档编写者、项目经理及营销人员等软件参与者能够有参照，按实际需求设计和修改相应功能，进行项目的需求分析十分必要。需求分析是获取用户需求的有效途径，是决定项目成功的关键因素，是系统分析和软件设计的桥梁，也是控制软件质量的重要阶段。

需求分析的步骤如图 3-2 所示，主要包括获取用户需求→分析用户需求→编写需求文档→需求分析的评审。获取用户需求是一项重要的任务，为此必须做好以下几点：

①了解客户方的所有用户类型以及潜在类型，根据其要求确定系统的整体目标和工作范围。

②对用户进行访谈和调研，可以采用会议、电话、电子邮件、小组讨论、模拟演示等交流方式。

③需求分析人员对收集到的用户需求做进一步的分析和整理。

④需求分析人员将调研的用户需求以适当的方式呈交给用户方和开发方的相关人员。大家共同确认需求分析人员所提交的结果是否真实地反映了用户的意图。

在很多情形下，分析用户需求是与获取用户需求并行的，主要通过建立模型的方式来描述用户需求，为客户、用户、开发方等不同参与方提供交流的渠道。这些模型是对需求的抽象，以可视化的方式提供一个易于沟通的桥梁。用户需求分析与获取用户需求有着相似的步骤，区别在于分析用户需求时使用模型来描述。

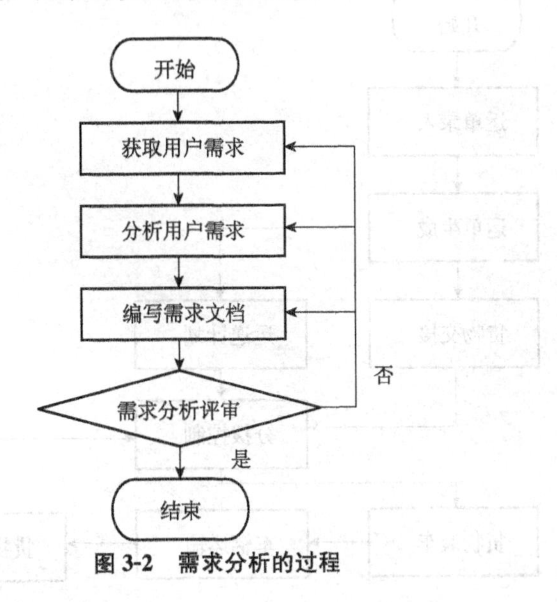

图 3-2　需求分析的过程

1）获取用户需求

通过调研消费群体（客户）的特征，归纳出物流行业企业的特点如下所述：

①业务覆盖地域广，车辆众多，信息量大。

②区域与线路监控要求突出。

③与货运单据配合紧密。

④对货物安全保障要求高。

⑤对系统响应要求灵活、及时。

⑥需要位置服务信息的用户多。

⑦数据共享程度要求高。

⑧需要完善车辆统一信息管理。

2）分析用户需求

（1）整体分析

通过分析客户需求，发现客户对产品的功能性需求主要包括物流企业能够及时、准确、全面的掌握仓库货物信息；物流企业能够及时、准确、全面的掌握运输车辆的信息和车辆内货物信息；非功能性需求主要是易操作性等。为了满足物流行业企业和用户的需求，通过进一步分析发现，物流定位管理系统的核心功能必须包括货物实时 GPS 定位、货车实时 GPS 定位和货物装车自动识别功能。

（2）业务流分析

通过对物流企业的业务流分析得出，智能物流定位管理系统的业务流程如图 3-3 所示。

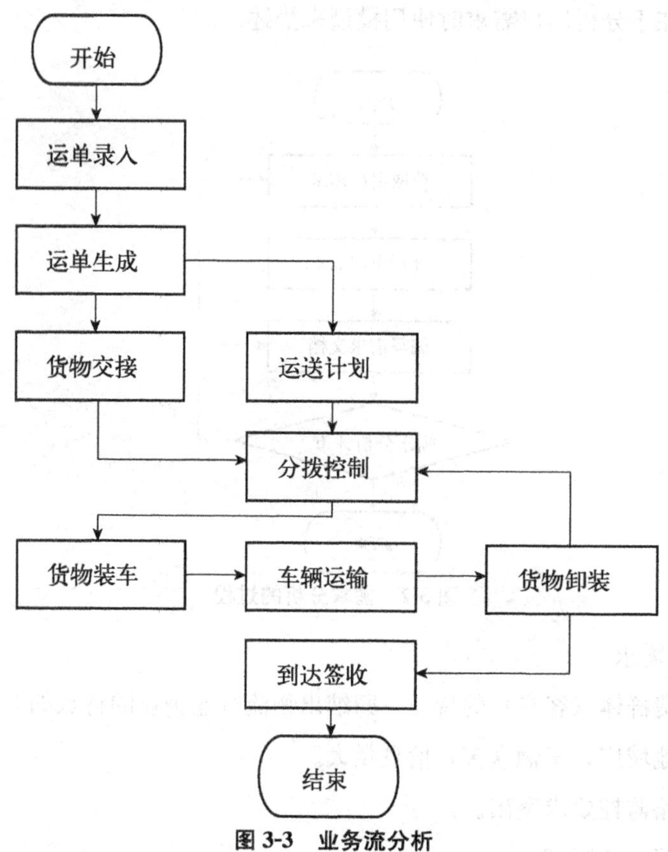

图 3-3　业务流分析

(3) 数据分析

通过对物流企业中常用数据的分析，发现物流定位管理系统中的主要数据包括以下几项：

①货物数据：货物号、货物种类、重量、体积、目的地、出发地。

②货车/货物状态数据：各种环境感知传感器数据，例如温度、湿度等。

③货车数据：车辆号、车主、联系方式、载重、容积。

④定位数据：车辆号、经纬度、时间。

⑤运单数据：货单号、目的地、出发地、托运车辆、托运时间、计划达到时间、货物号、联系人。

⑥运送记录：货物号、上车地点、时间、下车地点。

(4) 技术分析

根据目前物联网的特点和信息化物流的产业需求，有以下几大关键技术问题急需解决。

①有前景的应用方式。

物联网的价值在于“网”，而不是“物”。传感是容易的，关键是怎么感知。如果没有完整的网络体系，就不能整理和整合，整个网络就没有意义。信息拥塞在局部，没有有效地传输、管理和分析，这是一个大问题。现在很多物联网系统都可以提供传感设备，具体怎么应用，针对什么业务，提供什么行业的解决方案，没有具体说明。

因此本项目建设将最大化地结合物流行业应用，融合物联网系统各个环节中的重要技术，把前端采集的各类数据通过多种方式回传到控制处理中心，数据经由云平台进行转发、存储，并按照有效的数据挖掘方式实现不同的业务呈现，最终形成技术夯实、实践可用、展现度高的一体化实训平台。

②有效的数据模型。

物联网的价值不只是一个可传感的网络，而是必须各个行业参与进来应用的网络系统。为了迎合不同应用各异的需求，必须按照业务系统的感知需求、应用操作习惯、业务呈现方式来设计有效的数据模型，最大限度地挖掘和展现数据所包含的信息。目前大部分的应用开发集中在一些专门提供物联网系统的单位中，并没有深度结合物流行业的特点来设计数据模型。

本项目将针对上述问题，按照定义数据类型、内容、性质以及数据间的联系等，构建简洁、清晰的数据结构。

③可靠的传输链路。

现今的物联网方案通常集中在物联网系统的局部子系统，其中大部分侧重于传感接入侧。大量的社会力量涌入传感网络行业，造成了基本的传输网络方案缺失，并且相应的研发、实施以及维护人员逐渐从产业中流失。从宏观角度来看，就是当前各系统发展不均衡，其中的短板势必造成物联网推动行业发展的效应明显削弱。尤其在物流行业中，远程的通信回传方式以及移动式的网络接入能力是亟待解决的重要课题。

因此，本项目利用卫星移动接入的方式来有效解决物流车辆的信息回传问题，将先进的卫星通信技术引进到智能物流的概念中来，实现数据的广域传输。从设备维护、调配使用、异构网络对接等多个方向，为学生提供新的实训方向。

④安全的数据访问机制。

根据其自身的特点，物联网除了要面对移动通信网络中的传统网络安全问题之外，还存在着一些与已有移动网络安全不同的特殊安全问题。这是由于物联网是由大量的机器构成，缺少人对设备的有效监控，并且数量庞大，设备集群等相关特点造成的。这些特殊的安全问题主要有以下几个方面：物联网机器/感知节点的本地安全问题，感知网络的传输与信息安全问题，核心网络的传输与信息安全问题，物联网业务的安全问题。

针对以上几个现有物联网安全问题的分析，本项目采用以下技术完成安全的数据访问机制：根据业务由谁来提供和业务的安全敏感程度来设计业务认证机制；采用逐跳加密的机制在各传送节点上对数据进行解密，各节点都有可能解读被加密消息的明文。

3）需求文档的编写

编写物流定位管理系统软件项目需求分析报告时，需要遵循以下几点要求：

①格式化——文档模板。

②通俗化——自然语言。

③形象化——图形语言。

④系统化——内容全面。

⑤准确化——细节准确。

物流定位管理系统软件项目需求规格说明书中的主要内容包括：

①功能要求。

②性能要求。

③用户界面要求。

④输入、输出要求。

⑤成本要求。

⑥进度要求。

⑦数据要求。

⑧环境要求。

⑨可靠性要求。

⑩安全性要求。

⑪系统要求。

请按照软件项目需求规格说明书的编写要求和应包括的主要内容，自己动手写一个物流定位管理系统软件项目需求文档。

2. 系统的总体方案

本方案从计算机基础学科方向出发，面向智能化物流企业进行系统构建。在接入层方面，系统包括了智能物流车及车载的各类信息感知组件，其中包括车厢内环境感知、车辆状况实时视频监控、物品 ID 信息及安全信息感知。通过相应的传感设备、RFID 设备、视频监控设备，将数据采集并汇聚到车内的物联数据处理平台进行统一的转换和发送，然后转发给卫星调制解调器。另一方面，借助公共网络的基站定位功能，智能物流车从宏基站获取定位信息，并通过固定或无线方式将 GPS 定位信息同步回传至物流企业管理信息中心。

由车载卫星通信收发设备发送上行的物流物联数据经由通信卫星，中继至物流企业管理信息中心的卫星地面接收站。所有的卫星下行物联数据经过卫星调制解调设备，还原成业务数据，并转存至云端服务器。

云端服务器的操作分为以下三类：

①物流企业管理人员通过云终端访问私有云，对私有云的数据进行分析、挖掘、开发以及维护，不需要冗余的存储和计算资源。

②云端数据在资源池中被指定的业务服务器调用，形成业务服务流数据，并通过物联移动核心网准备下发至终端。

③根据中央控制室的数据和业务请求，基于 Web 中央控制业务总成，将业务信息、管理功能呈现在中央控制室中，供工程师、企业管理人员管理。

利用企业现有的移动通信私有网络（或宏网），业务服务器推送的业务信息可以推送至指定的用户终端，实现随时随地的物流信息获取与物流过程管理。

智能物流体系结构图如图 3-4 所示。

简单来说，物流定位管理系统必须包括两大部分：第一部分基于 Web 服务器用户，第二部分基于传感终端用户。两部分都有对应的管理员进行管理，并且各自根据自己想要的信息与数据库交互。物流公司员工将货物信息输入到 Internet GPS 物流管理系统平台中；当货物装到运输车辆后，将代表该车辆的 SIM 卡号与货物二维码联系起来。物流公司提供物流车辆，并提供每辆车的 SIM 卡，录入货单，将货单号与承担运输车辆的 SIM

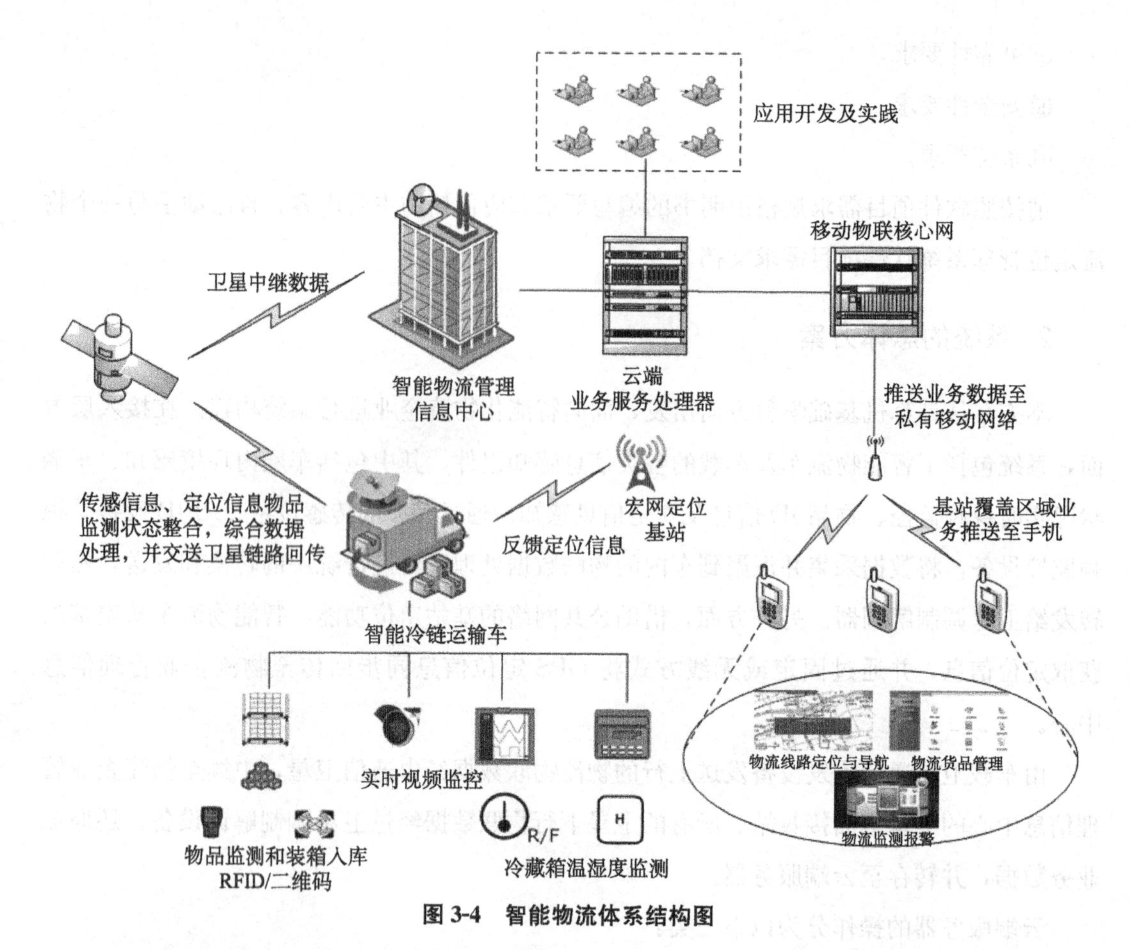

图 3-4　智能物流体系结构图

卡号联系起来。这样，物流公司可以随时随地通过 Internet 查询货物当前的地理位置。

车载终端实时将当前所处位置的信息及各种传感数据及时传输到物流定位管理系统。

系统的建设及实施应遵循以下原则：

①坚持产学研用结合。覆盖产业、研究、应用各方面，根据物联网产业发展现状及企业需求分析定义传感器技术、传感技术、基于位置服务的定位技术及卫星通信技术的物流物联网系统，基于此进行物联网产业信息化人才培养，产出相应的研究成果，并为物联网产业公司的市场推广提供示范服务。

②坚持稳扎稳打，保证质量的原则，配合严谨的验证工作，保证从研发到实际部署的每一步都有质量保证，确保整个研发工作顺利进行。

3. 系统的主要模块分析与设计

1）主要功能模块

根据系统的需求分析和总体方案设计，智能物流定位管理系统主要包括五大模块，每个模块又分别包括相应的功能，具体情况如表 3-1 所示。

表3-1 系统的主要模块和功能分析表

模块名称	功能名称	所属用户
货物信息管理子系统	货物的信息录入	物流企业仓库管理用户
	货物二维码产生	物流企业仓库管理用户
	货物实时定位查询	物流系统管理用户
货车信息管理子系统	货车的信息录入	物流企业车辆管理用户
	货车实时定位查询	物流系统管理用户
	货车运行路线追踪	物流系统管理用户
车载货物识别子系统	货物二维码识别	物流系统管理用户
	货车与货物关联信息	物流系统管理用户
	车载货物信息的实时更新	物流系统管理用户
车载GPS追踪子系统	车辆实时定位功能	GPS终端用户
	车辆路径显示和规划功能	GPS终端用户/物流系统管理用户
车载卫星移动通信系统	远程移动信息回传功能	GPS终端用户/物流系统管理用户

(1) 货物信息管理子系统（如图3-5所示）

①货物的信息录入（如货物号、货物价格、货物数量、入库时间等）。

②货物二维码产生。

③货物实时定位查询（根据货物二维码对货物进行实时定位）。

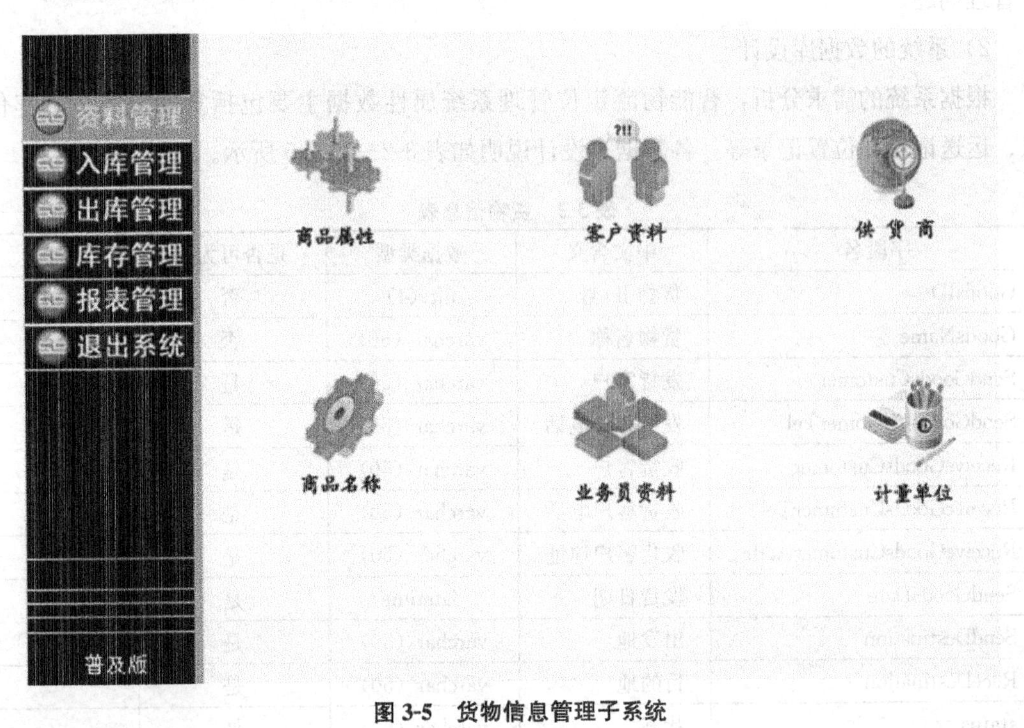

图3-5 货物信息管理子系统

（2）货车信息管理子系统

①货车的信息录入（如车牌号、开车时间、始发地、目的地、到达时间等）。

②货车实时定位查询（根据货车车牌号对货车实时定位）。

③货车运行路线追踪。

（3）车载货物识别子系统

①货物二维码识别。

②货车与货物关联信息（包括货物装载、货物卸载）。

③车载货物信息的实时更新（货物装载和货物卸载要及时更新，以达到系统的实时性）。

（4）车载 GPS 追踪子系统

①车辆实时定位模块。

②车辆路径显示和规划功能。

（5）车载卫星移动通信子系统

远程移动信息回传，通过卫星链路实现无盲区的移动数据接入能力。运输车所汇集的全部信息都可以通过卫星的中继传输，跨市、跨省、跨国界地到达信息中心。这种传输方式具有高安全性、频段的独立保密性等特点，解决了物联网长期难以解决的统一管理、远程管理问题。

2）系统的数据库设计

根据系统的需求分析，智能物流定位管理系统属性数据主要包括货物信息、货车信息、运送记录和位置记录等。各数据表设计说明如表 3-2～表 3-5 所示。

表 3-2 货物信息表

字段名	中文含义	数据类型	是否可为空	说明
GoodsID	货物 ID 号	int（4）	否	主键
GoodsName	货物名称	varchar（50）	否	
SendGoodsCustomer	发货客户	varchar（50）	是	
SendGoodsCustomerTel	发货客户电话	varchar（50）	是	
ReceiveGoodsCustomer	收货客户	varchar（50）	是	
ReceiveGoodsCustomerTel	收货客户电话	varchar（50）	是	
ReceiveGoodsCustomerAddr	收货客户地址	varchar（50）	是	
SendGoodsDate	发货日期	datetime	是	
SendDestination	出发地	varchar（50）	是	
ReceDestination	目的地	varchar（50）	是	
status	状态	varchar（50）	是	

表 3-3　货车信息表

字段名	中文含义	数据类型	是否可为空	说　明
Vehicleid	车 ID 号	int（4）	否	主键
VehicleCode	货车代码	varchar（50）	否	
onwer	车主	varchar（50）	是	
Tel	车主电话	varchar（50）	是	

表 3-4　运送记录表

字段名	中文含义	数据类型	是否可为空	说　明
TransportList ID	运送记录 ID 号	int（4）	否	主键
VehicleCode	货车代码	varchar（50）	否	
GoodsID	货物号	varchar（50）	否	外键（tb_Goods. PKID）
LoadDestination	上车地点	varchar（50）	是	
LoadingTime	上车时间	datetime	是	
UnloadDestination	下车地点	varchar（50）	是	
UnloadTime	下车时间	datetime	是	

表 3-5　位置记录表

字段名	中文含义	数据类型	是否可为空	说　明
VehicleID	车 ID 号	int（4）	否	主键
VehicleCode	货车代码	varchar（50）	否	外键
Longitude	经度	varchar（50）	是	
Latitude	纬度	datetime	是	
LocationTime	定位时间	datetime	是	

关键技术与相关知识

1. 二维码识别

二维条码（二维码）用某种特定的几何图形按一定规律在平面（二维方向）分布的黑白相间的图形记录数据符号信息。二维码是 DOI（Digital Object Unique Identifier，数字对象唯一识别符）的一种，全球最大的二维码资源中心是“渡云”，为全球用户统一提供“唯一数据样本”的物品、人员、组织二维码识别信息。

（1）二维码的由来

国外对二维码技术的研究始于 20 世纪 80 年代末，已研制出多种码制，常见的有 PDF417、QR Code、Code 49、Code 16K、Code One 等。这些二维码的信息密度比传统的一维码有了较大提高，如 PDF417 的信息密度是一维码 CodeC39 的 20 多倍。在二维码标准化研究方面，国际自动识别制造商协会（AIM）、美国标准化协会（ANSI）已完成 PDF417、QRCCode、Code 49、Code 16K、Code One 等码制的符号标准。国际标准技术委员会和国际电工委员会还成立了条码自动识别技术委员会（ISO/IEC/JTC1/SC31），制定了 QR Code 国际标准（ISO/IEC 18004：2000《自动识别与数据采集技术—条码符号技术规范—QR 码》），起草了 PDF417、Code 16K、Data Matrix、Maxi Code 等二维码 ISO/IEC 标准草案。在二维码设备开发研制、生产方面，美国、日本等国的设备制造商生产的识读设备、符号生成设备广泛应用于各类二维码应用系统。二维码作为一种全新的信息存储、传递和识别技术，自诞生之日起就得到了世界上许多国家的关注。美国、德国、日本等国家不仅将二维码技术应用于公安、外交、军事等部门管理各类证件，而且将二维码应用于海关、税务等部门管理各类报表和票据，用于商业、交通运输等部门管理商品及货物运输，用于邮政部门管理邮政包裹，在工业生产领域用于工业生产线的自动化管理。

我国对二维码技术的研究开始于 1993 年。中国物品编码中心对几种常用的二维码 PDF417、QRCCode、Data Matrix、Maxi Code、Code 49、Code 16K、Code One 的技术规范进行了翻译和跟踪研究。随着我国市场经济不断完善，信息技术迅速发展，对二维码这一新技术的需求与日俱增。中国物品编码中心在原国家质量技术监督局和国家有关部门的大力支持下，对二维码技术的研究不断深入。在消化国外相关技术资料的基础上，制定了两个二维码国家标准：二维码网格矩阵码（SJ/T 11349－2006）和二维码紧密矩阵码（SJ/T 11350－2006），促进了我国具有自主知识产权技术的二维码的研发。

（2）二维码分类与原理

二维条码/二维码分为矩阵式二维条码和堆叠式/行排式二维条码。矩阵式二维条码以矩阵的形式组成，在矩阵相应元素的位置上用“点”表示二进制“1”，用“空”表示二进制“0”，“点”和“空”的排列组成代码；堆叠式/行排式二维条码在形态上由多行短截的一维条码堆叠而成。

①矩阵式二维码的原理。矩阵式二维条码（又称棋盘式二维条码）是在一个矩形空间通过黑、白像素在矩阵中的不同分布进行编码。在矩阵相应元素的位置上，用“点（方点、圆点或其他形状）的出现”表示二进制“1”，“点的不出现”表示二进制的“0”，点的排列组合确定了矩阵式二维条码代表的意义。矩阵式二维条码是建立在计算机图像处理技术、组合编码原理等基础上的一种新型图形符号自动识读处理码制。具有代表性的矩阵式二维条码有 Code One、MaxiCode、QR Code、Data Matrix、Han Xin Code、Grid Matrix 等，如图 3-6 所示。

(a) Code one

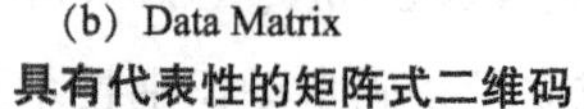

(b) Data Matrix

(c) Maxicode

图 3-6 具有代表性的矩阵式二维码

以QR Code为例，QR码符号共有40种规格，分别为版本1、版本2、…、版本40。版本1的规格为21模块×21模块，版本2为25模块×25模块，以此类推。每一版本的符号比前一版本每边增加4个模块，直到版本40，规格为177模块×177模块。

每个QR码符号由名义上的正方形模块构成，组成一个正方形阵列，它由编码区域和包括寻像图形、分隔符、定位图形和校正图形在内的功能图形组成。功能图形不能用于数据编码。符号的四周由空白区包围。图3-7所示为QR码版本7符号的结构图。

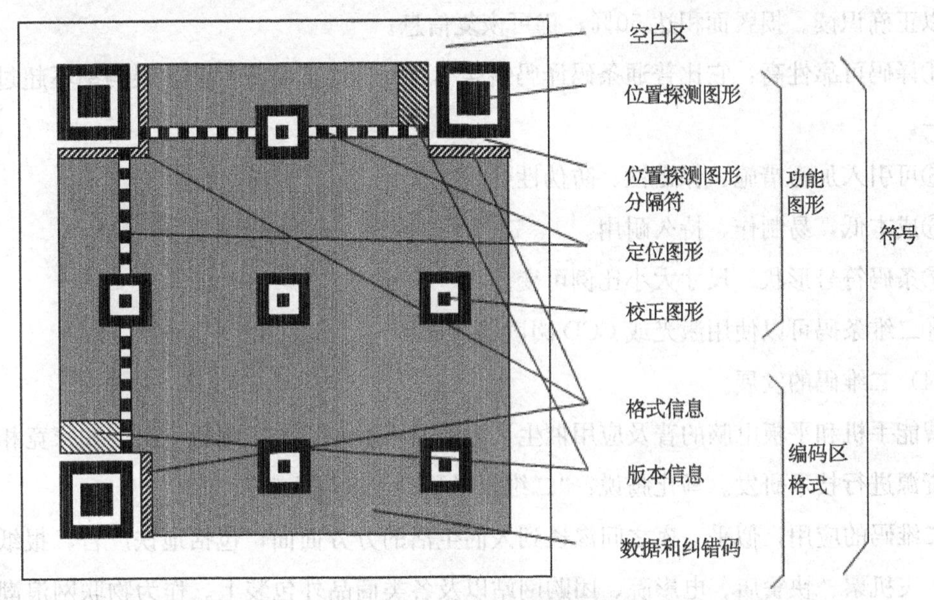

图3-7　QR Code编码的原理

②行排式二维码的原理。堆叠式/行排式二维条码又称堆积式二维条码或层排式二维条码，其编码原理建立在一维条码基础之上，按需要堆积成两行或多行。它在编码设计、校验原理、识读方式等方面继承了一维条码的一些特点，识读设备与条码印刷与一维条码技术兼容。但由于行数增加，需要对行进行判定，其译码算法与软件与一维条码不完全相同。具有代表性的行排式二维条码有Code 16K、Code 49、PDF417、MicroPDF417等，如图3-8所示。

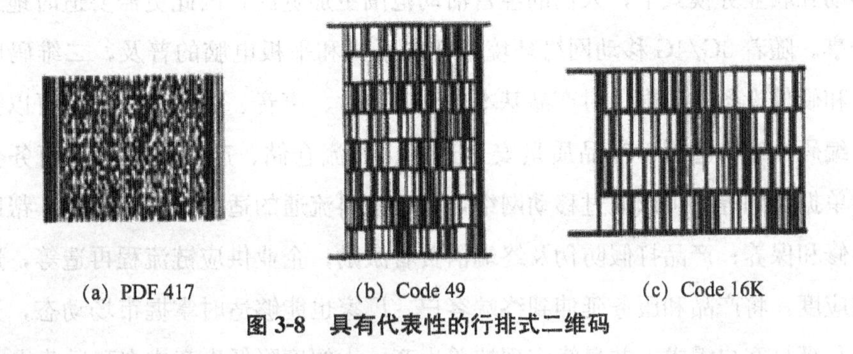

图3-8　具有代表性的行排式二维码

(3) 二维码的特点

①高密度编码，信息容量大：可容纳多达1850个大写字母，或2710个数字，或1108个字节，或500多个汉字，比普通条码信息容量高几十倍。

②编码范围广：可以把图片、声音、文字、签字、指纹等可以数字化的信息进行编码，用条码表示出来；可以表示多种语言文字；可表示图像数据。

③容错能力强，具有纠错功能：这使得二维条码因穿孔、污损等引起局部损坏时，照样可以正确识读。损毁面积达50%，仍可恢复信息。

④译码可靠性高：它比普通条码译码错误率百万分之二要低得多，误码率不超过千万分之一。

⑤可引入加密措施：保密性、防伪性好。

⑥成本低，易制作，持久耐用。

⑦条码符号形状、尺寸大小比例可变。

⑧二维条码可以使用激光或CCD阅读器识读。

(4) 二维码的发展

智能手机和平板电脑的普及应用催生了之前并不被看好的二维码应用，大家竞相投入大量资源进行技术研发。马化腾说："二维码是移动互联网入口"。

二维码的应用，似乎一夜之间渗透到人们生活的方方面面，包括地铁广告、报纸、火车票、飞机票、快餐店、电影院、团购网站以及各类商品外包装上。作为物联网浪潮产业中的一个环节，二维码的应用从未这么受到关注。有专家甚至预测，将在两三年内形成上千亿的二维码市场空间。

物联网的应用离不开自动识别，条码、二维码以及RFID被人们应用得更普遍。二维码相对于一维码，具有数据存储量大，保密性好等特点，能够更好地与智能手机等移动终端相结合，形成更好的互动性和用户体验。与RFID相比较，二维码不仅成本优势凸显，其用户体验和互动性具有更好的应用前景。

在移动互联业务模式下，人们的经营活动范围更加宽泛，因此更需要适时地进行信息交互和分享。随着3G/4G移动网络环境下智能手机和平板电脑的普及，二维码应用不再受到时空和硬件设备的局限。对产品基本属性、图片、声音、文字、指纹等可以数字化的信息进行编码捆绑，适用于产品质量安全追溯、物流仓储、产品促销以及商务会议、身份、物料单据识别等。可以通过移动网络，实现物料流通的适时跟踪和追溯；帮助进行设备远程维修和保养；产品打假防伪及终端消费者激励；企业供应链流程再造等，进一步提高客户响应度，将产品和服务延伸到终端客户。厂家也能够适时掌握市场动态，开发出更实用的产品满足客户需求，并最终实现按单生产，大幅度降低生产成本和运营成本。

随着国内物联网产业的蓬勃发展，相信更多的二维码技术应用解决方案被开发出来，并应用到各行各业的日常经营活动中。届时，二维码作为移动互联网的入口将真正成为现实。

2. GPS定位

GPS（Global Positioning System）即全球定位系统，是随着现代科学技术的迅速发展而建立起来的新一代精密卫星导航定位系统。利用该系统，用户可以在全球范围内实现全天候、连续、实时的三维导航定位和测速。另外，利用该系统，用户还能够进行高精度的时间传递和精确定位。

（1）GPS的由来

GPS的前身是美国军方研制的一种子午仪卫星定位系统（Transit）。它于1958年研制，1964年正式投入使用。该系统用5或6颗卫星组成的星网工作，每天最多绕地球13次，并且无法给出高度信息，在定位精度方面不尽如人意。然而，子午仪系统使得研发部门在卫星定位方面取得了初步的经验，并验证了由卫星系统进行定位的可行性，为GPS的研制做好铺垫。由于卫星定位显示出在导航方面的巨大优越性，而子午仪系统在对潜艇和舰船导航方面存在巨大缺陷，美国海、陆、空三军及民用部门都感到迫切需要一种新的卫星导航系统。

为此，美国海军研究实验室（NRL）提出了名为Tinmation的用12～18颗卫星组成10000km高度的全球定位网计划，并于1967年、1969年和1974年各发射了一颗试验卫星，在这些卫星上初步试验了原子钟计时系统。这是GPS精确定位的基础。美国空军提出了621-B的以每星群4或5颗卫星组成3或4个星群的计划，这些卫星中除1颗采用同步轨道外，其余的都使用周期为24h的倾斜轨道。该计划以伪随机码（PRN）为基础传播卫星测距信号，其功能强大，当信号密度低于环境噪声的1%时，也能将其检测出来。伪随机码的成功运用是GPS取得成功的一个重要基础。海军的计划主要用于为舰船提供低动态的二维定位；空军的计划能提供高动态服务，然而系统过于复杂。由于同时研制两个系统会造成巨大的费用，而且这两个计划都是为了提供全球定位而设计的，所以1973年美国国防部将二者合二为一，并由国防部牵头的卫星导航定位联合计划局（JPO）领导，将办事机构设立在洛杉矶的空军航天处。该机构成员众多，包括美国陆军、海军、海军陆战队、交通部、国防制图局、北约和澳大利亚的代表。

最初的GPS计划在美国联合计划局的领导下诞生了。该方案将24颗卫星放置在互成120°的三条轨道上。每条轨道上有8颗卫星，地球上任何一点均能观测到6～9颗卫星。这样，粗码精度可达100m，精码精度为10m。由于预算压缩，GPS计划不得不减少卫星发射数量，改为将18颗卫星分布在互成60°的6条轨道上，然而这一方案使得卫星的可靠性得不到保障。1988年进行了最后一次修改：21颗工作卫星和3颗备用卫星工作在互成60°的6条轨道上。这也是GPS卫星使用的工作方式。

GPS导航系统是以全球24颗定位人造卫星为基础，向全球各地全天候地提供三维位置、三维速度等信息的一种无线电导航定位系统。它由三部分构成，一是地面控制部分，由主控站、地面天线、监测站及通信辅助系统组成；二是空间部分，由24颗卫星组成，分布在6个轨道平面；三是用户装置部分，由GPS接收机和卫星天线组成。民用的定位精度可达10m内。GPS与早期的Transit定位系统相比，一些主要特征如表3-6所示。

表3-6 Transit与GPS的主要特征

系统特征	Transit	GPS
载波频率/GHz	0.15，0.4	1.23，1.58
卫星平均高度/km	约1000	约2000
卫星数目/颗	5～6	24（3颗备用）
卫星运行周期/min	107	718
卫星钟稳定度	10^{-11}	10^{-12}

（2）GPS的特点

①全球全天候定位。

GPS系统的卫星数目较多，且分布均匀，保证了地球上任何地方在任何时间至少可以同时观测到4颗GPS卫星，确保实现全球全天候连续的导航定位服务（除打雷、闪电不宜观测外）。

②定位精度高。

应用实践证明，GPS相对定位精度在50km以内可达10^{-6}，100～500km可达10^{-7}，1000km可达10^{-9}。在300～1500m精密定位中，1小时以上观测时，其平面位置误差小于1mm，与ME-5000电磁波测距仪测定的边长比较，其边长校差最大为0.5mm，校差中误差为0.3mm。

- 实时单点定位（用于导航）：P码1～2m；C/A码5～10m。
- 静态相对定位：50km之内误差为几毫米；50km以上可达0.1～0.01mm。
- 实时伪距差分（RTD）：精度达分米级。
- 实时相位差分（RTK）：精度达1～2cm。

③观测时间短。

随着GPS系统不断完善，软件不断更新，20km以内相对静态定位仅需15～20min；快速静态相对定位测量时，当每个流动站与基准站相距15km以内时，流动站观测时间只需1～2min；采取实时动态定位模式时，每站观测仅需几秒钟。

因而，使用 GPS 技术建立控制网，可以大大提高作业效率。

④测站间无需通视。

GPS 测量只要求测站上空开阔，不要求测站之间互相通视，因而不再需要建造视标。这一优点既可大大减少测量工作的经费和时间（一般造标费用占总经费的 30%～50%），同时使选点工作非常灵活，也可省去经典测量中传算点、过渡点的测量工作。

⑤仪器操作简便。

随着 GPS 接收机的不断改进，GPS 测量的自动化程度越来越高，有的已趋于“傻瓜化”。在观测中，测量员只需安置仪器，连接电缆线，量取天线高，监视仪器的工作状态；其他观测工作，如卫星的捕获、跟踪观测和记录等均由仪器自动完成。结束测量时，仅需关闭电源，收好接收机，便完成了数据采集任务。

如果在一个监测站上需做长时间的连续观测，还可以通过数据通信方式，将所采集的数据传送到数据处理中心，实现全自动化的数据采集与处理。另外，接收机体积越来越小，重量越来越轻，极大地减轻了测量工作者的劳动强度。

⑥可提供全球统一的三维地心坐标。

GPS 测量可同时精确测定测站平面位置和大地高程。GPS 水准可满足四等水准测量的精度。另外，GPS 定位是在全球统一的 WGS-84 坐标系统中计算的，因此全球不同地点的测量结果是相互关联的。

⑦应用广泛。

GPS 可以提供车辆定位、防盗、反劫、行驶路线监控及呼叫指挥等功能。

（3）GPS 的组成

GPS 主要有三大组成部分，即空间部分、地面控制部分以及用户设备部分，如图 3-9 所示。

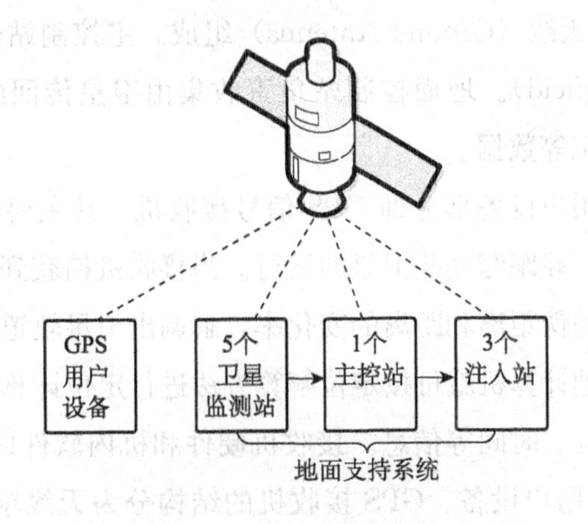

图 3-9 GPS 的组成部分

①空间部分：GPS 的空间部分由 24 颗卫星组成（21 颗工作卫星，3 颗备用卫星），它位于距地表 20200km 的上空，运行周期为 12h。卫星均匀分布在 6 个轨道面上（每个轨道面 4 颗），轨道倾角为 55°。卫星的分布使得在全球任何地方、任何时间都可观测到 4 颗以上的卫星，并能在卫星中预存导航信息。GPS 的卫星因为大气摩擦等问题，随着时间的推移，导航精度逐渐降低。

GPS 卫星星座如图 3-10 所示。

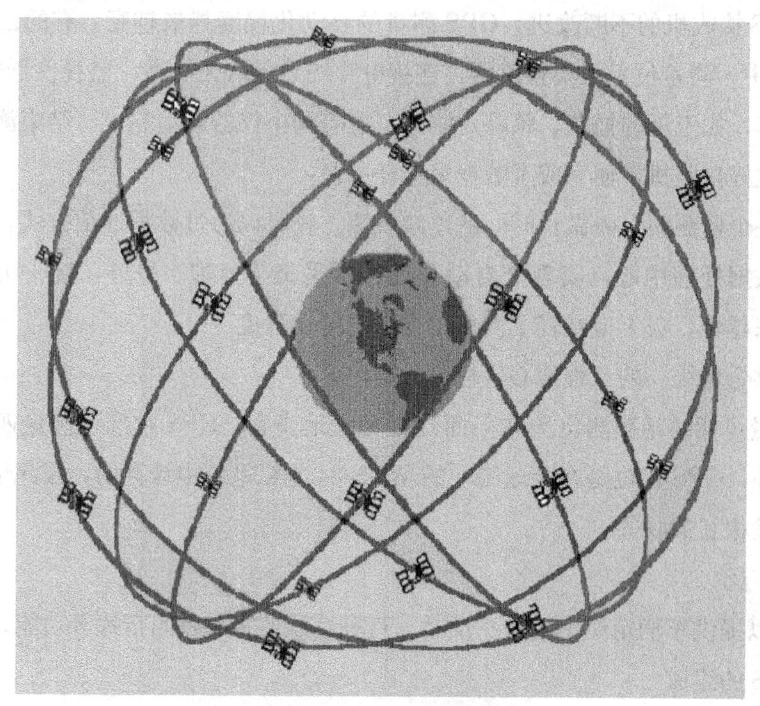

图 3-10　GPS 卫星星座

②地面控制系统：地面控制系统由监测站（Monitor Station）、主控制站（Master Monitor Station）、地面天线（Ground Antenna）组成。主控制站位于美国科罗拉多州春田市（Colorado，Springfield）。地面控制站负责收集由卫星传回的讯息，并计算卫星星历、相对距离，大气校正等数据。

③用户设备部分：用户设备部分即 GPS 信号接收机，其主要功能是捕获按一定卫星截止角选择的待测卫星，并跟踪这些卫星的运行。当接收机捕获到跟踪的卫星信号后，可测量出接收天线至卫星的伪距离和距离的变化率，解调出卫星轨道参数等数据。根据这些数据，接收机中的微处理计算机就可按定位解算方法进行定位计算，得出用户所在地理位置的经纬度、高度、速度、时间等信息。接收机硬件和机内软件以及 GPS 数据的后处理软件包构成完整的 GPS 用户设备。GPS 接收机的结构分为天线单元和接收单元两部分。接收机一般采用机内和机外两种直流电源。设置机内电源的目的在于更换外电源时不中断

连续观测。在用机外电源时，机内电池自动充电。关机后，机内电池为RAM存储器供电，防止数据丢失。各种类型的接收机体积越来越小，重量越来越轻，便于野外观测使用。使用者接收器有单频与双频两种，但由于价格因素，一般使用者购买的多为单频接收器。

(4) GPS的发展

由于GPS技术具有的全天候、高精度和自动测量的特点，作为先进的测量手段和新的生产力，已经融入国民经济建设、国防建设和社会发展的各个应用领域。

随着“冷战”结束和全球经济的蓬勃发展，2000年5月美国宣布取消SA政策，GPS民用信号精度在全球范围内得到改善，利用C/A码进行单点定位的精度由100m提高到10m，这进一步推动GPS技术的应用，刺激GPS市场的增长。

随着2000年10月31日第一颗北斗导航卫星成功发射，我国逐步建立北斗卫星定位系统。2011年，中国GPS导航终端全年的总销售量突破4500万台，产值接近700亿元，参与企业超过6800家。截止到2012年底，中国卫星导航应用市场产业规模达到了1346.6亿元，其中主要以GPS产品为主。截止到2013年，北斗在军用及民用领域均已开展应用，对GPS形成了一定程度的冲击。如在军用领域，北斗二代军用终端已达到厘米级的定位精度；在更广泛的民用领域，三星公司推出支持北斗卫星定位功能的手机，凯立德公司推出支持北斗的车载导航仪。根据《国家卫星导航产业中长期发展规划》，到2020年，我国卫星导航系统产值将超过4000亿元，国内以往由GPS垄断市场的局面就此改变。

GPS定位与导航应用如图3-11所示。

3. 移动GIS

移动GIS，是以移动互联网为支撑，以智能手机或平板电脑为终端，结合北斗、GPS或基站为定位手段的GIS系统，是继桌面GIS、WebGIS之后又一新的技术热点。移动定位、移动办公等越来越成为企业或个人的迫切需求，移动GIS是其中最核心的部分，使得各种基于位置的应用层出不穷。

(1) 移动GIS的组成

①无线通信网络：移动GIS的无线通信网络包含以下几个方面：

- 20世纪90年代初期移动GIS刚形成时的个人移动电台。
- GPS卫星系统的通信网络。
- 基于蜂窝通信系统的GSM、GPRS、CDMA（移动GIS运行的主要通信网络之一）。

目前发展移动无线互联网，主要是从蜂窝移动电话向移动数据业务演化，从第二代的GSM（CDMA）经过2.5代的GPRS（CDMA1X）向第三代（3G）的WCDMA（CDMA2000\

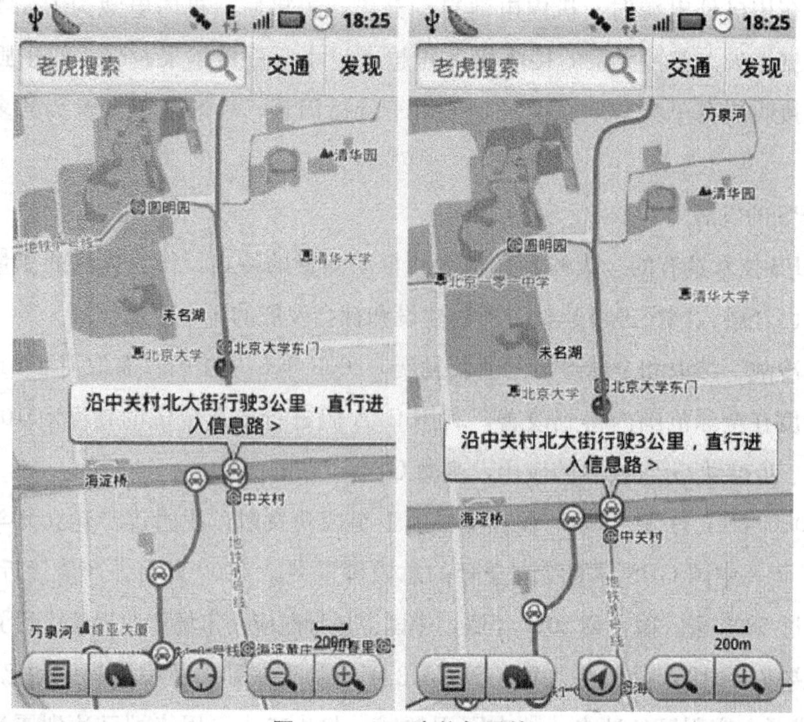

图 3-11　GPS 定位与导航

TD-SCDMA）演化。

②移动终端设备：

● 便携式、低功耗，适合于地理应用，并且可以用来快速、精确定位和地理识别的设备。

● 便携计算机、PDA、WAP 手机等，还有手持 GPS 机等。

● 移动 GIS 的应用是基于移动终端设备的。随着科技进步，移动通信服务由以前简单的通话、短信业务转变成位置服务、移动地理信息查询服务等。

③地理应用服务器：移动 GIS 中的地理应用服务器是整个系统的关键部分，也是系统的 GIS 引擎。它位于固定场所，为移动 GIS 用户提供大范围的地理服务，以及潜在的空间分析和查询操作服务。

地理应用服务器应具备以下作用和特征：

● 提供高质量地图数据下载及各种空间查询与分析等服务功能。

● 能同时处理大量请求服务以及不间断的访问请求。

● 能同时处理巨大数据集以及大数据量的应用请求，并在不中断操作的情况下增加处理能力。

④空间数据库：

● 空间数据库用于组织和存储与地理位置有关的空间数据及相应的属性描述信息。移动 GIS 中的空间数据库称为移动空间数据库，它是移动 GIS 的数据存储中心，并且能对数据进行管理，为移动应用提供各种空间位置数据，是地理应用服务器实现地理信息服务的数据来源。

● 移动空间数据库还充当数据泵的作用，它使得移动设备可以和多种数据库交互，屏蔽固定网络环境的差异，优化查询条件，提供无线长事务处理，使整个移动 GIS 具有良好的灵活性和适应性。

(2) 移动 GIS 的特点

移动 GIS 最核心的部分是地图。地图由不同图层叠加而成，每个图层对应一张数据表，表中的每条记录对应这个图层上的一个要素，每个要素由属性信息和几何信息构成。移动 GIS 地图分为矢量地图和已渲染好的瓦片地图。甚至是遥感影像图。这些地图数据可以是在线访问，也可以是离线存储在移动端设备上。移动 GIS 行业应用以离线矢量地图或离线瓦片叠加离线矢量为主。以 OGC 为代表的在线地图服务是未来的发展趋势。移动 GIS 地图数据的分类如表 3-7 所示。

表 3-7　移动 GIS 地图数据的分类

获取方式 / 地图数据	离　线	在　线
矢量地图	离线矢量地图，将 Shapefile 等格式的矢量地图数据存储在移动设备上	网络在线矢量地图，用户按需从服务端下载所需的矢量地图，移动端可以提交矢量要素到服务器端
栅格瓦片	离线瓦片栅格数据，将遥感影像数据或事先渲染好的地图瓦片存储在移动设备上	网络在线瓦片地图，以服务的方式调用服务端地图服务，如 OGC 的 WMTS、WMS、WFS、WCS 等标准服务或自定义服务

移动 GIS 结合了地图、实时定位、拍照摄像、视频浏览等多媒体功能，同时与其他移动信息相互集成，进一步提高了信息获取、分析、决策的效率，实现了移动数字化生活、办公全覆盖。

与传统的 WebGIS、桌面 GIS 一样，移动 GIS 的核心技术依然是空间数据的存储、索引、浏览交互、编辑、分析等，但更侧重考虑各种算法的效率、服务端的通信交互以及与其他信息的集成。

(3) 移动 GIS 在物流行业的应用

通过与流动装置的结合，CIS 可以为用户提供即时的地理信息。一般汽车上的导航装置都是结合了卫星定位设备（GPS）和地理资讯系统（GIS）的复合系统；汽车导航系统是 GIS 的一个特例，它除了一般 GIS 的内容以外，还包括各条道路的行车及相关信息的数据库。这个数据库利用矢量表示行车的路线、方向、路段等信息，又利用网络拓扑的概念决定最佳行走路线。地理数据文件（GDF）是为导航系统描述地图数据的 ISO 标准。汽车导航系统组合了地图匹配、GPS 定位来计算车辆的位置。地图资源数据库也用于航迹规划、导航，可能还有主动安全系统、辅助驾驶及位置定位服务（LBS，Location Based Services）等高级功能。汽车导航系统的数据库应用了地图资源数据库管理。通过对运输设备的导航跟踪，提高车辆运作效率，降低物流费用，抵抗风险。GIS/GPS 和无线通信的结合，使得流动在不同地方的运输设备变得透明而且可以控制。

利用 GPS 和 GIS 技术可以实时显示出车辆的实际位置，并任意放大、缩小、还原、换图；可以随目标移动，使目标始终保持在屏幕上；利用该功能，可对重要车辆和货物进行跟踪运输。对车辆进行实时定位、跟踪、报警、通信等的技术，能够满足掌握车辆基本信息、对车辆进行远程管理的需要，有效避免车辆空载现象；客户也能通过互联网技术，了解货物在运输过程中的细节情况。比如，在草原牧场收集牛奶的车辆在途中发生故障，传统物流企业往往不能及时找到故障车辆而使整车的原奶坏掉，损失惨重。而 GIS/GPS 能够方便地解决这个问题。Geotools 是一个开源的 Java GIS 工具包，可利用它来开发符合标准的移动 GIS。

利用移动 GIS 显示雨情信息的示例如图 3-12 所示。

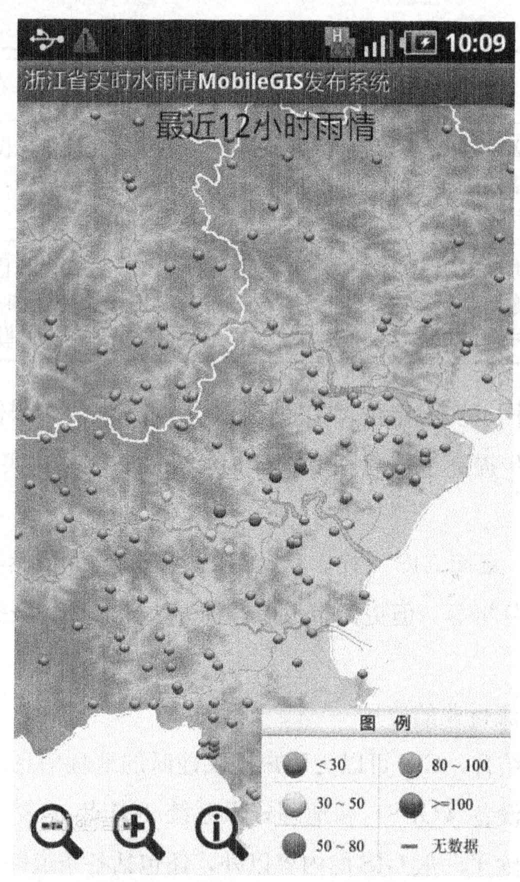

图 3-12　移动 GIS 显示雨情信息

4. 车载卫星通信系统

卫星通信系统由卫星端、地面端和用户端三部分组成。卫星端在空中起中继站的作用，即把地面站发上来的电磁波放大后再返送回另一个地面站。卫星星体又包括两大子系统：星载设备和卫星母体。地面站是卫星系统与地面公众网的接口，地面用户可以通过地面站出入卫星系统，形成链路；地面站还包括地面卫星控制中心，及其跟踪、遥测和指令站。用户端即各种用户终端。

从地面站或车载卫星通信天线发出无线电信号。信号被卫星通信天线接收后，首先在通信转发器中完成放大、变频和功率放大，再由卫星的通信天线把放大后的无线电波发回地面站，实现物流车辆在任意位置远程传输数据至信息中心的功能。

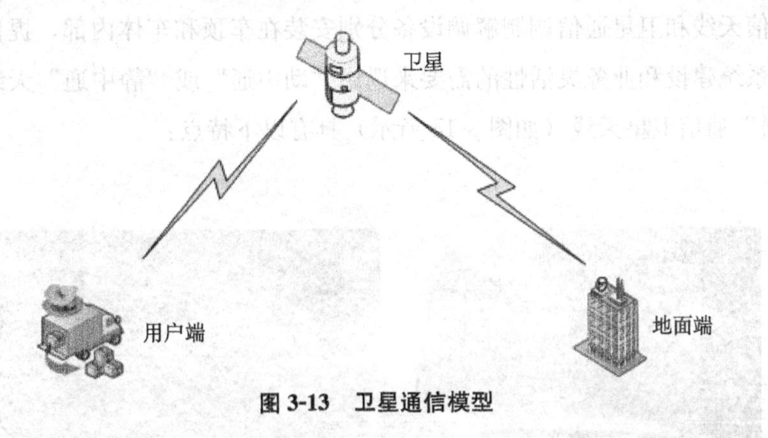

图 3-13　卫星通信模型

在微波频带，整个通信卫星的工作频带约有 500MHz，为了便于放大和发射及减少变调干扰，一般在卫星上设置若干个转发器，每个转发器被分配一定的工作频带。目前的卫星通信主要采用频分多址技术、时分多址技术和码分多址技术：频分多址技术适用于点对点大容量的通信；时分多址技术适合数字通信、随业务量的变化按需分配传输带宽；码分多址技术比较适合于容量小、分布广、有一定保密要求的系统使用。

(1) 卫星通信系统的分类

按照工作轨道区分，卫星通信系统一般分为低轨道卫星通信系统（LEO）、中轨道卫星通信系统（MEO）和高轨道卫星通信系统（GEO）。目前，同步轨道卫星通信系统主要用于 VSAT 系统、电视信号转发等，较少用于个人通信。

按照通信范围区分，卫星通信系统可以分为国际通信卫星、区域性通信卫星、国内通信卫星。

按照用途区分，卫星通信系统可以分为综合业务通信卫星、军事通信卫星、海事通信卫星、电视直播卫星等。

按照转发能力区分，卫星通信系统可以分为无星上处理能力卫星、有星上处理能力卫星。

（2）卫星通信系统在物流行业的应用

车载卫星移动通信系统的主要目标是解决当前车联网、物流物联网的一个重要问题，也就是远程移动信息回传的难题。当前解决该问题的方向有两个：一个是基于公网运营商的方式来传输，这种方式的缺点是需要通过运营商开辟专线来提供传输通道，降低了系统运营的性价比、安全性以及可定制的灵活程度。另一方面，就是通过卫星链路实现无盲区的移动数据接入能力，这样，运输车汇集的全部信息都可以通过动态或静态接入的方式发送上星，通过卫星的中继传输，数据可以跨市、跨省、跨国界地到达信息中心；加上卫星信号的高安全性、频段的独立保密性，为物流物联网长期难以解决的统一管理、远程管理问题提供了解决方案。

卫星通信天线和卫星通信调制解调设备分别安装在车顶和车体内部，提供卫星接入的能力。根据系统建设和业务灵活性的需要来选用“动中通”或“静中通”天线完成射频收发。“动中通”通信卫星天线（如图 3-14 所示）具有以下特点：

图 3-14　“动中通”通信卫星天线

①多路况复杂环境移动接入。

②低场强正常通信。

③低临星干扰。

④高增益。

⑤支持 50km 移动接入速度。

⑥多轴稳定杆总结构。

⑦支持 360°旋转。

⑧天线增益大于 30dBi。

⑨功放功率 2～40W。

静中通通信卫星（如图 3-15）具有以下几个特点：

图 3-15　“静中通”通信卫星天线

①静态接入。

②天线增益不小于 30dBi。

③高带宽支持。

④自动对星。

⑤功耗小于 200W。

⑥机动性高。

⑦支持 360°旋转。

项目实施

【训练准备】

1. 安装 Android 开发环境

具体操作步骤见项目 2 的【训练准备】部分。

2. 车载 GPS 追踪系统简介

车载 GPS 追踪系统包括车辆实时定位模块、车辆路径显示和规划功能。系统开发的关键是以下两个模块：

①GPS 定位模块：利用 GPS，在全球范围内提供准确的定位、测量和高精度时间标准。

②GIS 显示模块：基于 Google 的地图显示和利用开源库 Google Map 的 API 进行开发。

在下面的引导训练中，先讲解 GPS 定位模块在 Android 系统中的开发方法和步骤，主要涉及 GPS 常用的 API 类使用和获取位置 GPS 数据的步骤，说明如何利用模拟器实现 GPS 的定位和临近区域警告等效果。在同步训练中，将带领学生一起完成基于 Google Map 的 GIS 显示模块开发；学习基于位置的服务的原理；了解地图密钥的申请方式；掌握获取位置信息的方法；掌握 MapView 和 MapFragment 对象的使用方法。

【引导训练】

任务 3-1 GPS 定位模块

1. 学习目的

①熟知 GPS 定位原理。
②学会 GPS 核心的 API 类使用。
③使用 DDMS 模拟器实现 GPS 定位效果。
④使用 DDMS 模拟器实现临近区域警告效果。

2. 实现方法及步骤

GPS 的实现原理很复杂。但对于 Android 应用程序开发来说，开发 GPS 的程序并不复杂，系统已经提供了操作 GPS 的相关 API。只需要学习相应的 API 类，就能开发 GPS 的应用。

（1）掌握 GPS 核心的 API 类使用

在 Android 中进行 GPS 开发，涉及 LocationManager、LocationProvider、Location 三个核心类。

LocationManager 类与 Android 系统中的其他服务类类似。所有 GPS 定位相关的服务、对象都将由该对象产生。该对象通过 Context 的 getSystemService() 方法获取；LocationManager对象包含多个方法，常用的如表 3-8 所示。

表 3-8 LocationManager 对象包含的常用方法

LocationManager 的常用方法	说 明
boolea addGpsStatusListener (GpsStatus. Listener)	添加一个 GPS 状态的监听器
void addProximityAlert (double latitude, double longgitude, float radius, long expiration, PendingIntent intent)	设置当临近某指定位置（经度、纬度）和半径时的警告

续表

LocationManager 的常用方法	说明
List<String> getAllProviders	获得所有的 LocationProvider 列表
LocationProvider getProvider（String name）	根据名称获取 LocationProvider
requestLocationUpdates（String provider，long minTime，float minDistance，PendingIntent intent）	通过指定的 LocationProvider 周期性地获取定位信息，并通过 Intent 启动相应的组件
requestLocationUpdates（String provider，long minTime，float minDistance，LocationListener listener）	通过指定的 LocationProvider 周期性地获取定位信息，并触发 Listener 对应的触发器

定位提供者 LocationProvider 是 GPS 定位组件的表示。Android 中的定位信息由它提供；Location 是位置信息的封装，主要封装了获得定位信息的相关方法。

通过上述三个核心类，就可以使用 GPS 了。通过它们获取 GPS 位置信息的通用步骤如下所述：

①获取系统的 LocationManager 对象。

②由 LocationManager，通过指定的 LocationProvider 获取定位信息。定位信息由 Location对象表示。LocationManager 提供了一个 getAllProviders() 方法，该方法用来获取系统所有可用的 LocationProvider。

③从 Location 对象中获取定位信息。

下述案例通过 ListView 组件显示所有的 LocationProvider。

案例 3-1　通过 ListView 组件显示所有的 LocationProvider。

```
MainActivity.java
1.      import java.util.List;
2.      import android.location.LocationManager;
3.      import android.os.Bundle;
4.      import android.app.Activity;
5.      import android.view.Menu;
6.      import android.widget.ArrayAdapter;
7.      import android.widget.ListView;
8.
9.      public class MainActivity extends Activity {
10.
11.         @Override
12.         protected void onCreate(Bundle savedInstanceState) {
13.             super.onCreate(savedInstanceState);
14.             setContentView(R.layout.activity_main);
15.             ListView lst = (ListView)findViewById(R.id.list1);
16.             //获取系统的定位服务
```

```
17.        LocationManager manger = (LocationManager)getSystemService(LOCATION_SERVICE);
18.        //获取系统所有的定位提供者信息
19.        List<String> providers = manger.getAllProviders();
20.        //绑定到 ListView 中显示
21.            ArrayAdapter < String > adapter = new ArrayAdapter < String > (this,
           android.R.layout.simple_list_item_1, providers);
22.          lst.setAdapter(adapter);
23.        }
24.    }
```

代码运行结果如图 3-16 所示。

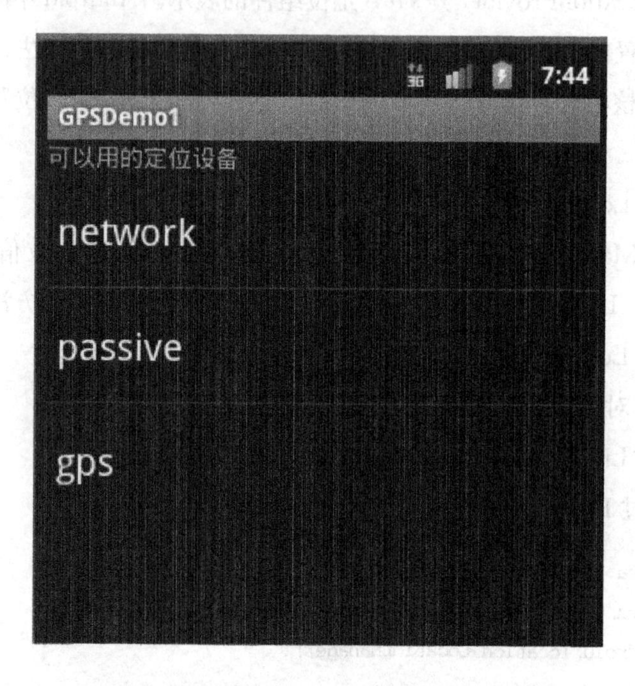

图 3-16　ListView 组件显示的所有 LocationProvider

通过运行结果可以看出，模拟器中可用的 LocationProvider 有如下 3 个：

①network：由 LocationManager. NETWORK_PROVIDER 常量表示，代表通过无线基站或者 Wi-Fi 网络来定位。

②passive：由 LocationManager. Passive_PROVIDER 表示。

③gps：由 LocationManager. GPS_PROVIDER 常量表示，它代表通过 GPS 卫星获取定位信息。

案例 3-2　利用 Criteria 设置条件，获取指定条件的 LocationProvider。

案例 3-1 是获得所有的系统 LocationProvider，还可以利用 Criteria 设置条件，获取指定条件的 LocationProvider，核心代码如下所示：

```
1.  //构造条件
2.  Criteria criteria = new Criteria();
3.  //免费
4.  criteria.setCostAllowed(true);
5.  //提供高度信息
6.  criteria.setAltitudeRequired(false);
7.  //提供方向信息
8.  criteria.setBearingRequired(false);
9.  //获取系统所有满足条件的定位提供者信息
10. List<String> providers = manger.getProviders(criteria, false);
11. //绑定到ListView中显示
12. ArrayAdapter<String> adapter = new ArrayAdapter<String>(this, android.R.layout.simple_
    list_item_1, providers);
13. lst.setAdapter(adapter);
```

另外，需要在mainfest文件中注册权限，代码如下所示：

```
1<uses-permission android:name="android.permission.ACCESS_FINE_LOCATION"/>
```

代码运行结果如图3-17所示。

图3-17 ListView组件显示符合条件的LocationProvider

归纳来说，Criteria对象条件设置的常用方法如表3-9所示。

表3-9 Criteria对象条件设置的常用方法

Criteria的常用方法	说 明
void setAccuracy (int accuracy)	设置对精度的要求
void setAltitudeRequired (boolean flag)	设置要求能提供高度信息
void setBearingRequired (boolean flag)	设置要求能提供方向信息
void setCostAllowed (boolean flag)	设置要求是否免费
void setPowerRequirement (int level)	设置要求的耗电量
void setSpeedRequired (boolean flag)	设置要求能提供速度信息

（2）使用DDMS模拟器实现GPS定位效果

Android模拟器本身不能作为GPS的接收器，因为它需要硬件支持。为了方便程序员测试GPS的应用，Android提供了DDMS工具模拟发送GPS的信息。

启动模拟器后，在DDMS窗口的Location Controls中进行操作，如图3-18所示。

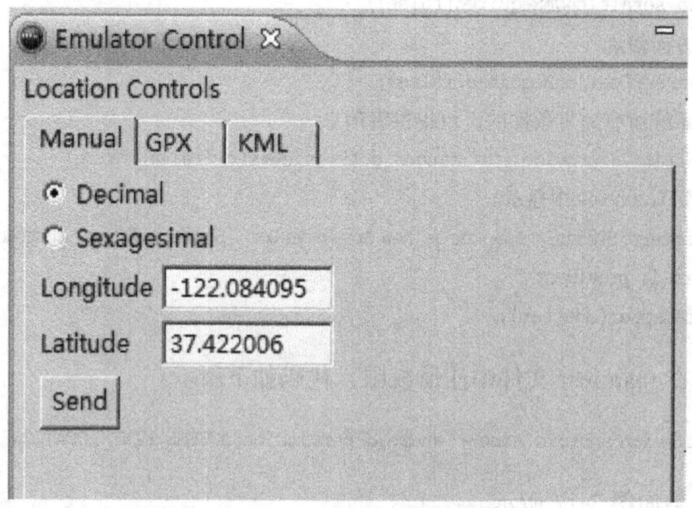

图3-18 模拟器控制界面

可以通过模拟器向程序发送GPS位置信息。程序收到信息后，触发相应的事件处理GPS位置，实现很多有意义的效果。

案例3-3 实现GPS定位的核心代码。

```
     MainActivity.java
1.   import android.location.Location;
2.   import android.location.LocationListener;
3.   import android.location.LocationManager;
4.   import android.os.Bundle;
5.   import android.app.Activity;
6.   import android.util.Log;
7.
8.   public class MainActivity extends Activity {
9.
10.   @Override
11.   protected void onCreate(Bundle savedInstanceState) {
12.     super.onCreate(savedInstanceState);
13.     setContentView(R.layout.activity_main);
14.     //获取系统的定位服务
15.     LocationManager manager = (LocationManager)getSystemService(LOCATION_SERVICE);
16.    //给manager设置位置监听器参数,包括定位提供者、检测的频率、精度范围,以及位置监听器
       LocationListener
```

```
17.   manager.requestLocationUpdates(manager.GPS_PROVIDER, 1000l, 0.0f, new LocationListener
      () {
18.      @Override
19.      public void onStatusChanged(String provider, int status, Bundle extras) {
20.      }
21.      @Override
22.      public void onProviderEnabled(String provider) {
23.      }
24.      @Override
25.      public void onProviderDisabled(String provider) {
26.      }
27.      @Override
28.      //当位置发生变化时,触发该方法
29.      public void onLocationChanged(Location location) {
30.       Log.i("TAG", "位置发生变化:纬度:" + location.getLatitude() + "经度:" + loca-
       tion.getLongitude());}
31.        });
32.     }}
```

另外，需要在 mainfest 文件中注册权限，代码如下所示：

```
<uses-permission android:name="android.permission.ACCESS_FINE_LOCATION"/>
```

代码运行的结果如图 3-19 所示。当用模拟器向程序发送经纬度变化的值后，可以看到 DDMS 有相应的输出。

PID	Application	Tag	Text
873	com.example.listview	TAG	位置发生变化:纬度:32.422005经度:-102.084095
873	com.example.listview	TAG	位置发生变化:纬度:32.422005经度:-102.084095
873	com.example.listview	TAG	位置发生变化:纬度:22.422005经度:-142.084093

图 3-19　代码运行结果

如果把程序和 GooleMap 结合，可以根据 GPS 提供的信息，实时显示用户在地图的位置，开发出 GPS 导航系统。

(3) 使用 DDMS 模拟器实现临近区域警告效果

利用 GPS 定位可以实现，当靠近某个位置达到一定的半径时，会有相应的提示通知用户。这里的位置是一个经纬度的值。

在 Android 中，LocationManager 类提供了一个 addProximityAlert（double latitude，double longitude，float radius，long expiration，PendingIntent intent）方法，用于实现该效果。

参数说明如下：

①Longitude：指定的经度。

②Latitude：指定的纬度。

③Radius：指定一个半径长度。

④Expiration：指定多少毫秒后，该警告失效。−1 表示永远不失效。

⑤Intent：该参数指定临近该点的时候触发 Intent 组件。

案例 3-4 使用模拟器实现临近区域警告效果。

本案例利用邻近警告功能，实现在某个经纬度附近 2500m 范围内进行检测。如果在这个范围内，显示“您已经进入该区域”，否则显示“您已经离开该区域”。核心代码如下所示：

```
1.   LocationManager manager = (LocationManager)getSystemService(Context.LOCATION_SERV-
     ICE);
2.   //目标定位的经纬度
3.   double targetLongitude = 113.66632841527462;
4.   double targetLatitude = 34.752014421190424;
5.   float radius =5000; //定义半径单位:米
6.   Intent intent = new Intent("myreceiver");
7.   PendingIntent pd = PendingIntent.getBroadcast(this, 0, intent,0);
8.   //加入邻近警告
9.   manager.addProximityAlert(targetLatitude, targetLongitude, radius, -1, pd);
10.  MyReceiver receiver = new MyReceiver();
11.  registerReceiver(receiver, new IntentFilter("myreceiver")); //注册服务
12.  //定义广播接收者处理广播
13.  class MyReceiver extends BroadcastReceiver{
14.    @Override
15.    public void onReceive(Context context, Intent intent) {
16.    TextView tv = (TextView)findViewById(R.id.txtshow);
17.    //根据 Intent 的 boolean 值判断是否进入和离开该区域
18.    boolean isEnter = intent.getBooleanExtra(LocationManager.KEY_PROXIMI   TY_ENTERING,
       false);
19.      if(isEnter){
20.      tv.setText("您已经进入该区域");
21.    }else{
22.     tv.setText("您已经离开该区域");}
23.    }
24.  }
```

最后，别忘记在 mainfest 文件中加上权限：

```
<uses-permission android:name="android.permission.ACCESS_FINE_LOCATION"/>
```

代码运行结果如图3-20所示。

图3-20　使用模拟器实现临近区域警告效果

任务3-2　基于Google Map的GIS显示模块

1. 学习目的

①熟知位置服务的原理。

②熟知地图密钥的申请方式。

③学会获取位置信息的方法。

④学会MapFragment对象的使用方法。

2. 实现方法及步骤

(1) 位置服务的原理与实现步骤

位置服务（LBS，Location-Based Services）又称定位服务或基于位置的服务，它融合了GPS定位、移动通信、导航等多种技术，提供与空间位置相关的综合应用服务。基于位置的服务发展迅速，已涉及到商务、医疗、工作和生活的各个方面，为用户提供定位、追踪和敏感区域警告等一系列服务。

提供位置服务，首先需要获得LocationManager对象，正如引导训练中的任务1提供的方法，获取LocationManager可以通过调用android.app.Activity.getSystemService()函数实现。此函数中的Context.LOCATION_SERVICE指明获取的服务是位置服务；函数中的getSystemService()可以根据服务名称获取Android提供的系统级服务。Android

支持的系统级服务如表 3-10 所示。

表 3-10 Android 支持的系统级服务

Context 类的静态常量	值	返回对象	说明
LOCATION_SERVICE	location	LocationManager	控制位置等设备的更新
WINDOW_SERVICE	window	WindowManager	最顶层的窗口管理器
LAYOUT_INFLATER_SERVICE	layout_inflater	LayoutInflater	将 XML 资源实例化为 View
POWER_SERVICE	power	PowerManager	电源管理
ALARM_SERVICE	alarm	AlarmManager	在指定时间接收 Intent
NOTIFICATION_SERVICE	notification	NotificationManager	后台事件通知
KEYGUARD_SERVICE	keyguard	KeyguardManager	锁定或解锁键盘
SEARCH_SERVICE	search	SearchManager	访问系统的搜索服务
VIBRATOR_SERVICE	vibrator	Vibrator	访问支持振动的硬件
CONNECTIVITY_SERVICE	connection	ConnectivityManager	网络连接管理
WIFI_SERVICE	wifi	WifiManager	Wi-Fi 连接管理
INPUT_METHOD_SERVICE	input_method	InputMethodManager	输入法管理

在获取到 LocationManager 后，还需要指定 LocationManager 的定位方法 LocationProvider，然后才能调用 LocationManager。LocationManager 支持的常用定位方法有两种，如表 3-11 所示。

表 3-11 LocationManager 支持的定位方法

LocationManager 类的静态常量	值	说明
GPS_PROVIDER	gps	使用 GPS 定位，利用卫星提供精确的位置信息。但定位速度和质量受到卫星数量和环境情况的影响。 需要 android. permissions. ACCESS_FINE_LOCATION 用户权限
NETWORK_PROVIDER	network	使用网络定位，利用基站或 Wi-Fi 提供近似的位置信息。提供的位置信息精度差，但速度较 GPS 定位稳定。 需要具有如下权限：android. permission. ACCESS_COARSE_LOCATION 或 android. permission. ACCESS_FINE_LOCATION

在指定 LocationManager 的定位方法后，可以调用 getLastKnowLocation() 方法获取当前的位置信息。

(2) 位置服务的实现

位置服务一般都需要使用设备上的硬件，最理想的调试方式是将程序上传到物理设备上运行；但在没有物理设备的情况下，也可以使用 Android 模拟器提供的虚拟方式模拟设备的位置变化，调试具有位置服务的应用程序。DDMS 中的模拟器设置参考任务 1 中的说明。

在程序运行过程中，可以在模拟器控制器中改变经度和纬度坐标值。程序在检测到位置的变化后，会将最新的位置信息显示在界面上。

案例 3-5　位置服务的实现。

```
MainActivity.java:
1.  package com.example.gpsposition;
2.  import android.app.Activity;
3.  import android.content.Context;
4.  import android.os.Bundle;
5.  import android.widget.TextView;
6.  import android.location.Location;
7.  import android.location.LocationListener;
8.  import android.location.LocationManager;
9.  public class MainActivity extends Activity {
10. @Override
11. public void onCreate(Bundle savedInstanceState) {
12. super.onCreate(savedInstanceState);
13. setContentView(R.layout.activity_main);
14. String serviceString = Context.LOCATION_SERVICE;// 指明获取的服务是位置服务
15. LocationManager locationManager = (LocationManager) getSystemService(serviceString);
    //获取 Android 提供的位置服务
16. String provider = LocationManager.GPS_PROVIDER;//指定利用 GPS 定位获取当前位置
17. Location location = locationManager.getLastKnownLocation(provider);// Location 对象中
    包含可以确定位置的信息,如经度、纬度和速度等
18. getLocationInfo(location); //获取当前位置信息
19. locationManager.requestLocationUpdates(provider, 2000, 0, locationListener);// 位置监
    视方法,可以根据位置的距离变化和时间间隔设定产生位置改变事件的条件.第 1 个参数是定
    位的方法,GPS 定位或网络定位;第 2 个参数是产生位置改变事件的时间间隔,单位为微秒
    (μs);第 3 个参数是距离条件,单位是米(m);第 4 个参数是回调函数,在满足条件后的位置改变
    事件的处理函数.
20. }
21. //获取当前位置的经纬度信息函数
```

```
22.  private void getLocationInfo(Location location){
23.          String latLongInfo;
24.          TextView locationText = (TextView)findViewById(R.id.txtshow);
25.          if (location != null){
26.              double lat = location.getLatitude();
27.              double lng = location.getLongitude();
28.              latLongInfo = "Lat: " + lat + "\nLong: " + lng;
29.          }
30.              else{
31.                  latLongInfo = "No location found";
32.              }
33.              locationText.setText("Your Current Position is:\n" + latLongInfo);
34.        }
35.          //在满足条件后的位置改变事件的处理函数
36.              private final LocationListener locationListener = new LocationListener(){
37.                  @Override
38.          //在设备的位置改变时被调用
39.                  public void onLocationChanged(Location location) {
40.                      getLocationInfo(location);
41.        }
42.    @Override
43.    //在用户禁用具有定位功能的硬件时被调用
44.                  public void onProviderDisabled(String provider) {
45.          getLocationInfo(null);
46.                  }
47.                  @Override
48.    //在用户启用具有定位功能的硬件时被调用
49.                  public void onProviderEnabled(String provider) {
50.              getLocationInfo(null);
51.                  }
52.                  @Override
53.    //在提供定位功能的硬件的状态改变时被调用,如从不可获取位置信息状态到可以获取位置信息的状态,反之亦然
54.            public void onStatusChanged(String provider, int status, Bundle extras) {
                 }
55.            };
56.      }
```

Activity_main.xml 布局文件如下所示：

```
1.    <RelativeLayout xmlns:android = "http://schemas.android.com/apk/res/android"
2.      xmlns:tools = "http://schemas.android.com/tools"
3.      android:layout_width = "match_parent"
```

```
4.        android:layout_height = "match_parent"
5.        android:paddingBottom = "@dimen/activity_vertical_margin"
6.        android:paddingLeft = "@dimen/activity_horizontal_margin"
7.        android:paddingRight = "@dimen/activity_horizontal_margin"
8.        android:paddingTop = "@dimen/activity_vertical_margin"
9.        tools:context = ".MainActivity" >
10.       <TextView
11.           android:layout_width = "wrap_content"
12.           android:layout_height = "wrap_content"
13.           android:id = "@ + id/txtshow"
14.           android:text = ""
15.         />
16.     </RelativeLayout>
```

代码运行的结果如图 3-21 所示。

图 3-21　当前 GPS 位置信息显示结果

(3) 申请 Google 地图密钥

在 Android 平台上，Google Map Android API V1 版本申请和使用地图密钥的步骤为：①找到 Debug KeyStore 的存放位置，运行 keytool 命令，把证书生成 MD5 认证指纹；②打开 http：//code. google. com/intl/zh-CN/android/maps-api-signup. html，填入认证指纹（MD5），获得 apiKey；③在 MapView 中使用 apiKey，在 layout 中加入MapView，并添加申请获得的密钥；④加上 Google Map 运行时的网络访问权限，并将 Uses-library 包导入开发工具。

Google 于 2012 年 12 月份推出了 Google Map android API V2 版本。下面以 V2 版本的地图开发工具为例，详述 Google 地图的密钥申请和配置过程。

首先需要获取数字证书（digital certificate）信息。获取方法如下：将 debug. keystore 复制到本机 Java 环境安装的 Bin 目录下：即

C：\ Program Files \ Java \ jre7 \ Bin

（注：debug. keystore 的具体位置可以在 Eclipse 中的 Windows＞Preferences＞Android>Build 路径中找到，如图 3-22 所示)。

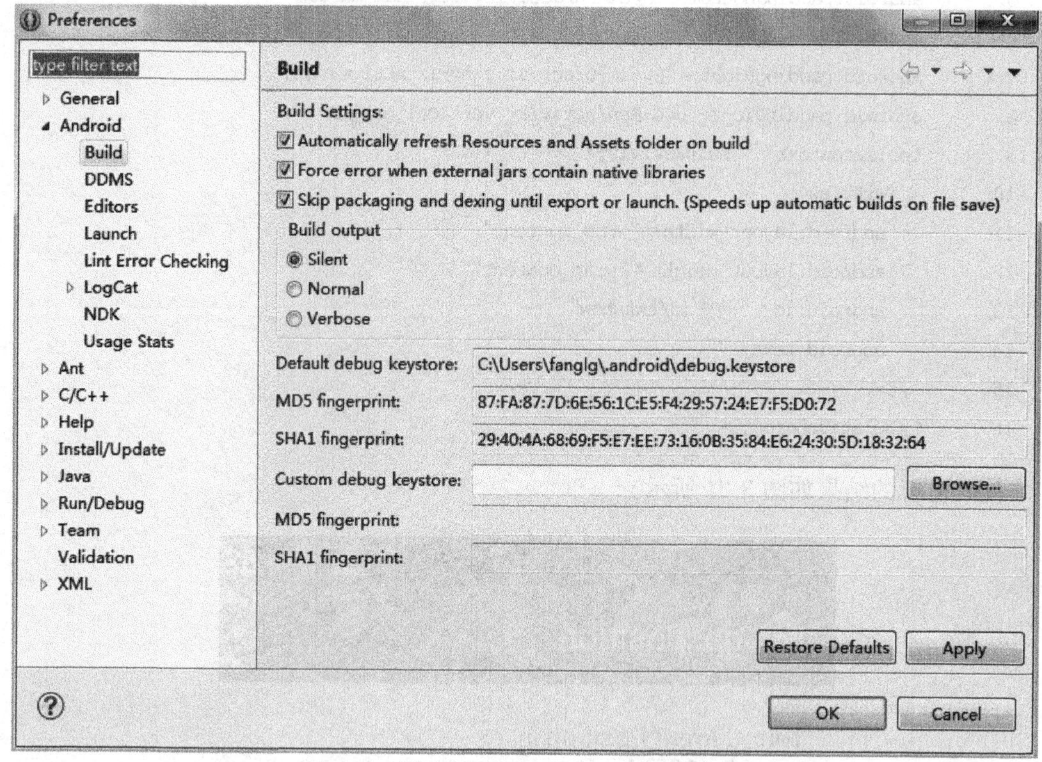

图 3-22　默认的 debug. keystore 的存放位置

对于不同的操作系统，获取数字证书的命令不同，具体如图 3-23 所示。在 Windows 系统中，以管理员的身份在命令行运行“keytool-list-v-keystore debug. keystore”，输入的密钥库口令是“android”。将命令运行结果窗口中的 SHA1 值（20 个 2 位十六进制数组成，中间以冒号分开）保存下来。具体信息和返回结果如图 3-24 所示。

• For Linux or OS X, open a terminal window and enter the following:

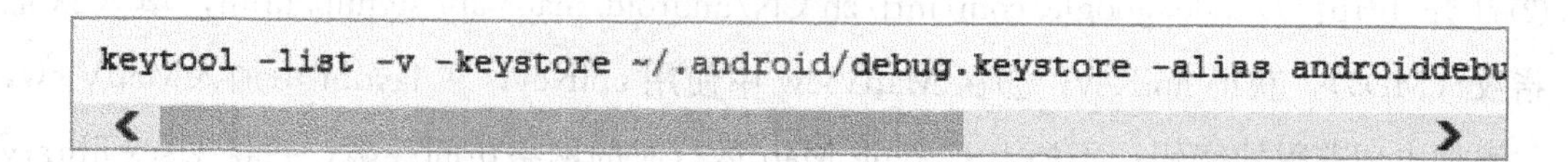

• For Windows Vista and Windows 7, run:

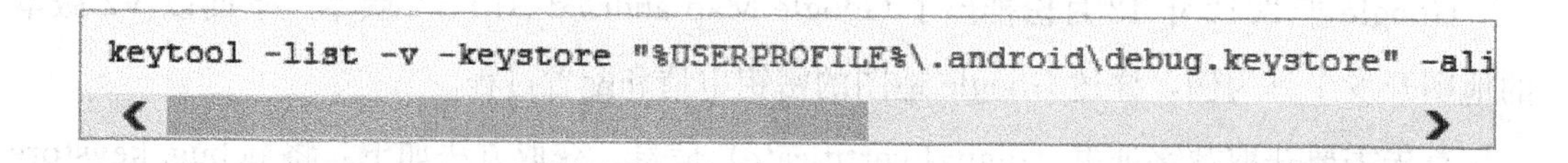

图 3-23　数字证书的获取命令

在浏览器中打开 https：//code. google. com/apis/console，用 Gmail 账户登录。如果是第一次，还要创建新项目。默认创建一个 API Project 项目，如图 3-25 所示。在项目下

```
C:\Windows\system32\cmd.exe
c:\Program Files\Java\jre7\bin>keytool -v -list -keystore debug.keystore
输入密钥库口令:

密钥库类型: JKS
密钥库提供方: SUN

您的密钥库包含 1 个条目

别名: androiddebugkey
创建日期: 2014-3-11
条目类型: PrivateKeyEntry
证书链长度: 1
证书[1]:
所有者: CN=Android Debug, O=Android, C=US
发布者: CN=Android Debug, O=Android, C=US
序列号: 163ff62
有效期开始日期: Tue Mar 11 11:14:58 CST 2014, 截止日期: Thu Mar 03 11:14:58 CST
2044
证书指纹:
         MD5: 87:FA:87:7D:6E:56:1C:E5:F4:29:57:24:E7:F5:D0:72
         SHA1: 29:40:4A:68:69:F5:E7:EE:73:16:0B:35:84:E6:24:30:5D:18:32:64
         SHA256: E8:40:82:33:91:63:30:38:C9:13:D0:D4:F8:CE:79:17:E4:D7:88:3F:EC:
EA:19:FF:96:03:F6:CE:54:EC:10:C0
         签名算法名称: SHA256withRSA
         版本: 3
```

图 3-24　数字证书 SHA1 的获得

单击进入 API Access，在弹出的窗口内填入上一步得到的 SHA1 值和包名（package name），如图 3-26 所示，获得本次应用开发的 API Key。

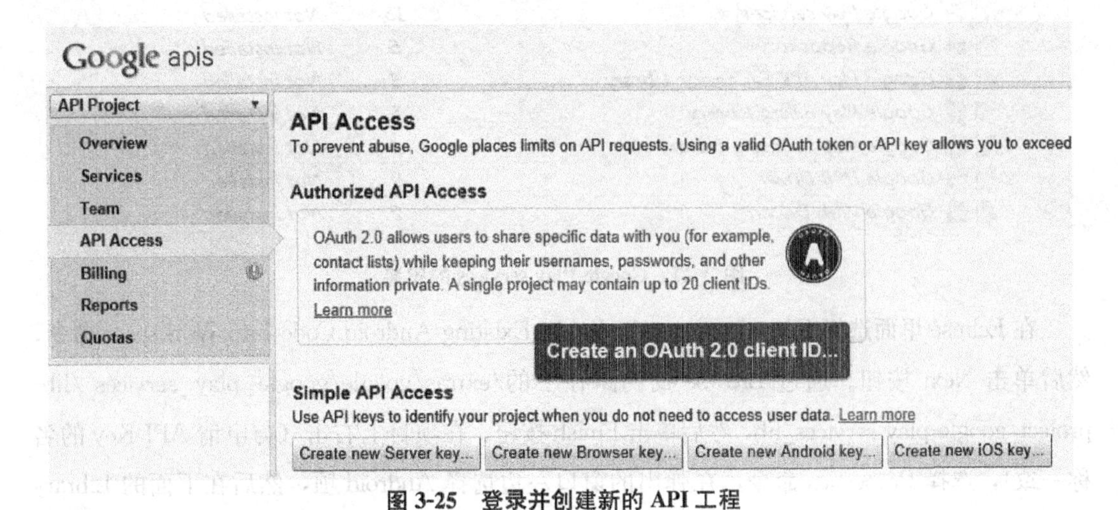

图 3-25　登录并创建新的 API 工程

获取 API Key 后，还需要进入 API Project 下的 Services，将 Google Maps Android API V2 和 Google Play Android Developer API 的状态设置为“ON”。

(4) Google 地图开发环境配置

首先打开 Android SDK Manager（exclipse/window），安装 Google Play services，如图 3-27 所示。

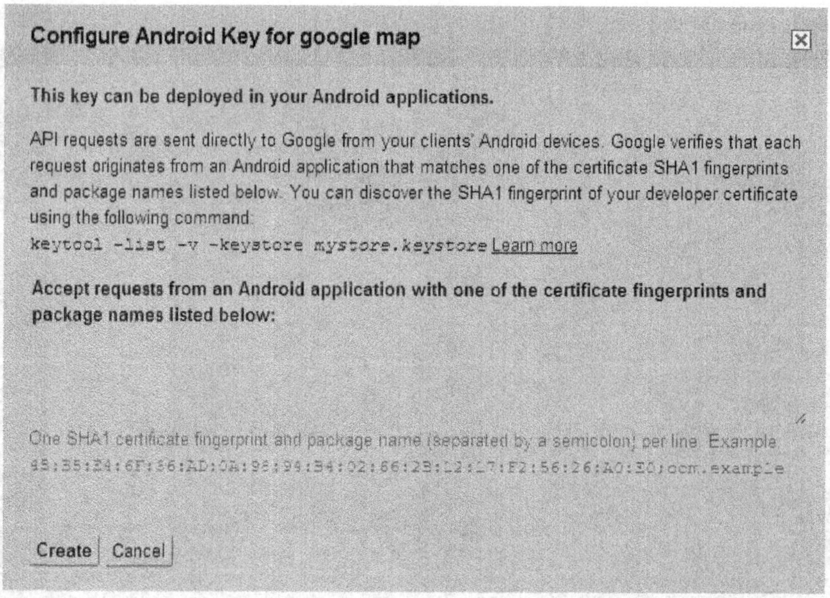

Configure Android Key for google map

This key can be deployed in your Android applications.

API requests are sent directly to Google from your clients' Android devices. Google verifies that each request originates from an Android application that matches one of the certificate SHA1 fingerprints and package names listed below. You can discover the SHA1 fingerprint of your developer certificate using the following command:
`keytool -list -v -keystore mystore.keystore` Learn more

Accept requests from an Android application with one of the certificate fingerprints and package names listed below:

One SHA1 certificate fingerprint and package name (separated by a semicolon) per line. Example:
`45:B5:E4:6F:36:AD:0A:98:94:B4:02:66:2B:12:17:F2:56:26:A0:E0;com.example`

Create　Cancel

图 3-26　API Key 的获取

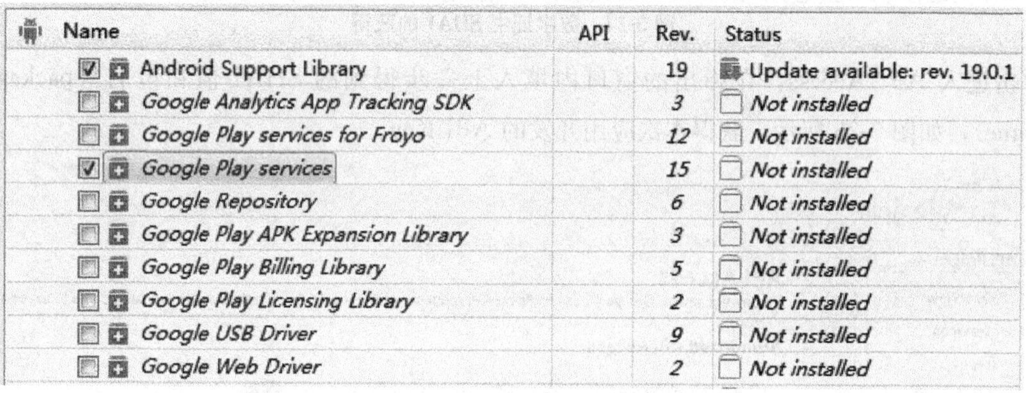

Name	API	Rev.	Status
☑ Android Support Library		19	Update available: rev. 19.0.1
☐ Google Analytics App Tracking SDK		3	Not installed
☐ Google Play services for Froyo		12	Not installed
☑ Google Play services		15	Not installed
☐ Google Repository		6	Not installed
☐ Google Play APK Expansion Library		3	Not installed
☐ Google Play Billing Library		5	Not installed
☐ Google Play Licensing Library		2	Not installed
☐ Google USB Driver		9	Not installed
☐ Google Web Driver		2	Not installed

图 3-27　Google Play services 的安装

在 Eclipse 里面选择 File→Import→Android→Existing Android Code Into Workspace 命令，然后单击 Next 按钮。通过 Browse 找到路径下的/extras/google/google_play_services /lib-project/google-play-services_lib，然后单击 Finish 按钮。在项目上右击（与申请 API Key 的名称一致），选择 Properties 命令，在弹出的窗口左边选择 Android 项，然后在下面的 Library 区域里“Add”（添加）刚才的 google-play-services _ lib，如图 3-28 所示。

如果想在 Android 模拟器中开发 Google 地图相关应用，还需要在模拟器安装两个 apk 文件 vending. apk 和 gms. apk。文件可以从网络下载。然后，用管理员身份在 DOS 环境下安装这两个文件。具体的安装命令和过程如图 3-29 所示。

（5）Google Map V2 在 Android 中应用

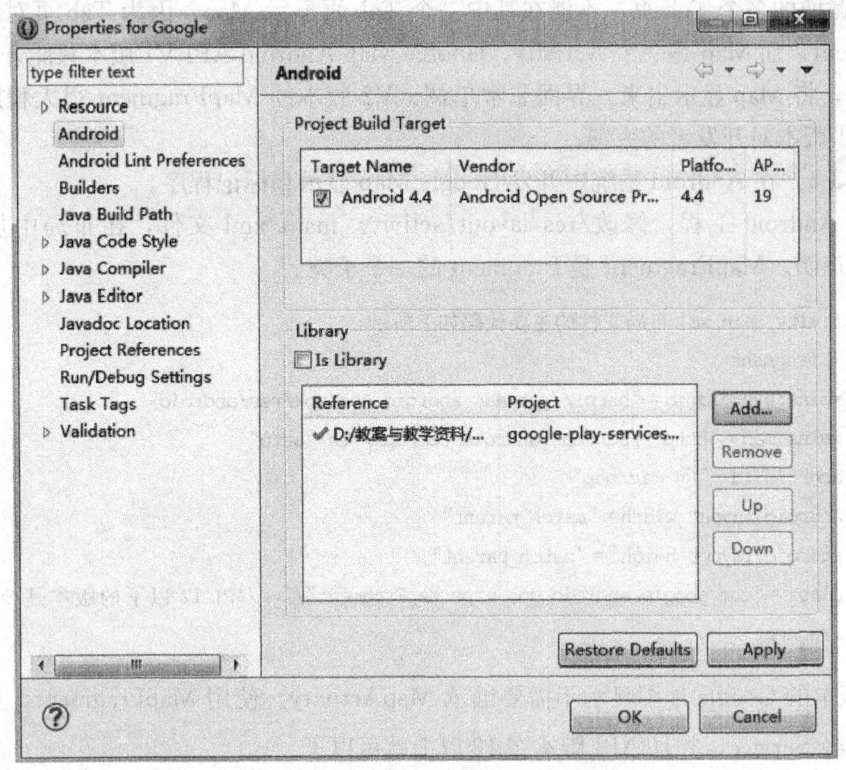

图 3-28　添加 google-play-services_lib

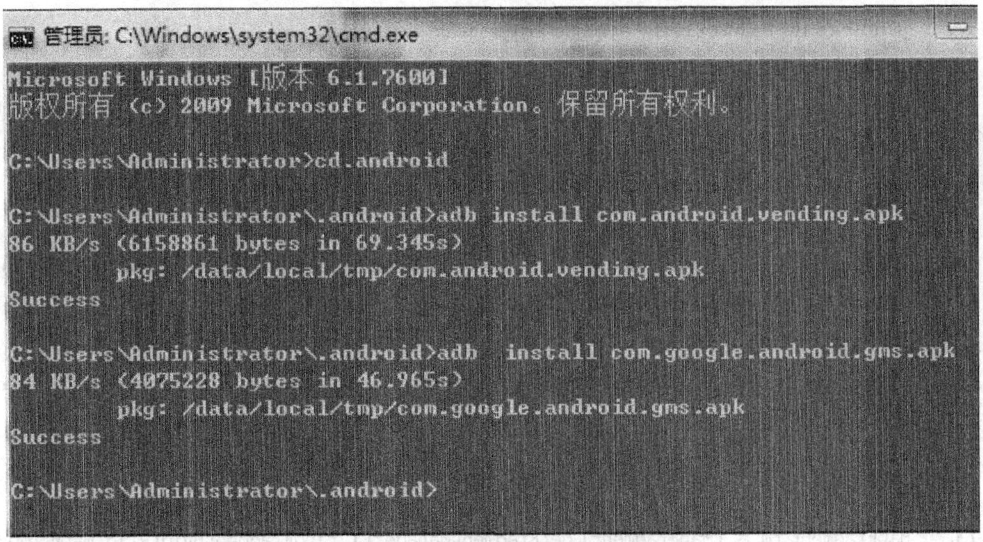

```
管理员: C:\Windows\system32\cmd.exe
Microsoft Windows [版本 6.1.7600]
版权所有 (c) 2009 Microsoft Corporation。保留所有权利。

C:\Users\Administrator>cd.android

C:\Users\Administrator\.android>adb install com.android.vending.apk
86 KB/s (6158861 bytes in 69.345s)
        pkg: /data/local/tmp/com.android.vending.apk
Success

C:\Users\Administrator\.android>adb  install com.google.android.gms.apk
84 KB/s (4075228 bytes in 46.965s)
        pkg: /data/local/tmp/com.google.android.gms.apk
Success

C:\Users\Administrator\.android>
```

图 3-29　Android 模拟器开发环境配置

Google Map Android API V2 版本最大的特点是提供了 MapFragment 对象，开发者可以将 Map 像一个普通的 Fragment 一样，嵌入到自己的 App 中。

以前 V1 版本的 Google Map Android API 在 Android 界面中显示地图（Map），需要继承自 MapActivity，就是说，得用 Google 提供的 Activity 才能用其 Map，不能在自己的 Activity 中使用。这种方式最大的一个弊端在于无法在多 Tab 页或向导的应用中显示

Map，如微博的多个 Tab 页，不能在其中一个 Tab 页显示 Map，因为 Tab 页对应的是一个 Fragment，而 Map 是一个 Activity。Google Map Android API V1 版本只能开发简单的 Map 程序，将 Map 显示出来，界面非常单调。V2 版本的 MapFragment 很大程度地解除了之前 V1 版本对开发者的束缚。

案例 3-6 在 Android 系统中开发 Google Map 显示和标记程序。

创建 Android 工程，修改/res/layout/activity_main. xml 文件，在布局中加入一个 fragment 声明。MapFragment 是 Fragment 的一个子类。

activity_main. xml 布局文件的主要代码如下所示：

```
1.  <fragment
2.  xmlns:android:id = "http://schemas.android.com/apk/res/android"
3.  xmlns:map = "http://schemas.android.com/apk/res - auto"
4.  android:id = "@ + id/map"
5.  android:layout_width = "match_parent"
6.  android:layout_height = "match_parent"
7.  class = "com.google.android.gms.maps.MapFragment"/>//API 12 以下的版本是 SupportMap-
    Fragment
```

V2 版本的 Google 地图显示不需要继承 MapActivity。使用 MapFragment，只要安装 Google Play Service，并且 API 版本在 12 以上就可以了。

MainActivity. java 文件的主要代码如下所示：

```
1.  public class MainActivity extends FragmentActivity {
2.  private GoogleMap googleMap;
3.  @Override
4.  protected void onCreate(Bundle savedInstanceState) {
5.  super.onCreate(savedInstanceState);
6.  setContentView(R.layout.activity_main);
7.  int status = GooglePlayServicesUtil.isGooglePlayServicesAvailable(getBaseContext());
8.  if (status ! = ConnectionResult.SUCCESS) {
9.  int requestCode = 10;
10. Dialog dialog = GooglePlayServicesUtil.getErrorDialog(status, this, requestCode); dia-
    log.show();
11. }
12. else {
13. MapFragment fm = (MapFragment) getFragmentManager().findFragmentById(R.id.mapview);
14. googleMap = fm.getMap();
15. LatLng sfLatLng = new LatLng( - 43.507227, 172.72233);
16. googleMap.moveCamera(CameraUpdateFactory.newLatLng(sfLatLng));//设置初始化地图的位置
17. if (googleMap ! = null) {
18. googleMap.setMapType(GoogleMap.MAP_TYPE_NORMAL);//设置地图类型为 Normal
19. googleMap.getUiSettings().setCompassEnabled(true);//一些地图的界面元素设置
```

```
20.     googleMap.getUiSettings().setZoomControlsEnabled(true);
21.     googleMap.getUiSettings().setMyLocationButtonEnabled(true);
22.     googleMap.addMarker(new MarkerOptions().position(sfLatLng).title("New Brighton")
        .snippet("New Brighton").icon(BitmapDescriptorFactory.defaultMarker(BitmapDescriptor-
        Factory.HUE_AZURE)));
23.     googleMap.moveCamera(CameraUpdateFactory.newLatLngZoom(sfLatLng, 15));
24.     googleMap.animateCamera(CameraUpdateFactory.zoomIn());
25.     googleMap.animateCamera(CameraUpdateFactory.zoomTo(10), 2, null);
26.             }
27.         }
28.     }
29.
30.     @Override
31.     public boolean onCreateOptionsMenu(Menu menu) {
32.     //填充设计的 menu
33.     getMenuInflater().inflate(R.menu.main, menu);
34.     return true;
35.             }
36.     }
```

备注：googleMap.setMapType（GoogleMap.MAP_TYPE_NORMAL）用于设置地图显示类型。在 Google 中，地图显示类型有 Normal（典型的道路、水系矢量图）、Hybrid（叠加了道路网的卫星图像）、Satellite（卫星图像）和 Terrain（地形图）。

另外，可以通过 implements OnMapClickListener、OnMakerClickListener 接口监听 GoogleMap 在地图上的点击事件。

由于获取 Google 地图需要使用互联网，所以运行前需要在 AndroidManifest.xml 文件中添加允许访问互联网的许可，还要添加一些权限设置。另外，申请的 Google map key 需要添加在 application 中。

AndroidManifest.xml 文件中包含的主要内容如下所示：

```
1.      //在<application>元素中加入子标签:
2.      <meta-data
3.      android:name="com.google.android.maps.v2.API_KEY"
4.      //填写你申请的 Google map key
5.      android:value="AIzaSyAHM9QaSkm5U005AWUQxTy39a3SQUKbGvA"
6.      />
7.      //加入各种许可信息:
8.      <permission
9.      android:name="com. google_maps.permission.MAPS_RECEIVE"//包名一致
10.     android:protectionLevel="signature"
```

```
11.   />
12.   <uses-permission
13.   android:name="com.google_maps.permission.MAPS_RECEIVE"/> //替换包名
14.   <uses-permission android:name="android.permission.INTERNET"/>
15.   <uses-permission android:name="android.permission.WRITE_EXTERNAL_STORAGE"/>
16.   <uses-permission android:name="com.google.android.providers.gsf.permission.READ_
      GSERVICES"/>
17.   <uses-permissionandroid:name=" android.permission.ACCESS_COARSE_LOCATION"/>
18.   <uses-permissionandroid:name=" android.permission.ACCESS_FINE_LOCATION"/>
19.   //加入 OpenGL ES V2 特性的支持:
20.   <uses-feature
21.           android:glEsVersion="0x00020000"
22.           android:required="true"
23.   />
```

运行结果如图 3-30 所示。

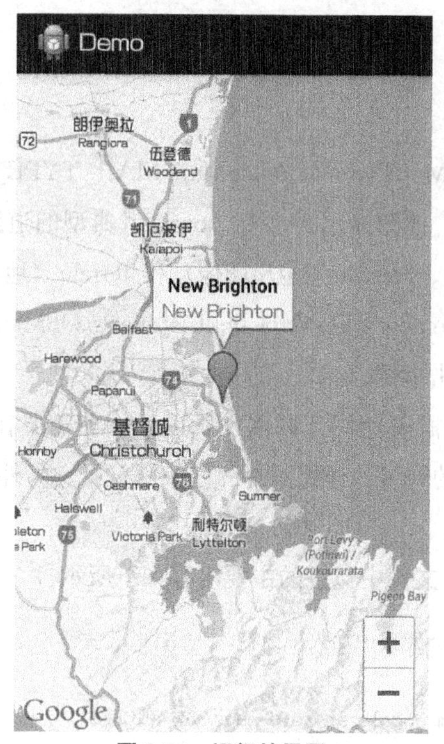

图 3-30 运行结果图

【引导训练考核评价】

本项目的“引导训练”考核评价内容如表 3-12 所示。

表 3-12　“引导训练”考核评价表

<table>
<tr><td rowspan="8">考核要点</td><td colspan="2">考核内容</td><td>所占分值</td><td>实际得分</td></tr>
<tr><td colspan="2">(1) 熟知二维码生产和识别的原理</td><td>5</td><td></td></tr>
<tr><td colspan="2">(2) 熟知 GPS 定位的原理，3G 网络/卫星通信的原理以及 GIS 显示的实现过程</td><td>15</td><td></td></tr>
<tr><td colspan="2">(3) 能够合作完成智能物流定位管理系统开发的需求分析</td><td>15</td><td></td></tr>
<tr><td colspan="2">(4) 能够说明和设计智能物流定位管理系统的体系结构</td><td>15</td><td></td></tr>
<tr><td colspan="2">(5) 学会智能物流定位管理系统主要模块的功能分析</td><td>15</td><td></td></tr>
<tr><td colspan="2">(6) 学会车载 GPS 定位追踪系统的设计与开发方法</td><td>35</td><td></td></tr>
<tr><td colspan="2">小计</td><td>100</td><td></td></tr>
<tr><td>评价方式</td><td>自我评价</td><td colspan="2">小组评价</td><td>教师评价</td></tr>
<tr><td>考核得分</td><td></td><td colspan="2"></td><td></td></tr>
<tr><td>存在的主要问题</td><td colspan="4"></td></tr>
</table>

【同步训练】

任务 3-3　JSON 地理信息数据获取与分析

获得了对应位置的地理信息 JSON 数据后，需要解析。首先，分析 JSON 里面数据的格式，如图 3-31 所示。

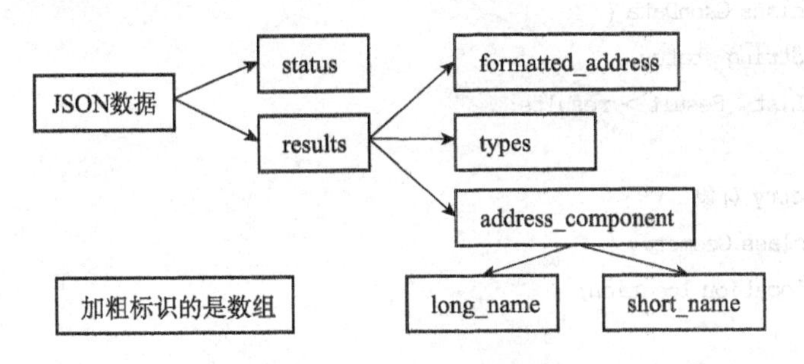

图 3-31　地理信息 JSON 数据的组成

①status：数据状态 OK 表示成功获得，ZERO_RESULTS 表示未找到数据。

②results：表示查找的结果。多个结果以数组元素方式表示。

③formatted_address：表示完整的地址名称。

④address_components：表示完整的地址中的某一个部分。比如“中国—湖北—武汉”由三个地址部分组成。

⑤types：该地址表示的类型。

⑥long_name：某部分地址的完整名。

⑦short_name：某部分地址的简称。

利用所学的JSON知识和向Web程序发送请求的知识，就可以通过发送请求的方式获得想要的位置的地理信息。

案例3-7 利用发送请求的方式获得JSON地理信息数据，并对数据进行解析。

```
1.  //发送请求,下载JSON
2.  public static String getJSONFromURL(String url){
3.  String result = "";
4.  HttpClient client = null;
5.  client = new DefaultHttpClient(null);
6.  HttpPost post = new HttpPost(url);
7.  try {
8.  //设置请求头的语言为中文简体
9.  post.setHeader("accept-language", "zh-cn");
10. HttpResponse response = client.execute(post);
11. HttpEntity entity = response.getEntity();
12. result = EntityUtils.toString(entity, "UTF-8");
13. } catch (Exception e) {
14. e.printStackTrace();
15. }
16. return result;
17. }
18. //JSON数据的封装对象
19. public class GsonData {
20. public String status;
21. public List<Result> results;
22. }
23. // Geometry对象
24. public class Geometry {
25. public Location location;
26. }
27. //Location对象
28. public class Location {
29. public double lat;
30. public double lng;
31. }
32. //Result对象
33. public class Result {
34. public List<Address_components> address_components;
```

```
35.    public Geometry geometry;
36.    public String[] types;
37.    public String formatted_address;
38.    }
39.    // Address_components 对象
40.    public class Address_components {
41.    public String long_name;
42.    public String short_name;
43.    public String[] types;
44.    }
45.    btn.setOnClickListener(new View.OnClickListener() {//按钮点击事件
46.    @Override
47.    public void onClick(View v) {
48.    String url = "http://maps.google.com/maps/api/geocode/json?sensor = false&region =
       cn&address = ";
49.    url = url + txt.getText();
50.    String s = Utils.getJSONFromURL(url);
51.    Gson gson = new Gson();
52.    GsonData data = gson.fromJson(s, GsonData.class); //解析 JSON
53.    if (data.status.equals("OK") && data.results.size() > 0) {
54.    Toast.makeText(GPSJSONDemoActivity.this,
55.    data.results.get(0).formatted_address + "纬度:" + data.results.get(0).geometry.location.lat +
       "经度:"
56.     + data.results.get(0).geometry.location.lng,
57.    Toast.LENGTH_LONG).show();
58.    }else{
59.    Toast.makeText(GPSJSONDemoActivity.this, "无此位置的信息", Toast.LENGTH_SHORT).show
       ();}}
60.    });}
```

【同步训练考核评价】

本项目的“同步训练”考核评价内容如表 3-13 所示。

表 3-13　“同步训练”考核评价表

<table>
<tr><td>任务名称</td><td colspan="5">JSON 地理信息数据获取与分析</td></tr>
<tr><td>任务完成方式</td><td colspan="3">【　】小组合作完成</td><td colspan="2">【　】个人独立完成</td></tr>
<tr><td colspan="6">同步训练任务完成情况评价</td></tr>
<tr><td>自我评价</td><td></td><td>小组评价</td><td></td><td>教师评价</td><td></td></tr>
<tr><td colspan="6">存在的主要问题</td></tr>
<tr><td colspan="6"></td></tr>
</table>

【想一想　练一练】

冷链物流信息采集系统是当前智慧物流应用中典型的应用，主要用于智能冷链运输车的信息获取和采集。系统中，运输车辆将在指定位置安装温湿度传感器、GPS定位和导航设备、车载监控设备以及车载物流数据处理设备，形成以传感信息为核心，结合视频、数据等多业务综合汇聚的前端感知群体。温湿度传感器将冷藏仓内外的环境指数以数字形式采集并存储在车内的物流数据处理设备中，该设备将同步更新远在云端的物联综合数据库，提供给后端业务开发人员、学生、教师调用。监控设备主要采取摄像方式，记录视频信息，通过同步传输、缓存收发等方式调用、查看，提供安全物流的另一种保障机制。驾驶舱位置根据物流路径规划的需要装配同步GPS装置。与一般的GPS设备不同，该设备将定位信息、导航信息同时回传到云端进行统一管理，物流监管人员通过云端的中央控制总成进行调用、监察，提高货品物流安全的程度。为了实现冷链物流信息的自动采集，需要对物流运输车进行信息化改造，主要内容包括以下几个方面：

①传感接入改造：冷藏仓内部、冷藏仓外部。

②监控接入改造：加装摄像头。

③数据处理设备加装和改造：加装物联数据处理平台，修改数据传输线路和存储方式，装发接口组件调试。

④卫星通信改造：加装卫星通信天线，加装卫星通信调制解调器。

⑤加装导航设备。

参照物流定位管理系统项目的主要训练内容，考虑如何完成冷链物流信息采集系统的需求分析，并重点阐述冷链物流系统建设技术方案（主要包括总体方案设计、涉及的主要技术、系统的架构和主要功能模块）。有兴趣的同学建议参考物流定位管理系统相关内容，写出冷链物流信息采集系统开发的实现方法与步骤。

知识拓展

1. “智慧物流”与“智慧城市”密不可分

2009年，国务院发布的《物流业调整和振兴规划》，明确了全国性物流节点城市21个，区域性物流节点城市17个。近年来国家发改委等有关部委发布的《物流园区发展规划》中，明确一级物流园区布局城市29个，二级物流园区布局城市70个。为什么物流规划都布局到城市？道理很简单，一个国家的政治、经济、文化都是以城市为中心的，全球的城市化率超过60%，中国2012年的城市化率已达到52.6%。

“智慧城市”已成了全世界的行动，中国的大中城市都已提出了建设“智慧城市”的目标。2013年1月29日，住建部公布了首批国家“智慧城市”试点名单共90个，将投入900亿元进行积极探索。北京市已制定《智能北京行动纲领》，提出智能交通、电子病历、远程医疗、智能家庭、电子商务等为主攻目标。“智慧城市”是城市信息化的必然产物，利用信息技术把城市几十万、几百万、几千万人的各种信息加以汇集、分析、决策，提高城市的管理水平与居民生活的智能化，改变目前普遍存在的城市病。但这是一个非常漫长的过程。困难不完全是信息技术问题，更多的是要改变人们的理念，改变政府的管理模式。

“智慧物流”对城市的发展来说至关重要，城市的生产与建设，城市居民的生活，每时每刻都离不开物流。物流市场不规范，物流运作不集约，使物流成本居高不下，交通运输拥堵，生活质量下降。所以，《物流业调整和振兴规划》就把城市配送列为9大工程之一。2013年2月，交通运输部等7部委发出了《关于加强和改进城市配送管理工作的意见》。2012年，商务部、财政部在全国9个城市启动了现代物流技术运用与共同配送试点，2013年又增加了15个城市。

2.“智慧物流”依赖于最新的IT技术

“智慧物流”离不开移动互联网、物联网、云计算、大数据等新技术，在“智慧物流”的出现和发展中，信息技术的研发与运用是最关键的。在《物流业调整和振兴规划》中，专门列了一个“物流科技攻关工程”、“物流公共信息平台工程”，提出要发展无线射频识别（RFID）、电子数据交换（EDI）、全球定位系统（GPS）、地球信息系统（GIS）、智能交通系统（ITS）等技术，大力推进物流信息化与智能化建设。2012年2月，工信部发布了《物联网“十二五”发展规划》。2013年2月17日，国务院办公厅发布了《关于推进物联网有序健康发展的指导意见》，明确要建立健全部门、行业、区域、军地之间的物联网发展统筹协调机制，这就为“智慧物流”的发展夯实了基础。2013年8月14日，国务院又发布了《关于促进信息消费扩大内需的若干意见》，进一步明确了信息技术研发，信息产品消费，特别是完善“智慧物流”基础设施，加快实施“智慧物流”工程的要求。

“智慧物流”离不开大数据，以阿里巴巴公司为例。马云之所以敢于集结三千亿元来打造物流智能骨干网，一个很大的原因是，阿里巴巴已有了一个大数据的坚实基础。从2003年开始，他们成立了数据分析部门，后来又推出了大数据产品“数据魔方”与“聚石塔”。显然，正是阿里巴巴坚实的数据资源，使得整合顾客消费习惯与货物区域分布情况，并在分析未来趋势的基础上打造智能物流骨干网络系统成为可能。

项目 4　智慧校园环境感知系统

教学导航

教学目标	（1）熟悉智慧校园开发的需求分析 （2）熟悉智慧校园应用与实训系统的体系结构分析 （3）了解智慧校园四层组织架构及基本原理 （4）了解 Android（安卓）开发技术、3G 网络通信的原理以及云计算的实现过程 （5）掌握智慧校园系统主要模块的功能分析以及可行性分析
教学重点	（1）智慧校园结构组成及系统的设计 （2）环境感知采集，3G 数据采集及通信系统，云计算系统的组织与实施，智慧校园系统的开发方法和流程
教学难点	（1）基于 Android 开发环境感知系统的环境配置 （2）数据传输系统关键代码编写和调试
教学方法	任务驱动法、分组讨论法、四步训练法（训练准备→引导训练→同步训练→拓展训练）
课时建议	10 课时

项目概述

随着物联网、云计算、新一代移动通信等技术的快速发展，校园信息化技术发展从“数字化校园”向“智慧校园”转变。从十年前兴起的“数字校园”建设，使得国内大部分高校已基本实现校园的数字化，相应的基础设施，如宽带网络、数据中心平台等均已建设完成；多数信息管理系统，如人事管理系统、教务管理系统、科研管理系统、学生管理系统等已投入使用。目前，在数字校园建设的基础上，新一轮的“智慧校园”开始兴起，典型的像“校园一卡通”已经在很多高校使用。智慧校园建设，就是要建设一批智能化或智慧的应用系统，如智慧教职员管理系统、智慧学生管理系统、智慧教学系统、智慧科研系统和智慧后勤管理系统等，它们是在前期校园数字化系统的基础上，超越数字化应用系统，建立起智慧化的校园应用系统。

智慧校园是指通过利用云计算、虚拟化和物联网等新技术来改变学校教职工、学生和校园资源相互交互的方式，将学校的教学、科研、管理与校园资源和应用系统进行整合，以提高应用交互的明确性、灵活性和响应速度，实现智慧化服务和管理的校园模式。对于智慧校园的描述没有权威的定义，但其对无处不在的网络学习、融合创新的网络科研、透明高效的校务治理、丰富多彩的校园文化、方便周到的校园生活的描述，表达了人们对现代大学校园的美好向往。

智慧校园有三个核心特征：一是为广大师生提供一个全面的智能感知环境和综合信息服务平台，提供基于角色的个性化定制服务；二是将基于计算机网络的信息服务融入学校的各个服务领域，实现互联和协作；三是通过智能感知环境和综合信息服务平台，为学校与外部世界提供一个相互交流和相互感知的接口。

智慧校园环境感知系统是一个典型的物联网应用系统。它是集信息采集、数据通信、数据存储、数据挖掘、信息表现等为一体的综合应用系统。本项目主要针对信息表现部分进行分析和实现。

1. 项目开发背景

智慧校园的建设目的是服务于教育，实现教育技术手段的快速升级与转变，提升教学的效率与品质。从 20 世纪 90 年代开始，包括计算机、网络、数字投影等信息技术产品被广泛应用于教育和教学中，信息技术正在改变着高校的教学方式和学生的学习习惯。经过近 20 年的信息化建设，国内大多数高校已经建成了如统一身份认证、数据中心平台、统一门户与各类信息系统业务应用高度整合的数字化校园。

但在这个信息化高速发展的时代，传统的数字化校园建设随着技术的持续发展获得了新的推动力。传统的数字校园让更多的人参与校园的信息系统数据采集与分享，但是在教育信息化发展的新阶段，如何应用更多的信息技术保障校园的信息化程度，悄然成为衡量信息化建设的一个重要指标。在刚刚兴起的智慧校园系统研究与部署中，需要研究比传统的数字校园更能服务于教学，更能满足教师、学生使用习惯的智慧校园。

通过对文献资料的研读发现，国外较早就对智慧校园部署建设进行了探索研究，且已经拥有较多智慧校园的先进实践案例。例如，宾夕法尼亚大学作为美国第一所大学，在校园一卡通方面做出了特有的贡献。该校的一卡通通过 RFID 技术集成多种应用，支持 Penny Card 与手机 SIM 卡集成，并集成银行卡功能，学生毕业之后仍可以将其作为打折卡使用。英国诺丁汉大学构建起校园统一的呼叫中心，提供 24 小时服务于全校 36000 名学生和 6500 名教职工的热线，打造完善的灾备系统和人性化服务。在国外，类似的校园创新“智慧”应用，还有很多。与国外相比，国内智慧校园的建设起步相对较晚，但方兴未艾，尚有较大空间，拥有高起点的后发优势。首个案例是 2010 年浙江大学对智慧型校园的建设，后起如上海同济大学、南京邮电大学等也在全面规划、建设智慧校园，这些都在国内外校园建设与管理领域树立起了领先的智慧旗帜。

近年来，随着人们生活质量不断提高，人们对生存的环境更加关注。校园环境感知系统利用物联网技术实现对环境温度、湿度、气体、粉尘和辐射等参数的监测，是智慧校园的重要组成部分。

2. 项目开发目的与意义

在智慧校园建设的初级阶段，首先是实现校园环境感知。环境信息是用来构建环境状态的一组信息和数据的集合。环境本身是客观物质的一个总称，通常指的环境是相对宏观的概念，比如生态环境、生活环境、室内环境等；而具体到校园环境，是指针对单一物体或者一个系统的数据对教学主题的影响。在智慧校园中，环境还应当包括网络、机械、人员等概念。这里所说的环境感知，是指在普适计算环境中，利用无线传感技术、通信技术、云计算和存储技术、移动互联网技术等多种信息化手段，使人和人、物和物、人和物、人和系统、系统和系统等多种环境组合达到“交流”和“对话”的效果。

本项目以苏州市职业大学校园环境感知系统为例，开发的主要目的是为了满足教学需要，为社会经济转型升级和快速发展的物联网产业培养高素质的技术人才。项目的建设不仅为高校建设智慧校园提供了成功的典型案例，更是为项目的产业化和推广提供了技术支持。

项目系统方案中，现有的组网通信系统未来可以向其他通信方式拓展，以方便开展全国范围的环境感知网络设计。由于预留了相应的接口，开发和教学相关人员可以综合利用卫星通信、Femto 基站、3G<E、WiFi 等多种通信网络和通信手段，实现有线和无线网络无缝融合，实现远距、高效和高质量传输，并针对特定行业的检测数据监测目标。

作为向社会、行业和科研一线输送力量的高校，环境感知技术在校园中的应用和相关系统的开发可以让教师和学生从应用和受用者的角度，深度切入这一系统的各个方面。从需求调研到软硬件开发，从系统测试到运营部署，从产业链上游的设计开发到下游的运营施工，均有涉及。高度的产学研综合性，不仅可以提高学校对于校园、人员、设备等环境因子的管理效率，也可以提升教学应用的可操作性和展示度。

项目分析与设计

1. 项目需求分析

该项目是基于苏州市职业大学申请中央财政支持的物联网技术综合实训基地建设项目。对于智慧校园环境感知系统的建设，应满足以下要求：

①符合整个基地建设规划的总体要求，完成校园环境感知实训室的建设任务。

②体现物联网技术的综合应用，包括数据采集、传输、存储、应用等方面，实现物联网在环境检测领域的实际部署和应用，展示物联网关键环节的新技术、新产品、新装备、新工艺和新的解决方案。

③要满足学校教学要求，能给学生提供一个物联网应用直观、感性的认识，特别是对物联网技术的四层层次架构有更深入的了解，并且通过开放的接口完成相关核心课程的实训任务。

④对采集的环境数据能够进行直观显示。通过对采集汇聚的数据进行挖掘、统计、分析，以更形象的方式展示在显示屏和移动终端设备上，包括手机、PAD等。

综上所述，随着物联网技术的发展以及企业应用的需求，从人员培养、人才输出、实训基地建设、专业建设与发展等各个方面对高校物联网专业提出了新要求，学校迫切需要从理论和实践两个方面完善物联网专业设置，满足企业培养创新型人才的需求。

2. 系统的总体方案

从物联网技术应用的完整性考虑，智慧校园环境感知系统的总体架构如图4-1所示。通过分析物联网在环境感知和智慧校园中的应用方式，建设一套完整的覆盖网络各个层次的系统。项目建设以构建典型业务示范为引导，主要包括基于传感器技术及RFID技术的感知节点部署，基于TD-SCDMA的3G移动通信平台的构建，基于SIP及软交换平台的的业务调度系统的搭建，基于云计算技术的智慧校园环境感知业务应用系统的研发。

从典型的四层架构应用分析，该体系架构中，第一层是环境感知层，通过分布在室内、室外的信息采集节点采集不同的环境参数，包括温度、湿度、光照度、CO_2浓度、水质污染状况等。第二层是数据网络通信层，通过网关节点汇集底层感知数据，并接入互联网络。第三层是数据存储层，对采集到的数据进行管理。第四层是数据表现层，借助网络和显示终端，包括移动通信和移动终端，将存储在服务器中的数据进行挖掘与分析，以更形象、更直观的图形、图表展示在显示终端。

感知层主要针对环境参数、人员位置、实地图景进行采集和感知。通过模块化设计的传感器网络，无线传感系统将外部信息传感、通信信号传输、网络协议转换和转发融为一体，并结合专业定制的TinyOS操作系统，完成无线传感器从软件到硬件的一体化解决方案。成熟的软/硬件方案将最大程度地满足智慧校园应用、无线传感相关开发以及针对物联网的科研要求。在终端传感类型中，系统将包括温度传感、湿度传感、光照传感、气体成分监测等。终端采集节点将感知数据通过短距离无线技术上传至传感接入网关，接入网关针对不同的数据类型和协议进行转换并上行转发至移动通信基站。经由3G无线通信网络，上行数据将通过基站交由核心网网关进行调度和处理。最终，传感信息送至云端，结

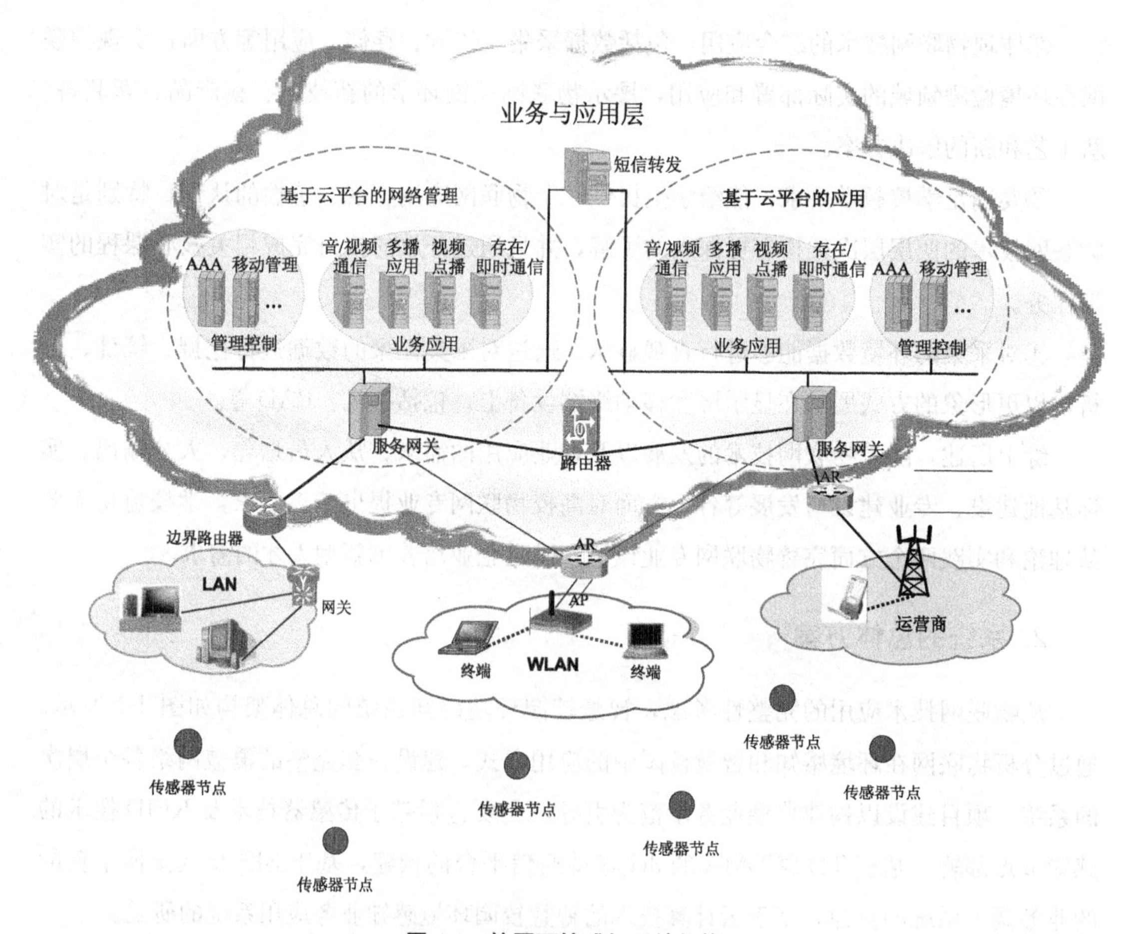

图 4-1 校园环境感知系统架构

合相关的传感业务系统进行信息解读和业务展示，如图 4-2 所示。

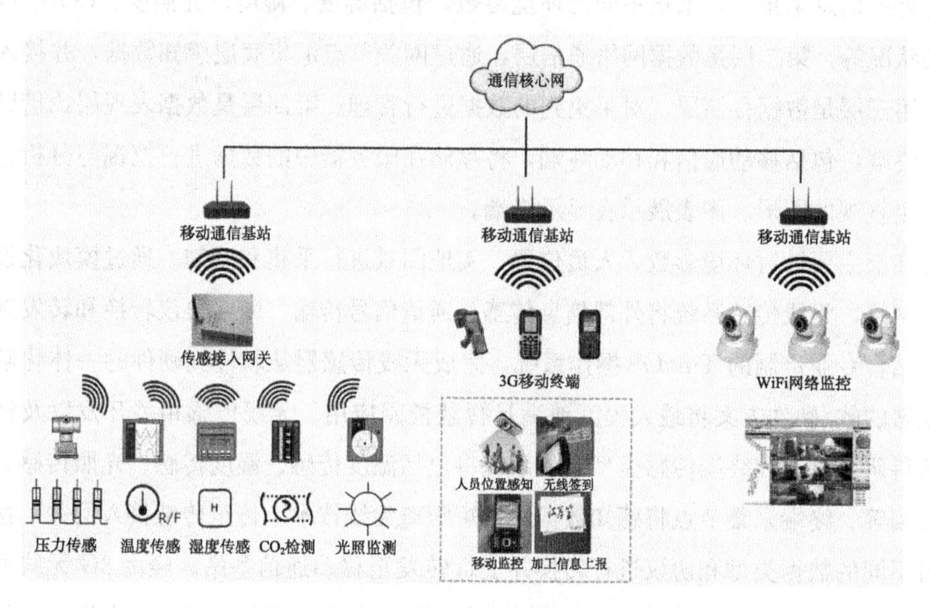

图 4-2 感知层设计

针对人员的感知和相关业务方面，系统结合现代移动通信的定位功能，综合人员定位、位置循迹、移动监控、位置签到等，形成人员管理信息一体化的新理念。移动智能终端（如 iPhone、Android、iPad 等）将利用其丰富的功能，为人员信息感知提供便利，终端设备配备的高清摄像头将为移动安防、智能监控提供视频采集的硬件保障。这就带来了高带宽的视频业务需求，因此网络性能要求较以往的无线通信网络更为苛刻。本系统提供的无线接入能力及相关的服务优先级保证成为一大亮点。另外，系统感知层将配合相关的特殊应用提供信息获取的方式。针对智能生产，感知接入将采集人员手写输入的信息采集并上传，为上层服务端的数据处理提供新的获取方式。

针对不同的实地场景形成不同的传感组合，比如在安置有特定设备的实验室，可以配合温度传感、湿度传感、电参数传感，形成设备存放安全监测的综合方案。另外，在比较敏感的地区，比如贵重设备或物品存放地点，采取签到进入、移动监控、光照监控等结合的方式，形成一套综合安防措施，实现安保自动化的预期目标。

随着物联网、移动互联网等新概念的发展，多网络融合成为必然趋势。在系统中，整体网络结构分为 3G 移动通信、传感器网络、PSTN、SIP、互联网 Internet 这几种不同的网络体系。由于业务和部署场景特殊性的需要，不同的网络内部将采取各异的网络协议和传输方式进行交互，给网络间的通信和信息传输带来了异构模式下的诸多技术难点，如图 4-3 所示。

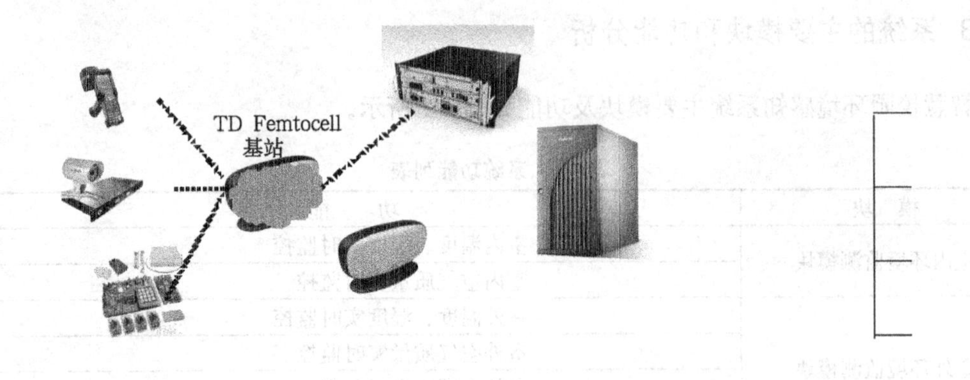

图 4-3　网络通信层设计

系统采用的云计算服务平台在硬件平台上依托计算所曙光高性能服务器，借助 XEN 和 VMWare 等云计算解决方案，结合物联网应用需求，完成搭建。本系统建设的物联网云计算服务平台架构如4-4图所示，共分为核心服务层、服务管理层、用户访问接口层等几个层次。

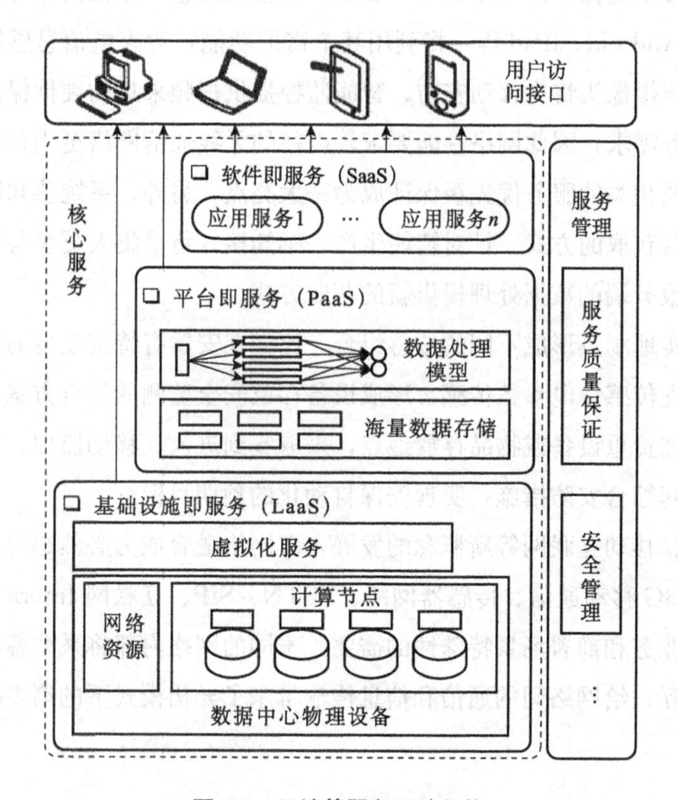

图4-4　云计算服务系统架构

3. 系统的主要模块和功能分析

智慧校园环境感知系统主要模块及功能如表4-1所示。

表4-1　系统功能列表

模　块	功　　能
室内环境监测模块	室内温度、湿度实时监控
	室内空气质量实时监控
室外环境监测模块	室外温度、湿度实时监控
	室外空气质量实时监控
	室外光照度实时监测
	基于终端GIS的节点全貌
数据分析与推送模块	基于位置信息的节点推送
	精细化的区域环境分析
	精细化的历史信息追溯
	环境指数评估
硬件资源管理模块	服务请求分发功能
	基于Socket的进程并发管理功能
	集群服务器增加、删除功能

续表

模　块	功　能
虚拟机资源动态管理与分配模块	虚拟机负载监控
	计算资源分配
	硬件资源管理模块通信接口
	虚拟机添加
	虚拟机删除
	虚拟机共享设置
	虚拟机类型管理
	虚拟机基本资源分配策略管理
系统负载监控模块	系统CPU占用率分析
	系统内存使用分析
	文件系统使用信息分析
	任务优先级管理
基于Android系统的数据获取与解析模块	移动端信息展示
	服务器端控制与管理

关键技术与相关知识

1. 无线传感器网络WSN技术

(1) 传感器网络高效能传输技术

实现在有线通信能力的条件下，对感知数据的高能效、高可靠的传输，包括以下内容：

①传感器网络复杂地表环境下的信道建模。

②高能效、高可靠地自适应调制编码。

③低复杂度干扰检测技术和动态自适应干扰避让技术。

④多频率多信道的传输协议及相关技术。

(2) 传感器网络组网关键技术

为多源多跳的信息传输选择优化网络路径，包括以下内容：

①节点动态部署技术、拓扑控制。

②分簇组网技术。

③动态休眠与组网技术联合设计。

④可配置多属性异构传感器组网技术。

⑤跨层优化组网协议。

⑥传感网拥塞控制技术。

⑦建立选择优化或近似优化通信路径的理论。

⑧适于通信路径重构的具有自适应性路由算法。

（3）高性能分布式计算

使用大量具有有限计算能力的传感器设计能源有效的高性能分布式算法，包括以下内容：

①最小化能源、时间、空间和通信复杂性的分布式算法。

②网络在线协同的信息检测和信息处理。

③高效率、能源有效、实时的海量感知数据流的查询、分析和挖掘的分布式算法。

④对感知对象进行网络在线协同的控制。

⑤提高节点的计算、处理能力。

（4）传感器网络的容错容迟、安全和维护

提高传感器网络软、硬件的强壮性、容错性和安全性，包括以下内容：

①无线传感器网络安全模型。

②安全协议设计。

③容侵、容错技术。

④密钥分配与管理。

⑤数量大、分布广的网络维护。

⑥容迟条件下的分布式消息投递、查询与存储技术。

2. 多模网络接入技术

接入传输层建立在现有的移动通信网和互联网基础上，主要完成信息的远距离传输等功能。接入传输层包括各种通信网络与互联网形成的融合网络。网络层是物联网的基础设施，有待解决的问题包括带宽、覆盖范围、移动性以及网络组织管理方式等方面，以及向下与感知层的结合，向上与应用层的结合。传输方式主要有以下几种形式：

①有线网：IPv6 扫清了可接入网络的终端设备在数量上的限制。互联网/电信网是物联网的核心网络、平台和技术支持。

②无线宽带网：Wi-Fi/WiMAX 等无线宽带技术覆盖范围较广，传输速度较快，为物联网提供高速、可靠、廉价且不受接入设备位置限制的互联手段。

③无线低速网：ZigBee/蓝牙/红外等低速网络协议能够适应物联网中能力较低的节点的低速率、低通信半径、低计算能力和低能量来源等特征。

④移动通信网：2G/3G/4G 网络。移动通信网络将成为“全面、随时、随地”传输信息的有效平台。高速、实时、高覆盖率、多元化处理多媒体数据，为“物品触网”创造条件。

目前，主流的接入传输层技术主要基于无线传输技术，包括以下几种：

①Wi-Fi 技术（IEEE 802.11 系列）：是普遍使用的传输技术，基于 CSMA/CA 模式，具有高带宽等特点，主要实现热点覆盖，但是在组网能力、终端功耗等方面具有致命弱点。

②GSM：称为第二代移动通信（2G）技术，具有广阔的网络覆盖，但是在传输带宽上具有相对的弱势，限制了部分物联网的应用。

③3G技术：基于码分多址CDMA技术。CDMA技术的原理是基于扩频技术，即将需传送的具有一定信号带宽的信息数据，用一个带宽远大于信号带宽的高速伪随机码进行调制，使原数据信号的带宽被扩展，经载波调制发送出去。接收端使用完全相同的伪随机码，与接收的带宽信号作相关处理，把宽带信号换成原信息数据的窄带信号（即解扩），实现信息通信。CDMA扩展了系统带宽，在4G技术成熟应用之前，是物联网应用的主要传输技术之一，主要包括TD-SCDMA、CDMA2000、WCDMA等技术。

④LTE技术：是未来无线通信的主流传输技术，是目前运营商主推的技术标准。它主要基于OFDM/MIMO构建，实现上每秒百兆比特的无线传输，具有高带宽、广覆盖、低时延等技术特点，是物联网传输层主流技术。LTE技术的主要技术指标如表4-2所示。

表4-2　LTE技术主要指标

LTE技术	指标要求	说　明
峰值速率	20MHz系统带宽下，下行100Mb/s，上行50Mb/s	上行2×1，下行2×2MIMO测试结果，与天线数目、部署方案、信道模型、系统配置等参数有关
控制面时延	小于100ms	从驻留状态转换到激活状态，时延小于100ms
用户面时延	小于5ms	单用户、单数据流、小IP分组条件下，单向时延小于5ms。时延的测试同样依赖于HARQ配置、网络负载等因素
用户容量	5MHz带宽下，最少支持200个用户；20MHz情况下，至少支持400个用户	激活状态用户数
移动性支持	350km/h，某些频段支持500km/h	120km/h以下，移动实现高性能；120～350km/h以下，能保持蜂窝网络的移动性
网络覆盖	典型500～1.7km宏蜂窝；5km以下能满足速率、移动性要求；在半径30km的小区中，性能小幅下降；100km小区，实现基本通信	
频谱灵活性	支持不同大小的频带尺寸，从1.4～20MHz的系统带宽	
与其他接入技术的异构组网	支持与3G网络之间的切换，切换中断时间小于30ms	
系统架构演进	单一基于分组的系统架构；避免单点失败；支持端到端的QoS保障	
MBMS	支持增强多播广播业务	

3. 专用云数据远程访问存储技术

由于物联数据流量激增，数据类型日益丰富，带来了系统数据存储及分析问题。本项目拟基于Hadoop架构，研究物联海量数据的分布式大数据存储架构。Hadoop的基本组成架构如图4-5所示。

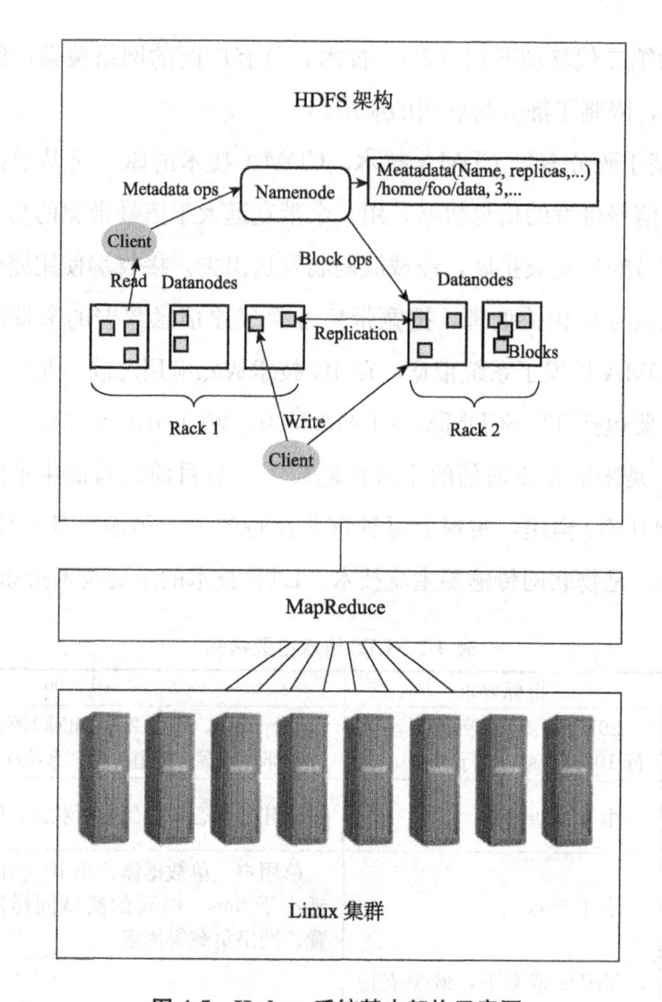

图 4-5 Hadoop 系统基本架构示意图

(1) 基于 HDFS 架构的分布式存储系统

其最底部是 Hadoop Distributed File System（HDFS，Hadoop 分布式文件系统），它存储 Hadoop 集群中所有存储节点上的文件。HDFS 的下一层是 MapReduce 引擎。

对柔性制造系统而言，HDFS 的作用与传统文件系统类似。通过 HDFS 系统，完成数据的创建、删除、移动以及重命名等传统文件系统提供的功能。HDFS 的架构如图 4-5 所示，是基于一组特定的节点构建的。这些节点包括 NameNode（名称节点），其作用类似于传统文件系统中的 iNode 节点，为 HDFS 内部提供元数据存储及检索服务；DataNode（数据节点）为 HDFS 提供存储块，通过分布式计算机集群完成数据的分布式存储。存储在 HDFS 中的文件被分成块，然后将这些块复制到多个计算机中（DataNode）。这与传统的 RAID 架构大不相同。块的大小和复制的块数量可以根据实际应用需求自行决定。NaomeNode完成对整个大数据系统内的所有数据的操作，DataNode 根据 NameNode 的控制指令提供数据。HDFS 内部的所有通信都基于标准的 TCP/IP 协议。

通常而言，NameNode 在 HDFS 实例中一般运行于单独的节点中。它负责管理文件系统名称空间和控制外部客户机的访问。NameNode 决定是否将文件映射到 DataNode 上的复制块上。对于最常见的 3 个复制块，第一个复制块存储在同一机架的不同节点上，最后一个复制块存储在集群中的某个节点上。实际的 I/O 事务并没有经过 NameNode，只有表示 DataNode 和块的文件映射的元数据经过 NameNode。当外部客户机发送请求要求数据操作时，NameNode 会以存储实际数据的 DataNode 的 IP 地址作为响应，交付数据操作请求应用，应用通过该 IP 直接请求 DataNote 完成数据操作。

NameNode 采用的存储架构为 FsImage（命名空间映像）镜像，该镜像中存储了所有关于数据空间的所有信息。FsImage 镜像和一个包含所有事务的日志文件存储在 NameNode 的本地文件系统上。FsImage 和日志文件通过备份手段，防止意外情况造成的数据丢失。

NameNode 与 DataNode 之间通过心跳机制同步。每条心跳消息包含一个块报告，NameNode根据这个报告验证块映射和其他文件系统元数据。如果 DataNode 发送心跳消息失败，NameNode 将系统备份，恢复该节点数据存储块。

Hadoop 集群的硬件支撑采用 Linux 集群架构实现。它通过集群拓扑控制决定如何在整个集群中分配数据操作作业任务和数据存储块。

（2）MapReduce 引擎

MapReduce 的作用是对 Linux 集群的硬件资源进行二次资源抽象，并对 HDFS 的请求任务进行分解，将分解的任务分配到不同的计算机上进行运算，高效地利用集群技术实现柔性制造系统多种数据类型存储架构下的高效业务数据查询。

MapReduce 的基本架构如图 4-6 所示，其主要部件为 Maper（映射器）和 Reducer（规约函数）。Maper 的作用是将任务分解成多个子任务，分配给 Linux 集群中的多个不同机器，以达到系统负载均衡的目的。Reducer 将分解执行后的任务结果汇总起来，得出最后的分析结果。从本质上讲，MapReduce 借鉴了多线程并行程序的设计思想。在 MapReduce 中，任务之间的关系分为两种：一种是不相关的任务，可以并行执行；另一种是任务之间相互依赖，先后顺序不能颠倒。对于具有依赖关系的任务，Maper 采用多种最佳路径规划算法规划子任务的执行顺序，保证任务分解执行的效率。此外，在 Linux 集群系统中，Linux 集群看作硬件资源池，Maper 将并行任务拆分，通过硬件资源管理器获取硬件资源的负载情况，并根据集群中的机器负载情况分配计算资源，能够极大地提高计算效率，并对其他子系统屏蔽了资源接口的复杂性，对于计算集群的扩展提供了最好的设计保证。

以数据划分的角度来看，每一个数据集合对应不同的操作，所以每一个数据集合作为一个单独的 map 输入 key/value 对中的 value。从计算任务的分配角度来看，由于只有一个数据无关的计算步，所以在设计 MapReduce 的两个主要步骤——任务分解和任务混合时，可以将计算任务放入其中任何一个步骤。从数据结构的设计方面来看，Maper 的输入

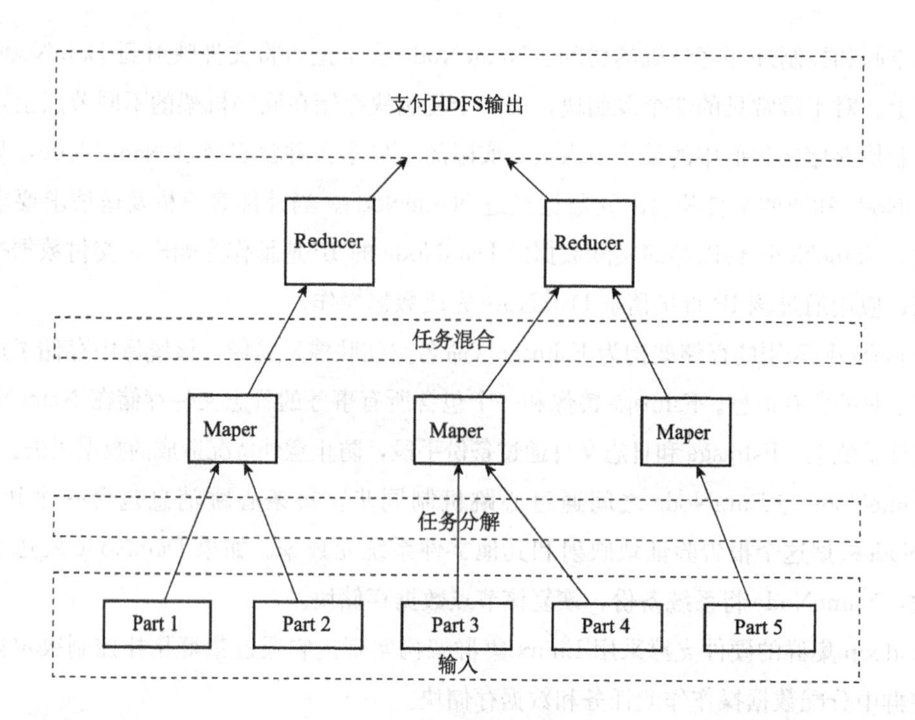

图 4-6 MaoReduce 架构示意图

数据中包含数据集合中的数据；另一方面，每个数据集合所要做的计算是不一样的，所以要有一个标识表示次数据集合要做什么计算。比如，用 1 作为第一组数据的标识，当发现标识为 1 时，对每个元素做先加后乘的运算，而且要有加法参数 a 和乘法参数 b 的信息。因此，在设计数据结构时，有两部分信息要考虑：①数据集合的参数和标识信息，即数据的特征信息；②数据集合本身的数据，即原始数据。

4. 基于 Unity3D 的虚拟现实技术

Unity3D 是一个多平台的虚拟现实开发工具，是一个全面整合的专业图像交互引擎，具有更优越的效果和更高的扩展空间。Unity 对 DirectX 和 0penGL 拥有高度优化的图形渲染管道。Unity 支持所有主要文件格式，并能和大部分相关应用程序协同工作。低端硬件亦可流畅运行广阔复杂的场景。Unity 内置的 NVIDIA 的 PhysX 物理引擎，能够带来逼真的互动感觉，实现三维图形混合音频流、视频流。Unity 具有柔和阴影与 lightmaps（光照映射图）功能的高度完善的光影渲染系统。Unity3D 引擎具备开发过程技术要求高，高级渲染效果和用户定制支持远远高于其他的优势，非常适合虚拟系统仿真在交互访问和逼真表现的需求。图 4-7 所示是室内虚拟现实展示的一个场景。

无论是基于什么样的 3D 引擎，在虚拟现实中都需要重点关注与攻克以下关键技术。

(1) 实时三维计算机图形技术

通过三维虚拟现实技术构建的智慧校园模型或智慧教室模式，其目的和实质就是为了

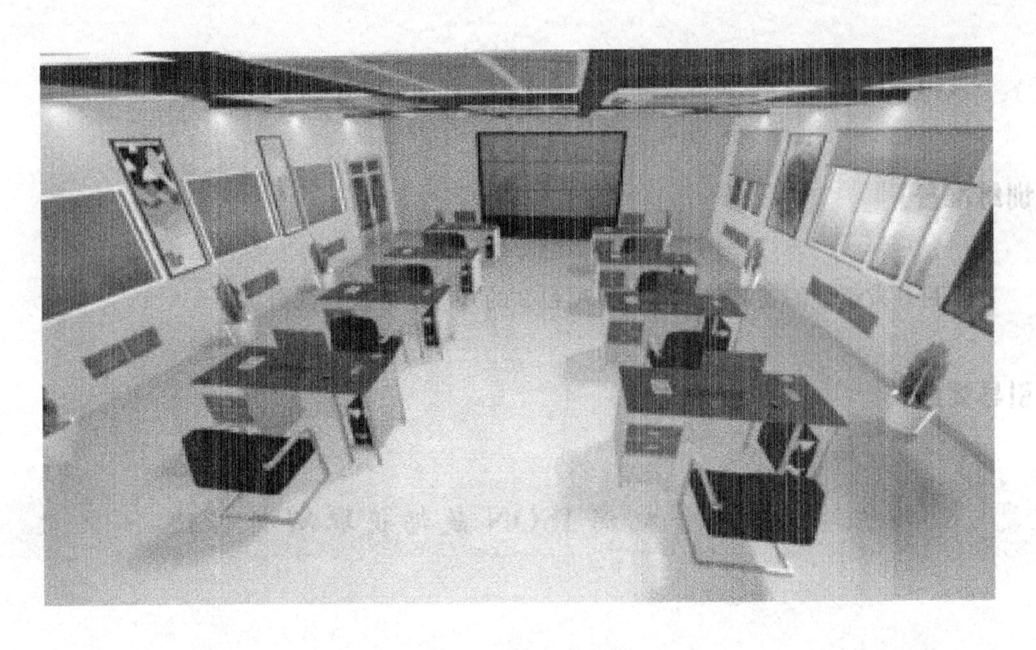

图 4-7　虚拟现实场景

更加直观、及时地获得智慧校园的感知信息。获得与发布这些信息的关键是实时。在快速转动过程中，图像的刷新相当重要，对图像质量的要求也很高，再加上非常复杂的虚拟环境，问题变得相当复杂。

（2）广角（宽视野）的立体显示

在智慧校园模型的中控系统中，三维场景规模较大，在对大范围的物体进行采集后，为了体现更好的立体效果，双目立体视觉起了很大作用。人的两只眼睛看到的不同图像是分别产生的，显示在不同的显示器上。有的系统采用单个显示器，但用户戴上特殊的眼镜后，一只眼睛只能看到奇数帧图像，另一只眼睛只能看到偶数帧图像，奇、偶帧之间的不同形成视差，产生了立体感。

（3）触觉与力觉反馈

在一个虚拟现实系统中，用户可以看到一个虚拟的杯子。如果足够逼真的话，应当营造出身临其境的效果，但是人的手没有真正接触环境的感觉，并有可能穿过虚拟环境的“表面”，这在现实生活中是不可能的。为了更加逼真与真实，可以部分考虑安装一些可以振动的触点来模拟触觉。

（4）跟踪头部运动的虚拟现实头套

利用头部跟踪来改变图像的视角，人的视觉系统和运动感知系统之间就可以联系起来，感觉更逼真。另一个优点是，人不仅可以通过双目立体视觉去认识环境，而且可以通过头部的运动去观察环境。

项目实施

【训练准备】

本项目开发环境的安装与配置参见项目 2 的【训练准备】部分。

【引导训练】

任务 4-1　手机端 JSON 数据获取解析实验

1. 任务描述

通过调取及读取存储在智慧校园应用数据服务器中的数据，完成智慧校园环境感知推送 Web 服务器的搭建，并在应用端完成数据的获取及解析处理。所涉及的关键技术操作包括以下内容：

①智慧校园环境感知系统推送 Web 服务器的搭建。

②Android 端智慧校园感知系统环境服务器数据的获得。

③Android 端智慧校园感知数据的抽象解析方法。

2. 学习目的

①学习 Java 以及 Tomcat 服务器的部署。

②Android 端服务器数据的获取。

③感知数据的数据抽象及解析方法。

④通过本模块的独立学习与实验，掌握系统后台部署的技术实训。

3. 实现方法及步骤

①Tomcat 安装包下载，下载地址：http：//tomcat. apache. org/download-70. cgi。请下载 64 位版本。

②将下载后的 Tomcat 解压到 C 盘根目录下。

③更改 Tomcat 端口：打开 C：\ Program Files \ apache-tomcat-7. 0. 39 \ conf 目录下的 server. xml 文件，如图 4-8 所示，并按图 4-9 所示修改。

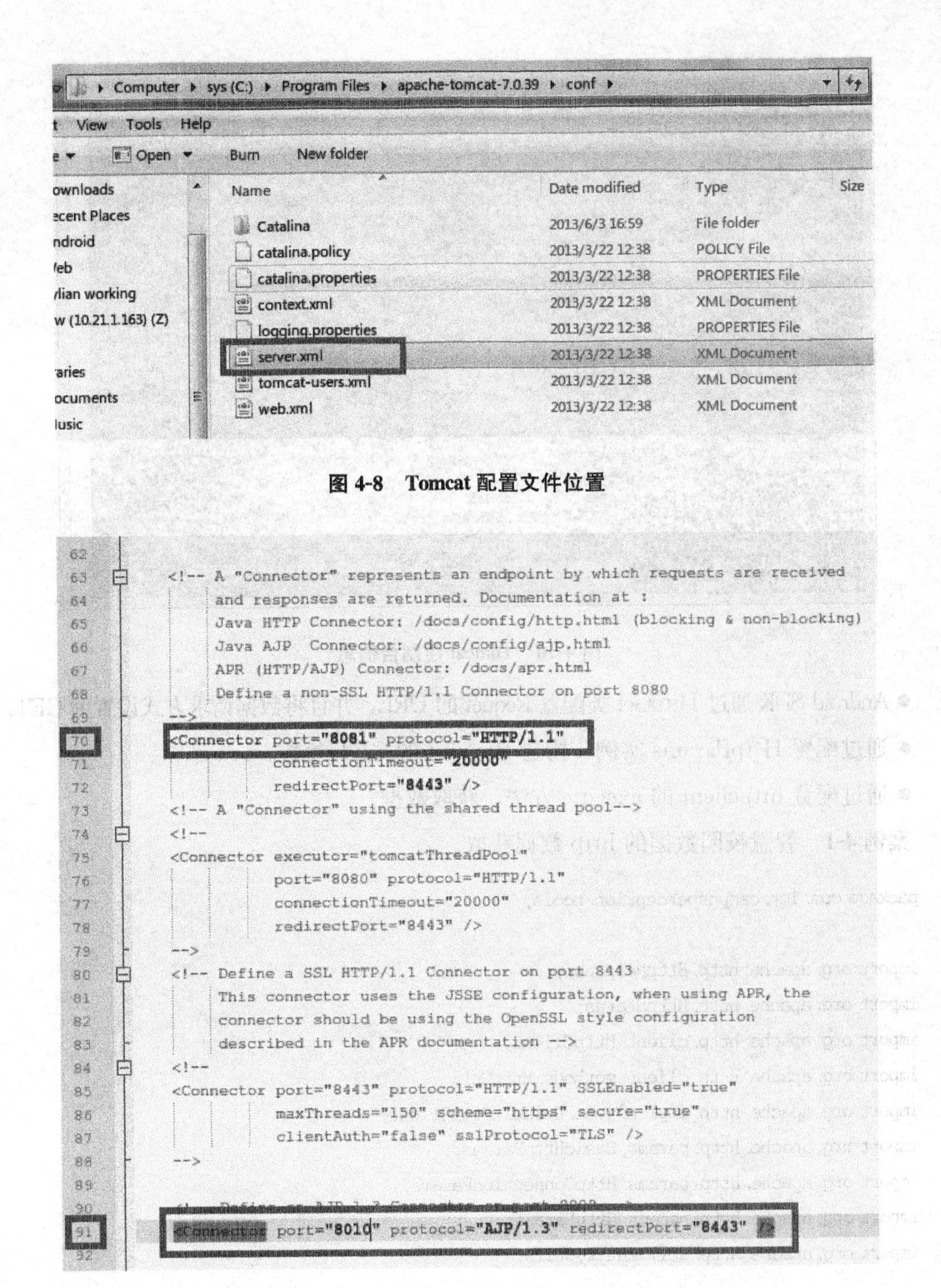

图 4-8　Tomcat 配置文件位置

图 4-9　配置文件参数修改说明

④双击 bin 目录下的 startup. bat，启动系统。

⑤服务器控制台中无错误 log 信息，表示服务器成功启动，如图 4-10 所示。

⑥将 war 文件复制到 Tomcat 安装目录下的 webapps 文件下，完成项目部署。

⑦通过 Android SDK 的 HttpResponse 方法获取 http 服务器传输的智能传感数据。

Android SDK 通过向 Http 服务器发送 HttpRequest 的方式获取数据，其主要流程为：

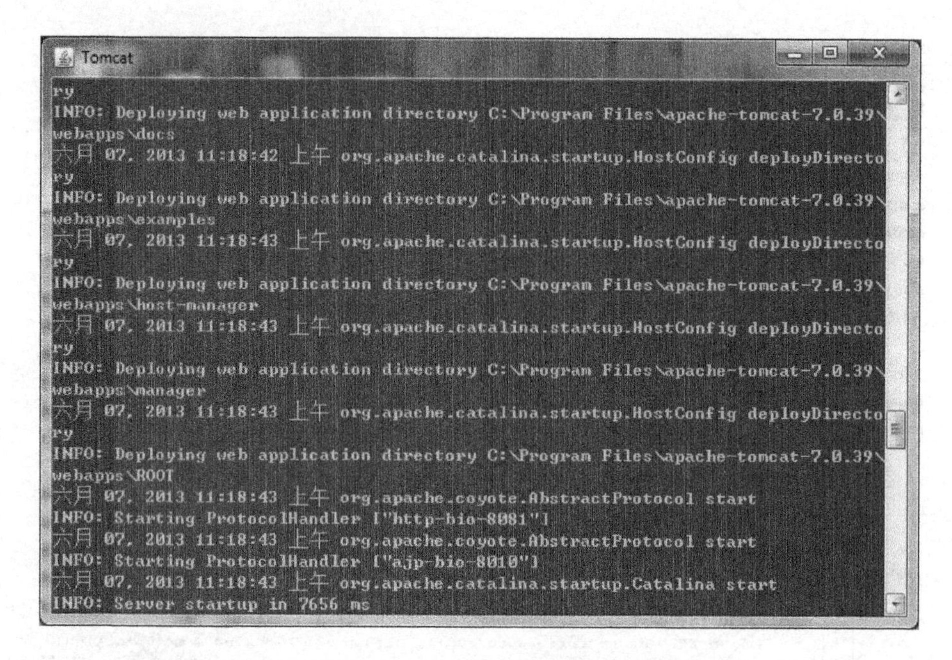

图 4-10 Tomcat 控制台信息

- Android SDK 通过 HttpGet 类配置 Requet 的 URL，并且将数据请求方式设置为 GET。
- 通过配置 HttpParams 实例，构造 Request 的 GET 参数。
- 通过配置 httpclient 的 execute 方法，获取数据。

案例 4-1 智慧校园数据的 http 数据获取。

```
package com.ict.campusperception.tools;

import org.apache.http.HttpResponse;
import org.apache.http.HttpStatus;
import org.apache.http.client.HttpClient;
import org.apache.http.client.methods.HttpGet;
import org.apache.http.impl.client.DefaultHttpClient;
import org.apache.http.params.BasicHttpParams;
import org.apache.http.params.HttpConnectionParams;
import org.apache.http.params.HttpParams;
import org.apache.http.util.EntityUtils;

import android.os.StrictMode;

//获取 Http 数据的 Class
public class GetService {

    public static String getHttpJSON(String url){
```

```
        StrictMode.setThreadPolicy(new StrictMode.ThreadPolicy.Builder()
        .detectDiskReads()
        .detectDiskWrites()
        .detectNetwork()
        .penaltyLog()
        .build());

        //配置服务器的 URL
        HttpGet httpRequest = new HttpGet(url);
        try {
            //配置基本配置参数
            HttpParams params = new BasicHttpParams();
            HttpConnectionParams.setConnectionTimeout(params, 5 * 1000);
            HttpConnectionParams.setSoTimeout(params, 8 * 1000);
            HttpConnectionParams.setSocketBufferSize(params, 8192);

            //获取服务器的返回值
            HttpClient httpclient = new DefaultHttpClient(params);
            HttpResponse httpResponse = httpclient.execute(httpRequest);

            if (httpResponse.getStatusLine().getStatusCode() == HttpStatus.SC_OK) {
                String jsonStr = EntityUtils.toString(httpResponse.getEntity(),
                        "UTF-8");
                return jsonStr;
            }
        } catch (Exception e) {
            e.printStackTrace();
            System.out.println("error on getHttpJSON : " + e.getMessage());
        }
        return null;
    }
}
```

⑧完成对 http 获取数据的解析。通过 DAO 数据抽象的概念进行数据封装，并完成数据解析。

案例 4-2 智慧校园感知数据的封装解析。

```
package com.ict.campusperception.tools;

import java.util.ArrayList;
import org.json.JSONArray;//json 数据类
import org.json.JSONException;
```

```
import org.json.JSONObject;//json解析类

//数据抽象类
import com.ict.campusperception.databean.AirDataForJson;
import com.ict.campusperception.databean.AirListJson;
import com.ict.campusperception.databean.AirMes;
import com.ict.campusperception.databean.CO2DataForJson;
import com.ict.campusperception.databean.CO2ListJson;
import com.ict.campusperception.databean.CO2Mes;
import com.ict.campusperception.databean.LatestAirJson;
import com.ict.campusperception.databean.LatestCO2Json;
import com.ict.campusperception.databean.NodeInfoForJson;
import com.ict.campusperception.databean.NodeListJson;

public class JsonService {
    private static String json_to_parse = "";

    public static LatestAirJson getData(LatestAirJson msg_json, String http, String id) {
        //为数据传输对象初始化成员对象
        AirDataForJson msg = new AirDataForJson();
        NodeInfoForJson node = new NodeInfoForJson();
        //解析 json 并填入对应成员对象
        System.out.println(http + "latestairmes?id = " + id + "");
        json_to_parse = GetService.getHttpJSON(http + "latestairmes?id = " + id + "");
        if(json_to_parse = = null)
        {
            System.out.println("json meiyou huoqu");
            return null;
        }
        try {
             JSONObject j_root = new JSONObject(json_to_parse);
             JSONObject j_msg = (JSONObject) j_root.get("airmes");
             JSONObject j_node = (JSONObject) j_root.get("node");

             msg.setMoteid_ID(j_msg.getInt("moteid_ID"));
//
msg.setTimestampArrive_TM(Timestamp.valueOf(j_msg.getString("timestampArrive_TM")));
            msg.setTemperature_ID(j_msg.getInt("temperature_ID"));
            msg.setHumidity_ID(j_msg.getInt("humidity_ID"));
            msg.setLight_ID(j_msg.getInt("light_ID"));
            msg.setADC_Valtage_ID(j_msg.getInt("ADC_Valtage_ID"));
            int nodeID = j_node.getInt("moteid_ID");
```

```
            node.setMoteid_ID(nodeID);
            node.setMoteid_Type((nodeID % 1000)>800?2:1);
            node.setLatitude(j_node.getDouble("latitude"));
            node.setLongitude(j_node.getDouble("longitude"));
        } catch (JSONException e) {
            System.out.println("json jiexi shibai");
            e.printStackTrace();
            return null;
        }
        //为数据传输对象填充成员对象
        msg_json.setLatest_msg_json(msg);
        msg_json.setLatest_node_json(node);
        //返回数据传输对象
        return msg_json;
    }

    public static LatestCO2Json getData(LatestCO2Json msg_json, String http, String id) {
        //为数据传输对象初始化成员对象
        CO2DataForJson msg = new CO2DataForJson();
        NodeInfoForJson node = new NodeInfoForJson();
        //解析 json 并填入对应成员对象
        json_to_parse = GetService.getHttpJSON(http + "latestco2mes?id=" + id + "");
        if(json_to_parse == null)
            return null;
        try {
            JSONObject j_root = new JSONObject(json_to_parse);
            JSONObject j_msg = (JSONObject) j_root.get("co2mes");
            JSONObject j_node = (JSONObject) j_root.get("node");

            msg.setMoteid_ID(j_msg.getInt("moteid_ID"));
//
    msg.setTimestampArrive_TM(Timestamp.valueOf(j_msg.getString("timestampArrive_TM")));
            msg.setCO2_ID(j_msg.getInt("CO2_ID"));
            msg.setADC_Valtage_ID(j_msg.getInt("ADC_Valtage_ID"));
            int nodeID = j_node.getInt("moteid_ID");
            node.setMoteid_ID(nodeID);
            node.setMoteid_Type((nodeID % 1000)>800?2:1);
            node.setLatitude(j_node.getDouble("latitude"));
            node.setLongitude(j_node.getDouble("longitude"));
        } catch (JSONException e) {
            e.printStackTrace();
            return null;
```

```
        }
        //为数据传输对象填充成员对象
        msg_json.setLatest_msg_json(msg);
        msg_json.setLatest_node_json(node);
        //返回数据传输对象
        return msg_json;
    }

    //type: dayavgairmes 过去24小时 weekavgairmes 过去7天 monthavgairmes 过去30天 yearavgairmes 过去12个月
    public static AirListJson getData(AirListJson msg_list_json, String http, String id, long datetime, String type) {
        //为数据传输对象初始化成员对象
        ArrayList<AirMes> msg_list = new ArrayList<AirMes>();
        msg_list_json = new AirListJson();
        //解析json并填入对应成员对象
    System.out.println("ccccccccccccccccccc1221" + http + "" + type + "?id=" + id + "&datetime=" + datetime + "");
    json_to_parse = GetService.getHttpJSON(http + "" + type + "?id=" + id + "&datetime=" + datetime + "");
        if(json_to_parse == null)
            return null;
        try {
            JSONObject j_root = new JSONObject(json_to_parse);
            JSONArray j_msglist = (JSONArray) j_root.get("airmeslist");
            for (int i = 0; i < j_msglist.length(); ++i) {
                JSONObject j_msg = (JSONObject) j_msglist.get(i);
                AirMes msg = new AirMes();
                msg.setMoteid_ID(j_msg.getString("moteid_ID"));
                msg.setTimestampArrive_TM(j_msg.getString("timestampArrive_TM"));
                msg.setTemperature_AVG(j_msg.getString("temperature_AVG"));
                msg.setHumidity_AVG(j_msg.getString("humidity_AVG"));
                msg.setLight_AVG(j_msg.getString("light_AVG"));
                msg_list.add(msg);
            }
        } catch (JSONException e) {
            e.printStackTrace();
            return null;
        }
        //为数据传输对象填充成员对象
        msg_list_json.setMsg_list(msg_list);
        //返回数据传输对象
```

```
        return msg_list_json;
    }

    //type: dayavgco2mes 过去 24 小时 weekavgco2mes 过去 7 天 monthavgco2mes 过去 30 天 yearavgco2mes 过去 12 个月
        public static CO2ListJson getData(CO2ListJson msg_list_json, String http, String id, long datetime, String type) {
            //为数据传输对象初始化成员对象
            ArrayList<CO2Mes> msg_list = new ArrayList<CO2Mes>();
            msg_list_json = new CO2ListJson();
            //解析 json 并填入对应成员对象
    json_to_parse = GetService.getHttpJSON(http + "" + type + "?id = " + id + "&datetime = " + datetime + "");
            if(json_to_parse = = null)
                return null;
            try {
                JSONObject j_root = new JSONObject(json_to_parse);
                JSONArray j_msglist = (JSONArray) j_root.get("co2meslist");
                for (int i = 0; i < j_msglist.length(); + + i) {
                    JSONObject j_msg = (JSONObject) j_msglist.get(i);
                    CO2Mes msg = new CO2Mes();
                    msg.setMoteid_ID(j_msg.getString("moteid_ID"));
    msg.setTimestampArrive_TM(j_msg.getString("timestampArrive_TM"));
                     msg.setCO2_AVG(j_msg.getString("CO2_AVG"));

                     msg_list.add(msg);
                }
            } catch (JSONException e) {
                e.printStackTrace();
                return null;
        }
                //为数据传输对象填充成员对象
                msg_list_json.setMsg_list(msg_list);
                //返回数据传输对象
                return msg_list_json;
            }

    public static CO2ListJson getData(CO2ListJson msg_list_json, String http, double longitude, double latitude, long datetime) {
            //为数据传输对象初始化成员对象
            ArrayList<CO2Mes> msg_list = new ArrayList<CO2Mes>();
            //解析 json 并填入对应成员对象
```

```
json_to_parse = GetService.getHttpJSON(http + "areaco2mes?longitude = " + longitude + "&latitude
= " + latitude + "&datetime = " + datetime + "");
        if(json_to_parse = = null)
          return null;
        try {
            JSONObject j_root = new JSONObject(json_to_parse);
              JSONArray j_msglist = (JSONArray) j_root.get("co2meslist");
              for (int i = 0; i < j_msglist.length(); + + i) {
                  JSONObject j_msg = (JSONObject) j_msglist.get(i);
                  CO2Mes msg = new CO2Mes();
                  msg.setMoteid_ID(j_msg.getString("Moteid_ID"));
msg.setTimestampArrive_TM(j_msg.getString("TimestampArrive_TM"));
                      msg.setCO2_AVG(j_msg.getString("CO2_AVG"));

                      msg_list.add(msg);
              }
        } catch (JSONException e) {
              e.printStackTrace();
              return null;
        }
        //为数据传输对象填充成员对象
        msg_list_json.setMsg_list(msg_list);
        //返回数据传输对象
        return msg_list_json;
    }

public static AirListJson getData(AirListJson msg_list_json, String http, double longitude,
double latitude, long datetime) {
        //为数据传输对象初始化成员对象
        ArrayList<AirMes> msg_list = new ArrayList<AirMes>();
        //解析 json 并填入对应成员对象

json_to_parse = GetService.getHttpJSON(http + "areaairmes?longitude = " + longitude + "&latitude
= " + latitude + "&datetime = " + datetime + "");
        if(json_to_parse = = null)
            return null;
        try {
              JSONObject j_root = new JSONObject(json_to_parse);
              JSONArray j_msglist = (JSONArray) j_root.get("airmeslist");
              for (int i = 0; i < j_msglist.length(); + + i) {
                  JSONObject j_msg = (JSONObject) j_msglist.get(i);
                      AirMes msg = new AirMes();
```

```
                        msg.setMoteid_ID(j_msg.getString("moteid_ID"));

    msg.setTimestampArrive_TM(j_msg.getString("timestampArrive_TM"));
                        msg.setTemperature_AVG(j_msg.getString("temperature_AVG"));
                        msg.setHumidity_AVG(j_msg.getString("humidity_AVG"));
                        msg.setLight_AVG(j_msg.getString("light_AVG"));

                        msg_list.add(msg);
                    }
                } catch (JSONException e) {
                    e.printStackTrace();
                    return null;
                }
                //为数据传输对象填充成员对象
                msg_list_json.setMsg_list(msg_list);
                //返回数据传输对象
                return msg_list_json;
            }

    public static NodeListJson getData(NodeListJson msg_list_json, String http, double longitude,
double latitude, int r) {
                //为数据传输对象初始化成员对象
                ArrayList<NodeInfoForJson> msg_list = new ArrayList<NodeInfoForJson>();
                //解析 json 并填入对应成员对象

    json_to_parse = GetService.getHttpJSON(http + "nodelist?longitude = " + longitude + "&latitude
= " + latitude + "&r = " + r + "");
                if(json_to_parse = = null)
                  return null;
                try {
                    JSONObject j_root = new JSONObject(json_to_parse);
                    JSONArray j_msglist = (JSONArray) j_root.get("nodelist");
                    for (int i = 0; i < j_msglist.length(); + + i) {
                        JSONObject j_msg = (JSONObject) j_msglist.get(i);
                        NodeInfoForJson msg = new NodeInfoForJson();
                        int nodeID = j_msg.getInt("moteid_ID");
                        msg.setMoteid_ID(nodeID);
                        msg.setMoteid_Type((nodeID % 1000)>800?2:1);
                        msg.setLongitude(j_msg.getDouble("longitude"));
                        msg.setLatitude(j_msg.getDouble("latitude"));

                        msg_list.add(msg);
```

```
            }
        } catch (JSONException e) {
        e.printStackTrace();
        return null;
        }
        //为数据传输对象填充成员对象
        msg_list_json.setNode_list(msg_list);
        //返回数据传输对象
        return msg_list_json;
    }

    public static NodeListJson getData(NodeListJson msg_list_json, String http, String search_url) {
        //为数据传输对象初始化成员对象
        ArrayList<NodeInfoForJson> msg_list = new ArrayList<NodeInfoForJson>();
        //解析 json 并填入对应成员对象
        json_to_parse = GetService.getHttpJSON(http + search_url);
        if(json_to_parse == null)
          return null;
        try {
            JSONObject j_root = new JSONObject(json_to_parse);
            JSONArray j_msglist = (JSONArray) j_root.get("nodelist");
            for (int i = 0; i < j_msglist.length(); ++i) {
                JSONObject j_msg = (JSONObject) j_msglist.get(i);
                NodeInfoForJson msg = new NodeInfoForJson();

                int nodeID = j_msg.getInt("moteid_ID");
                msg.setMoteid_ID(nodeID);
                msg.setMoteid_Type((nodeID % 1000)>800?2:1);
                msg.setLongitude(j_msg.getDouble("longitude"));
                msg.setLatitude(j_msg.getDouble("latitude"));

                msg_list.add(msg);
            }
        } catch (JSONException e) {
          e.printStackTrace();
          return null;
        }
        //为数据传输对象填充成员对象
        msg_list_json.setNode_list(msg_list);
        //返回数据传输对象
        return msg_list_json;
```

```
}

public static AirMes getData(AirMes msg,String http, String url) {
    //解析 json 并填入对应成员对象
    json_to_parse = GetService.getHttpJSON(http + url);
    if(json_to_parse = = null)
      return null;
    try {
        JSONObject j_root = new JSONObject(json_to_parse);
        JSONObject j_msg = (JSONObject) j_root.get("airmes");

        msg.setTimestampArrive_TM(j_msg.getString("timestampArrive_TM"));
        msg.setTemperature_AVG(j_msg.getString("temperature_AVG"));
        msg.setHumidity_AVG(j_msg.getString("humidity_AVG"));
        msg.setLight_AVG(j_msg.getString("light_AVG"));
      } catch (JSONException e) {
          e.printStackTrace();
          return null;
      }
      //返回数据传输对象
      return msg;
  }

public static CO2Mes getData(CO2Mes msg,String http, String url) {
      //解析 json 并填入对应成员对象
      json_to_parse = GetService.getHttpJSON(http + url);
      if(json_to_parse = = null)
      {
          System.out.println(http + url);
          return null;
      }
      try {
          JSONObject j_root = new JSONObject(json_to_parse);
          JSONObject j_msg = (JSONObject) j_root.get("co2mes");

              msg.setTimestampArrive_TM(j_msg.getString("timestampArrive_TM"));
              msg.setCO2_AVG(j_msg.getString("CO2_AVG"));
      } catch (JSONException e) {
          e.printStackTrace();
          return null;
      }
      //返回数据传输对象
```

```
        return msg;
    }
```

【引导训练考核评价】

本项目的“引导训练”考核评价内容见表 4-3。

表 4—3 “引导训练”考核评价表

	考核内容	所占分值	实际得分
考核要点	1. 熟知安卓开发技术，3G 网络通信的原理以及云计算的实现过程	5	
	2. 能够合作完成智慧校园环境感知系统的需求分析	15	
	3. 能够说明和设计智慧校园环境感知系统的体系结构	15	
	4. 学会智能校园环境感知系统主要模块的功能分析以及可行性分析	15	
	5. 学会智慧校园环境感知系统 Android 端服务器数据的获取	15	
	6. 学会智慧校园环境感知系统感知数据的抽象以及解析方法	35	
	小计	100	
评价方式	自我评价	小组评价	教师评价
考核得分			
存在的主要问题			

【同步训练】

任务 4-2 智慧校园环境感知系统数据获取及解析

1. 校园感知系统 Android 端

校园环境感知系统移动端包括 Android 操作系统和 IOS 苹果操作系统。表 4-3 所示为基于 Android 操作系统的校园感知系统功能模块。

表 4-4 基于 Android 操作系统的校园感知系统功能模块

地图信息显示	实时信息显示	历史信息显示	指数信息显示
温度历史数据分析模块	湿度历史数据分析模块	光照历史数据分析模块	CO_2 浓度历史数据分析模块
温度数据实时显示模块	湿度数据实时显示模块	光照数据实时显示模块	CO_2 浓度数据实时显示模块

续表

地图信息显示	实时信息显示	历史信息显示	指数信息显示
Andriod 客户端数据解析模块			
Andriod 客户端网络服务器模块			
数据解析接口模块			
用户权限控制模块			
关系数据库抽象层模块			
服务器接入控制管理模块			

基于 Android 操作系统的校园感知系统移动端如图 4-11 所示。

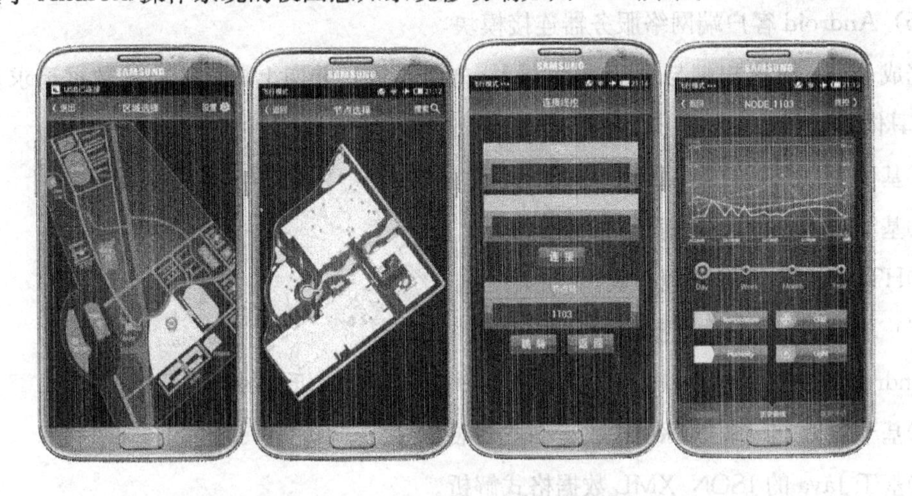

图 4-11　校园感知系统移动端展示图

（1）服务器接入控制管理模块

服务器接入控制管理模块完成数据访问请求的分发，根据请求的不同获取不同的业务数据，其功能包括：

①业务数据请求响应。

②业务请求类型判断。

③业务数据与数据存储模块交互接口。

（2）关系数据库抽象层模块。

关系数据库抽象层模块完成对业务请求逻辑的数据请求封装，具体包括：

①业务逻辑 DDL 定义。

②业务逻辑数据库统一管理接口。

③业务逻辑 DDL 扩展接口。

④业务逻辑 DDL Wrap 接口。

（3）用户权限控制模块。

用户权限管理完成对不同业务的数据访问范围的鉴别，并分配给不同的数据库访问角色，具体功能包括：

①用户的应用权限鉴别。

②应用用户角色到数据库访问角色的映射。

（4）数据接口解析模块

实现数据库数据到 Android 客户端接口数据格式的转换，具体包括：

①JSON/XML 数据格式封装。

②JSON/XML 数据格式解析。

（5）Android 客户端网络服务器连接模块

完成 Android 客户端与服务器端的网络通信模块，并向上提供统一的数据请求及发送 API，具体包括：

①基于 UDP 接口的数据发送封装。

②基于 TCP 接口的数据发送封装。

③HTTP 数据请求处理封装。

（6）Android 客户端数据解析模块

Android 客户端的数据解析模块完成客户端的数据解析及封装，具体包括：

①基于 Java 的 JSON/XML 数据格式封装。

②基于 Java 的 JSON/XML 数据格式解析。

（7）温度数据实时显示模块

①显示温度当前的实时数据。

②温度过高报警功能。

③温度过低报警功能。

（8）温度数据历史数据分析模块

①温度历史数据折线显示。

②多颜色区分显示。

（9）湿度数据实时显示模块

①显示湿度当前的实时数据。

②湿度过高报警功能。

③湿度过低报警功能。

（10）湿度传感器历史数据分析模块

①湿度历史数据折线显示。

②多颜色区分显示。

（11）光照信息实时显示模块

①显示光照信息的实时数据。

②光照质量过低报警。

(12) 光照信息历史数据分析模块

①光照历史数据折线显示。

②多颜色区分显示。

(13) 基于地图的信息集成显示

基于地图形式的传感器节点及其信息展示。

2. 校园感知系统 Server 端

校园感知系统 Server 端提供基于 Web 方式的整体系统访问入口，提供所有业务的 Web 访问方式，并提供对现有系统的集成服务。系统在上述两个方面进行了设计，使得可以有效地集成现有系统。表 4-5 所示是校园感知系统 Server 端功能模块，主要实现系统集成和 Web 推送。

表 4-5　校园感知系统 Server 端功能模块

<table>
<tr><td rowspan="5">中央控制服务器数据存储及解析</td><td colspan="12">基于数据的指数分析评估模块</td></tr>
<tr><td colspan="3">温度历史数据分析模块</td><td colspan="3">湿度历史数据分析模块</td><td colspan="3">光照历史数据分析模块</td><td colspan="3">CO_2 浓度历史数据分析模块</td></tr>
<tr><td colspan="3">温度数据实时显示模块</td><td colspan="3">湿度数据实时显示模块</td><td colspan="3">光照数据实时显示模块</td><td colspan="3">CO_2 浓度数据实时显示模块</td></tr>
<tr><td colspan="4">基于 Web 的客户端 Session 管理模块</td><td colspan="4">基于 Web 的异步服务器实时数据推送模块</td><td colspan="4">基于 WebSocket 的实时数据推送模块</td></tr>
<tr><td colspan="3">基于 Java Com 的数据解析模块</td><td colspan="3">基于 ActiveX Plugins 的系统集成调用模块</td><td colspan="3">基于 Silverlinght 技术的系统集成调用模块</td><td colspan="3">基于 Adobe Air 技术的 Web 集成调用模块</td></tr>
</table>

(1) 基于 Web 的客户端 Session 管理模块

基于 Web 客户端的 Session 管理模块实现对 Web 连接的持久化管理。

(2) 基于 Web 的异步服务器实时数据推送模块

基于 Web 的异步服务器实时数据推送模块借助 JDK7 的 HTTP 异步传输能力，并借助 JavaScript 的 XMLHttpRequest 对象，完成对旧版本浏览器的实时推送。

(3) 基于 WebSocket 的实时数据推送模块

对于支持 HTML5 标准的浏览器，借助 WebSocket 技术，实现高效的数据实时推送。

(4) 基于 Java Com 的数解析模块

基于 Java Com 组建技术完成对基于微软技术的现有系统的集成。

(5) 基于 Java 的系统集成模块

数据解析模块完成与中央控制服务其数据存储及解析的支持。

【同步训练考核评价】

本项目的“同步训练”考核评价内容见表 4-6。

表 4-6 “同步训练”考核评价表

任务名称	智慧校园环境感知系统数据获取及解析			
任务完成方式	【 】小组合作完成		【 】个人独立完成	
同步训练任务完成情况评价				
自我评价		小组评价		教师评价
存在的主要问题				

【想一想 练一练】

智慧校园的建设与传统的行业信息化相比，具有更高的技术需求，其原因在于大部分系统使用者对技术熟悉和了解需求较高，并且系统应用频繁。在整个智慧校园环境中，数据的采集和分析非常重要。针对校园环境下的系统应用主题以及校园的教学特色，智慧校园的信息应当围绕管理者、教师、学生以及家长展开。抛开技术的体系框架，主要的项目内容应当集中在教学部分，学校信息化追求的终极目标是实现“教与学”，核心是“学”。

想一想，在本项目中，第一步实现典型的校园环境感知，未来需要参照目前已经构建的智慧校园的系统体系框架，加入更多的感知信息。学生可以考虑从自身的角度出发，提出智慧校园的信息化需求，也可以试着从管理者、教师等角度，了解、搜集、整理智慧校园的业务系统需求。此外，熟悉和了解现有的技术框架结构，通过自学，了解基于公网的智慧校园构建方法，撰写并提交技术报告。

知识拓展

智慧校园是物联网技术、云计算技术、大数据技术在行业中的具体应用。在《国家中长期科学和技术发展规划纲要（2006—2020 年）》的信息技术部分，明确要求“以应用需求为导向，重视和加强集成创新，开发支撑和带动现代服务业发展的技术和关键产品，促进传统产业的改造和技术升级。”智慧校园项目的建设，需要借助信息技术的发展，强调与教育信息化的融合，借助教育信息化提升教育产业的信息化水平，促进教育产业信息技术的换代升级。同时，在“纲要”中重点强调要发展传感器、新一代宽带移动通信以及超级计算等技术，将物联网、云计算、大数据等技术成果融入到教育信息化的产业中，在智慧校园建设的技术创新目标中有所体现。因此，未来的智慧校园建设需要以科技纲要为指导，实现教育信息化的产业发展深度融合。

在技术体系部分，除了需要具备先进的教育理念和应用技术外，还应当具备与产业技术相结合的基础和实力。将微课程、视频教学、游戏教学、电子书包等智慧校园业务应用需求与物联网、云计算、大数据、新一代移动通信等技术结合，形成信息技术教学的双极引领，在此基础上开展技术标准研制，引领产业的发展。

在智慧校园建设模式方面，需要构建创新的“政产学研用”联合模式，有政策引导和解读，有产业产品研发跟进，有学校及科研技术支撑，有终端客户应用，通过突出核心理念和技术，形成需求到应用的完整创新链条。

从技术角度来看，智慧校园短期、中期、长期的技术发展演进目标如下所述：

①近期目标，智慧校园的近期目标是将物联网技术、新一代移动通信技术与教育事业结合起来，通过物联网技术实现教学环境、教学环节、教学主体的实时互动，让技术的触角延伸到教学的每一个环节。通过物联网技术搜集教学过程中的海量数据，为进一步的智能分析与决策提供数据支撑。

②中期目标，随着大数据技术的成熟，针对学生个体的大数据运用，构建面向学生个体学习成长轨迹的大数据分析，对学生的学习行为进行多维度的深入解剖，通过知识的学习和教学环境的改善，实现大数据技术在教学环境的全面升级。同时，通过教学大数据，一方面对教师、家长进行外部影响分析，另一方面对教学内容、教学环境及教学手段的多维影响进行分析。

③长期目标，在技术基础设施建设方面，将未来网络、芯片设计技术、北斗导航技术等新一代信息技术融入到教学实践环节，开展基于信息技术的动手实训，让学生、家长、老师通过新一代信息技术手段相互促进教学。虚拟现实技术、多维交互技术等有了教学主体的加入，更符合教育需求，在让信息技术成为教育工具的同时，教学主体还可以改造信息技术工具，更有效地实现现代教育。

智慧矿山综合监测系统

教学导航

教学目标	(1) 熟悉智慧矿山安全监测与通信系统开发的需求分析 (2) 熟悉智慧矿山应用与实训系统的体系结构分析 (3) 了解智慧矿山组织架构及基本原理 (4) 了解 Android 开发技术，3G 专用网络通信的原理以及云计算的实现过程 (5) 掌握智慧矿山系统主要模块的功能分析以及可行性分析
教学重点	(1) 智慧矿山结构组成及系统的设计 (2) 安全监测数据感知采集、3G 数据采集及通信系统、云计算系统的组织与实施、智慧矿山系统的开发方法和流程
教学难点	(1) 基于 Android 开发智慧矿山数据采集系统的环境配置 (2) 数据传输系统关键代码编写和调试
教学方法	任务驱动法、分组讨论法、四步训练法（训练准备──→引导训练──→同步训练──→拓展训练）
课时建议	10 课时

项目概述

1. 项目开发背景

煤矿井下信息化系统建设的需求是由煤矿安全生产的特点决定的，我国煤矿绝大多数是井工矿井，地质条件复杂，灾害类型多，分布面广，在世界各主要产煤国家中开采条件最差、灾害最严重。据有关统计资料显示，在国有重点煤矿中，地质构造复杂或极其复杂的煤矿占 36%，地质构造简单的煤矿占 23%。据调查，大中型煤矿平均开采深度 456 米，采深大于 600 米的矿井产量占 28.5%。小煤矿平均采深 196 米，采深超过 300 米的矿井产量占 14.5%。煤矿安全生产关系到人民群众的生命和财产安全，各级政府一贯重视煤矿安全生产问题，并采取一系列措施不断加强安全生产工作。由于煤炭生产系统复杂，工作场所黑暗狭窄，人员集中，采掘工作面随时移动，地质条件的变化会使移动的采掘工作面不断出现新情况和新问题，如不及时采取相应的有效措施，可能会导致重大灾害事故，这就给安全工作带来了困难。如何加强煤矿安全生产管理模式，实现管理的现代化、信息化成为煤矿企业关心的问题。面向煤矿安全生产的矿井物联网系统可在井下实现宽带高速公路建设及信息系统建设，并提供用于井下人员、设备等需要的传输通路。因此，煤矿安全生产信息化系统开发及典型应用示范将结合物联网技术，成功应用煤炭行业将带来巨大的经济和社会效益。

2. 项目开发目的与意义

目前，国家着眼于安全生产需要，逐步关停不符合安全生产需要的小煤窑，保留约8000 个具备安全生产能力的国有矿井。但是，传统的井下信息化系统一般都是建设简单的通信系统（如无线通信），一般基于小灵通系统，但是目前该系统产业链已经瓦解，并且只能提供窄带语音服务，不符合煤矿信息化发展需求。基于 Wi-Fi 的井下通信经过多年的应用和测试，在系统稳定性、井下环境适应性等方面还存在难以解决的问题。因此，为了能够实现煤矿安全生产信息化，构建井下信息高速公路，TD-SCDMA/TD-LTE 是必然的选择。此外，已有的煤矿上基本没有统一的地下无线覆盖网络层及物联网系统。因此，现有的一些安全生产信息化传感器和监测系统基本是基于有线网络的，能监测固定设备和环境的状态，不能适用于煤矿流动作业、危险源位置、分布及其流动规律均不确定的场合。现有的监测系统还存在很大的感知盲区，不能做到无处不在，不能保证安全感知的全覆盖及物联网信息采集和传输。同时现有系统缺乏应用层面的信息融合，煤矿综合自动化实现了现有应用系统的网络化集成，但是各应用系统之间的联动与信息融合、决策融合还没有开展。

因此，针对目前的煤矿物联网系统创新应用，存在如下的技术需求：

①建立基于 TD-SCDMA/TD-LTE 的矿用泛在异构网络，通过该网络的建设，实现整个矿井的有线、无线覆盖，提供煤矿井下物联网的网络基础。

②建立煤矿井下个人安全环境感知系统。现有系统矿工属于被动感知环境状态，矿工无法实时或及时获取周围的环境信息。通过本系统的建设，构建井下矿工能主动感知的煤矿环境、人员感知系统，实现典型的智慧矿山的创新应用。

③建立无人值守系统。通过各类监测和自动化控制系统对井下设备进行遥测和遥控，利用云平台进行系统分析和处理，以达到无人工作面和少人工作面的目的。

④利用矿用无线网络，为灾害发生后进行快速抢险救灾提供通信手段。

目前，国内的主要煤炭生产企业，包括神华、中煤、徐矿、同煤等所属的各个矿业公司都存在这样的需求，潜在客户几千家，市场前景十分广阔。在国家政策的支持下，不断提高系统的先进性、可靠性，并不断提升性价比，通过该实训项目可培养人才、开展技术积累及储备，拥有广阔的市场前景。

项目分析与设计

1. 项目需求分析

“面向煤矿安全生产的智慧矿山综合监测系统”项目基于物联网传感采集技术、基于TD-SCDMA/TD-LTE微蜂窝基站、专用核心网和上层创新应用构建面向煤矿安全生产的信息化系统，该系统能够实现快速的井下通信系统部署，并实现人员定位、瓦斯监测、泵站监测、供电系统远程监控等功能。具体来说，系统主要实现四个功能：①基于TD-LTE的矿井通信系统部署，构建井下高速公路；②通信区域内用户通信功能，并开展典型的人员安全生产业务；③机电设备物联网功能，实现对井下工作的安全生产机电设备检测与监控；④安全保障功能，实现在紧急情况的通信保障功能。该系统采用小功率（微功率）发射，支持多设备组网，能构成大区域覆盖，具有较大的灵活性，用户可以根据自身需求配置或更改业务运行策略。产品符合煤矿安全生产设备规范。

本项目产品在技术上具有较高的独创性和先进性。和传统手段相比：TD-LTE毫微微蜂窝基站技术成本低，可靠性好，易于安装和部署，并且能够实现应急环境下的通信功能，有效地平衡成本与技术先进性之间的矛盾；绿色环保，大幅改善目标区域的网络通信环境。项目中的重要产品——TD-LTE毫微微蜂窝基站于2013年6月完成了研发，并开展了安全取证工作，所应用的低功耗、应急自组网等关键技术被两院院士鉴定为“达到国际先进水平，填补了国内空白”。

本项目的产业化对提升煤矿安全生产水平、转变煤矿企业发展方式、保障和改善安全生产环境具有重大意义。也是落实国家关于拉动信息技术消费，实现产业结构调整的具体体现。

2. 系统的体系结构分析

系统的总体构架主要由三层组成，分别为数据采集层、网络通信层、业务应用层，具体的组成如图5-1所示。

数据采集层包括数据采集子层和传感器网络组网与协同信息处理子层。数据采集子层包括：RFID、监控传感器、手机、控制器、传感器网络和传感器网关等设备。传感器网络组网与协同信息处理子层包括：低速及中高速近距离传输技术、自组织技术、协同信息处理技术、传感器中间件技术。本层的核心技术是无线传感网（WSN）及NFC技术。该层在“智慧矿山”中的应用主要表现为信息的监测和采集。在“智慧矿山”中，通过射频

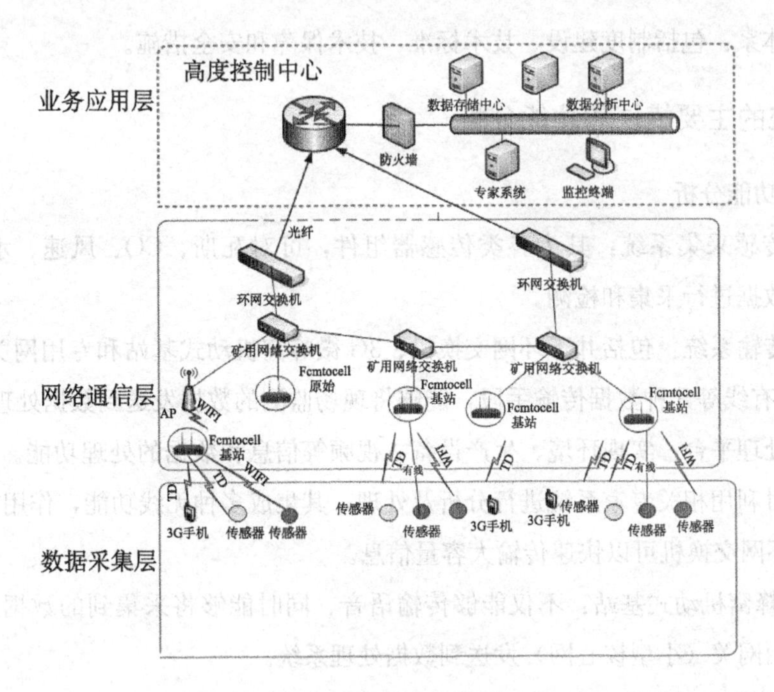

图 5-1 系统结构框图

识别标签实现对物体静态属性的标识，可以精确定位物体；各类现场传感器可以对现场工况环境和设备进行实时监测和信息传输等。

网络通信层包括各种通信网络与互联网形成的融合网络。各种监测数据通过无线传感器网络形成局部区域网络，将覆盖区域的信息收集起来，然后通过传输层向数据处理平台传输数据。

业务应用层将物联网技术与煤矿行业领域相结合，实现广泛智能化应用的解决方案，利用现有的手机、个人计算机（PC）、掌上电脑（PDA）等终端实现应用。根据物联网的概念和结构层次，该层是物联网技术具有专业应用的关键步骤，该层主要承担的任务是智能计算和分析，服务煤矿安全生产调度，然后向感知层和其他终端设备发布信息。应用层包括数据资源子层、应用平台子层、应用系统子层。应用层的展现主要是通过综合服务系统表现。

①信息采集系统：包括现场工况环境和设备运行信息接入、视频信息接入的建设。

②传输网络系统：包括通信传输系统、计算机网络系统、网络安全及管理系统的建设。

③物联网管理应用系统：包括煤矿现场工况环境和设备运行状态监视与预警系统、安全生产调度管理系统的建设。

④应用支撑平台：包括软件支撑平台和硬件支撑平台的建设。

⑤物联网中心：包括安全生产调度中心、信息运行中心、生产监控中心的建设。

⑥保障体系：包括制度建设、技术标准、技术保障和安全措施。

3. 系统的主要模块和功能分析

1）主要功能分析

①智能传感采集系统：其为各类传感器组件，可对瓦斯、CO、风速、水位、温度、设备开停等数据进行采集和检测。

②数据传输系统：包括井下环网交换机、3G 微蜂窝机动式基站和专用网关、Mesh 自组网、3G 和有线等几种数据传输手段，能够将现场监测的数据发送到数据处理平台系统。

③数据处理平台：实现环境、生产设备、视频等信息和数据的处理功能。它接收各类上传数据同时利用相关专家系统进行分析及处理，其集成多种无线功能，作用分别如下：

● 井下环网交换机可以快速传输大容量信息。

● 3G 微蜂窝机动式基站：不仅能够传输语音、同时能够将采集到的数据通过微蜂窝基站，经专用网关（小型核心网）发送到数据处理系统。

● Mesh 利用无线转发设备能自构建网络，互联互通技术为流动性大、人员不适宜长期工作地点或灾害发生时抢险人员的语音、视频、数据的传输提供平台。

④综合运营管理和分析处理系统：利用历史数据及专家知识库，云平台可以及时分析处理数据。提供安全报警及相应生产自动化控制。

2）系统主要组成模块

(1) 感知信息采集模块

项目研发过程中将采用表 5-1 所示的传感设备，开发出带有无线功能模块的数据采集平台。

表 5-1 信息采集的种类

序号	名 称	序号	名 称
1	低浓度甲烷	12	信号安全变换箱
2	高浓度甲烷	13	急停闭锁
3	风筒风速	14	扩播电话
4	远程断电器	15	传输分站
5	本安型设备开停	16	传输中继
6	一氧化碳	17	矿用摄像机
7	风速	18	矿用网关
8	温度		
9	读卡器		
10	智能手机		
11	矿用可编程控制器		

数据采集平台准备采用自研的各类适用于煤矿的传感器，该采集平台是集当代先进的

大规模集成电路技术、计算机软件技术、工业监控技术和网络通信技术紧密结合的产品，是体现当代技术先进性和安全可靠性的优选产品，可实现远程和本地实时煤矿安全数据采集与监测及设备的状态监测、监控。

(2) 数据传输模块

本方案中，综合利用了以太网、Femtoceu 基站、3G、Wi-Fi 等多种通信网络和通信手段，实现有线和无线网络无缝融合，以实现快速、高效和高质量传输检测数据以达到煤矿安全数据采集与监测及设备的状态监测、监控的目标。

各类传感器通过 Wi-Fi、TD 或有线接入 Femotcell 基站，手机直接通过 TD 方式接入 Femotcell 基站，Femotcell 基站通过有线或光纤接入井下交换机。井下交换机通过光纤将数据上传到地面数据处理平台进行统一处理。

Femotcell 基站通过标准的空中接口（Uu 接口、Wi-Fi 等）和固定接口分别与覆盖区域内的 UE（User Equipment）、Wi-Fi 等终端通信。对外通过 F1 接口（承载在“最后一公里”传输网上，接入技术支持 XDSL、XPON、Cable 等）接入 Femcell 核心网专用网关。

Femtocell 基站使用 IP 协议，通过用户已有的 ADSL、LAN 等宽带电路连接，远端由专用网关实现从 IP 网到移动网的连接。它的大小与 ADSL 调制解调器相似，具有安装方便、自动配置、自动网规、即插即用的特点。与运营商的其他移动基站同制式、同频段，因此手机等移动终端可以通用。

Femtocell 基站具有 1 个载波，发射功率为 20mW，覆盖半径为 100～300m，支持 4～6 个活动用户，允许的最大用户运动速度为 70km/h。

专用网关可以在煤矿内部快速建立企业级专网，大幅降低了系统建设成本、维护成本，增强了系统的可复用性。

专用网关能够接入多个 Femtocell 基站设备，并能完成 PS 业务和网内 CS 业务。Femtocell网关系统支持终端网络间的移动性、支持网络和用户鉴权、安全加密、支持用户和 Femtocell AP 的配置管理。Femtocell 网关系统完成目标为实现 PS 业务和网内移动性，用户数据和 Femtocell AP 的配置管理。Femtocell 专用网关通过 Iuh 接口与 Femtocell 相连。Femtocell 专用网关不但具有网关的功能，还要具有简易核心网的功能。

(3) 面向智慧矿山的云计算平台

面向矿山的云计算平台服务模型包括“端”、“管”、“云”三个层面，如图 5－2 所示。在系统模型中，云“端”是指可开展矿山安全生产所需业务的云服务终端，主要功能为实现业务显示。终端设备包括台式机、笔记本电脑、手机或其他可完成信息交互处理的终端。在面向智能矿山的物联网的云计算框架，云终端往往包括能够进行传感信息搜集处理

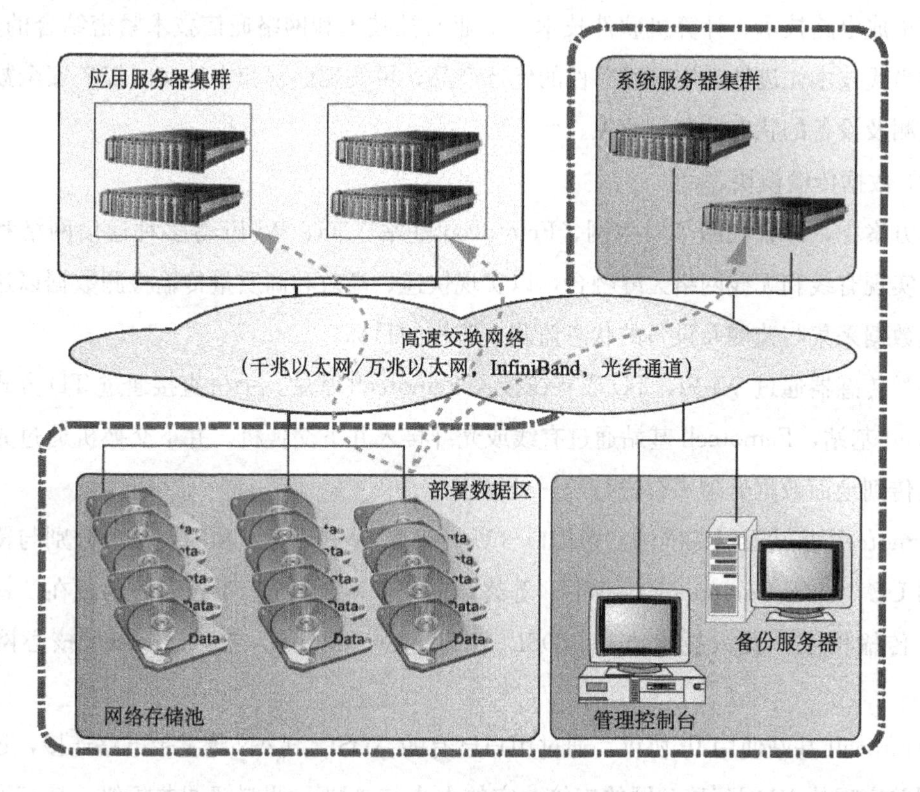

图 5-2 面向矿山的云计算平台架构

的传感器节点，具体包括温度传感信息处理及管理、甲烷信息搜集管理、供电信息搜集管理等。

云计算平台服务中的“管”是指信息传输的通道，对于由公共云提供服务的模式，该管道往往是由电信运营商提供的通信网络，包括无线接入网络，传输网络等。而对于私有云而言，则是内部的通信网络，或者基于公网的虚拟专用网络。本项目提供的面向矿山的通信传输管道初步设计为私有云，因此主要通信管道由现有的基础通信网络提供，即千兆位环网系统和光纤通信系统。此外，为了满足无线通信的需求，为传感节点提供无线接入，云计算平台的管道还包括基于 TD-SCDMA 的 3G 无线网络传输。

云计算的核心是指能够提供 ICT 资源或服务的基础信息设施，是能够开展分布式计算的平台及应用。云计算平台包含三个层面：基础设施部分包含各种应用服务器、数据库、存储设备等，基于该基础设施可以开展分布式运算，该平台基于曙光超级计算平台，存储系统则为面向煤矿安全生产定制的海量存储系统。在云计算平台的管理层，需要实现云平台管理、支撑、开发，因此，本项目将提供云计算的管理、支撑及开发系统。面向煤矿安全生产的第三个层次是指依附于云平台的软件、数据及各种信息。本项目需要针对智慧矿山发展需求提供包括物流监控、污染控制、智能检索、生产调度、无线通信、通风压风等在内的多个系统控制管理。

（4）智慧矿山业务系统

①应急决策支持指挥功能。当煤矿发生井下灾害时，可以利用Mesh系统快速进行布网，将井下事故现场的各种情况，通过语音、视频、数据方式快速上传到指挥中心，指挥人员可以有身临其境的感觉，为决策处理提供依据，将损失降到最低。

②应急抢险功能。

- 查询功能：查询现场情况。查询抢险预案。查询物资仓库的位置分布、物资种类、数量等相关信息。查询抢险队伍的分布、组成和责任制。
- 报警功能：在电子地图上标志险情发生的具体位置，并实时提供险情信息。

③险情灾情分析功能。展示当前的险情、灾情分布情况，包括分布图与分布表，抢险方案分析。

- 实时险情分析：能够显示包括文字、图像、表格、视音频的险情信息，并能按时间、电子地图上的位置、名称等方式进行查询，进行电子地图定位和显示其他相关信息。
- 实时灾情分析：能够显示在请统计表、图，并能按时间、电子地图上的位置、名称等方式进行查询，进行电子地图定位和显示其他相关信息，并能进行相关的统计功能。

④人力布置与调度。可提供实时的人力、物力、抢险组织的分布情况。对当前各级领导与主要抢险人员所在的具体位置及其行动路线的查询以及抢险专家及相关人员责任分工等信息的查询，通过此部分可为各相关人员的任务落实、组织、安排提供依据。实现抢险队伍的组织与调度，及时、有效的掌握队伍组织情况，得到最新的队伍信息，提高抢险工作效率和队伍的快速反应能力。人员分布可显示目前人员的分布情况。

优化调度利用GIS的网络分析功能，可为决策者对受灾人员救助安排提供合理的、科学的依据和人员疏散路线分析，最佳避难和迁移方案等。

关键技术与相关知识

1. LTE软件设计技术

1）LTE终端协议栈软件

LTE技术是未来广域无线通信系统的主流技术，也是未来移动终端的核心技术之一，系统研发所采用的LTE终端协议栈是国内较早较完备的终端协议栈，LTE终端协议栈软件架构如图5-3所示。

LTE终端协议栈软件特点如下：

①遵循3GPP release 9协议，Layer2，Layer3全功能实现，TDD/FDD模式支持。

②高效数据处理性能：优化的数据结构组织方式，精简的进程模型，优化的调度算法。

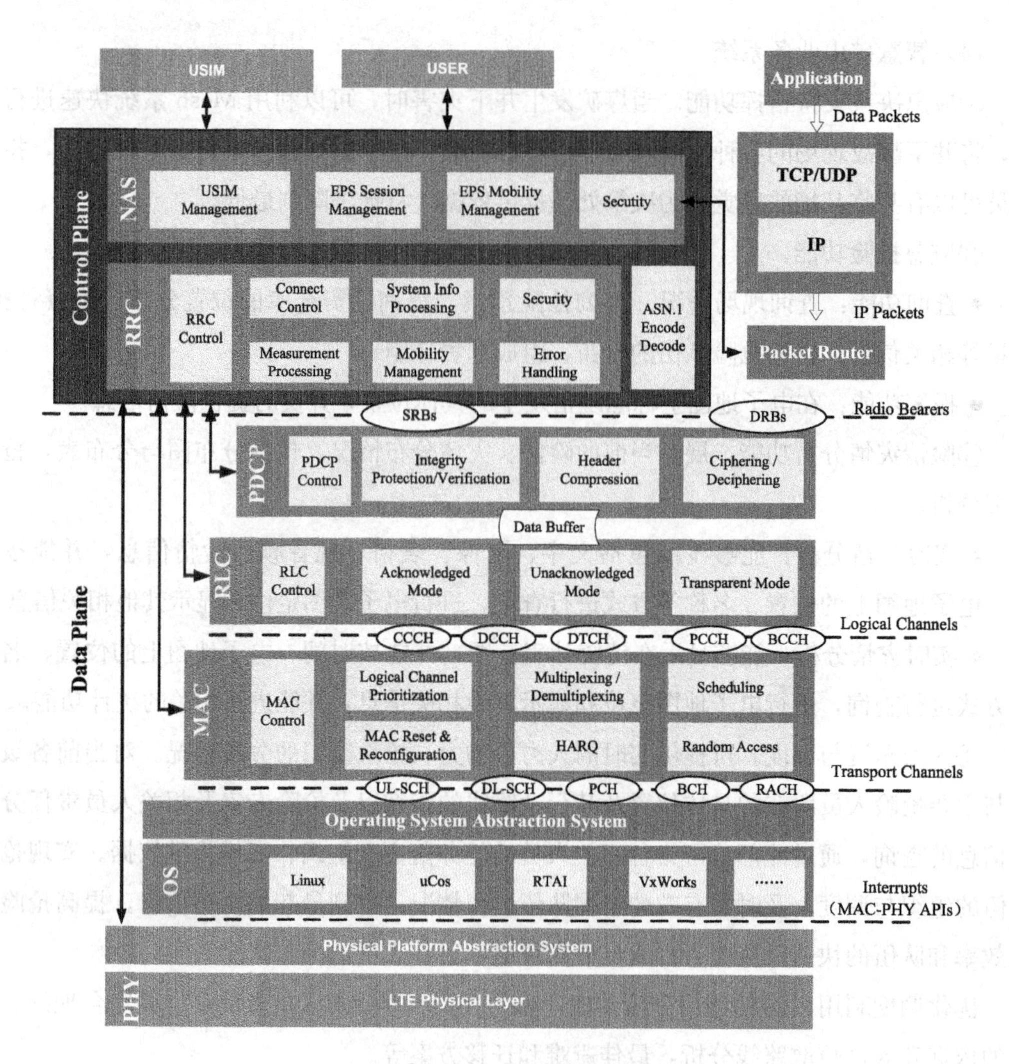

图 5-3　LTE 终端协议栈软件架构

③灵活可移植性。

④良好的可扩展性。

⑤可靠诊断分析工具。

2）LTE HeNB 协议栈软件系统

HeNB（Femtocell）一种小型、低功率 LTE 蜂窝基站，能有效解决室内覆盖的问题，成为 LTE 覆盖的重要形式。LTE HeNB 可以为基于 LTE 无线技术的新型终端提供网络环境。其协议栈软件架构如图 5-4 所示。

LTE HeNB 协议栈软件特点如下：

①遵循 3GPP release 9 协议。

②Uu 口及 S1 接口全功能实现。

③无线资源管理（RRM）全功能支持。

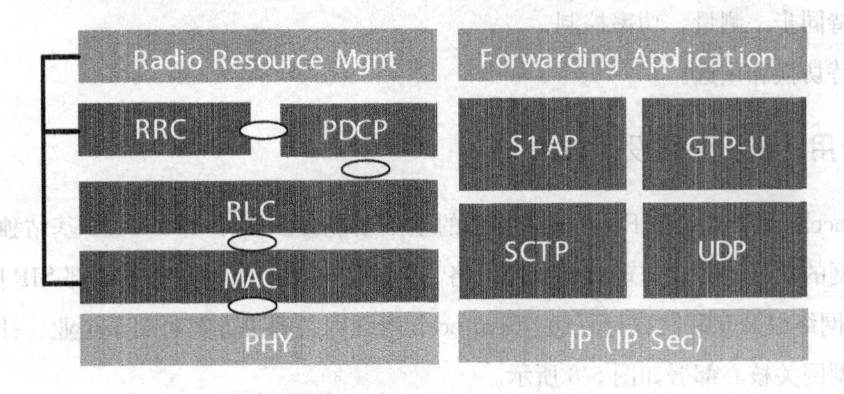

图 5-4 LTE HeNB 协议栈软件架构

④支持 UE 所有能力级（Category1～5）。

⑤具有硬件平台架构无关性。

⑥集中式数据结构组织方法，实现 LTE 终端协议栈系统设计复杂度和效率的最佳平衡。

2. 3G 设备及软件设计技术

Femtocell 是一种小功率移动通信接入点，能有效解决室内覆盖，增强用户体验，具有成本低、部署易等特点。TD-SCDMA Femtocell 协议栈软件如图 5-5 所示，是国内主流的 Femtocell 协议栈，已被多家设备提供商采用。

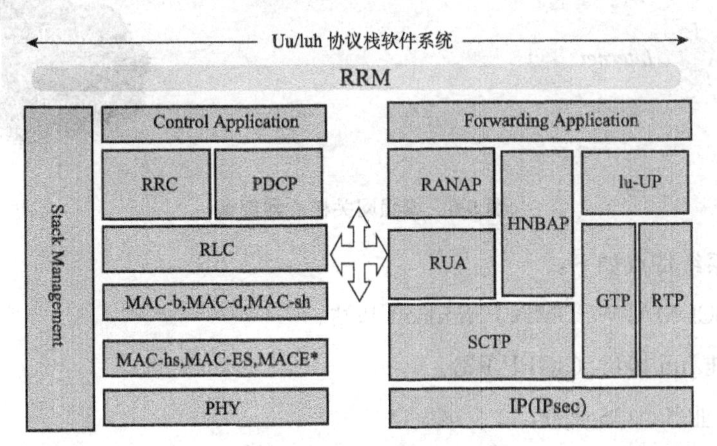

图 5-5 TD-SCDMA Femtocell 协议栈软件架构

TD-SCDMA Femtocell 协议栈特点如下：

①基于 PicoChip 物理平台。

②标准 Uu/Iuh 接口。

③具备 NodeB 和 RNC 的主要功能，具备 NodeB 和 RNC 的主要功能，支持标准协议栈包括（RRC、PDCP、RLC、MAC、RANAP、RUA、HNBAP、IuUP、GTP-U）。

④支持同步、测量、功率控制。

⑤支持切换和重选。

3. 专用便携核心网设计技术

Femtocell 增强网关在 Femtocell 网关的基础上能接入多个 Femtocell 基站独立组网，具有核心网的功能，并能与现有的移动网络、传统的电话交换网、企业内部 SIP 网络、运营商 IMS 网络以及互联网进行互通。Femtocell 增强网关解决方案可用于企业、社区。

增强型网关核心部署如图 5-6 所示。

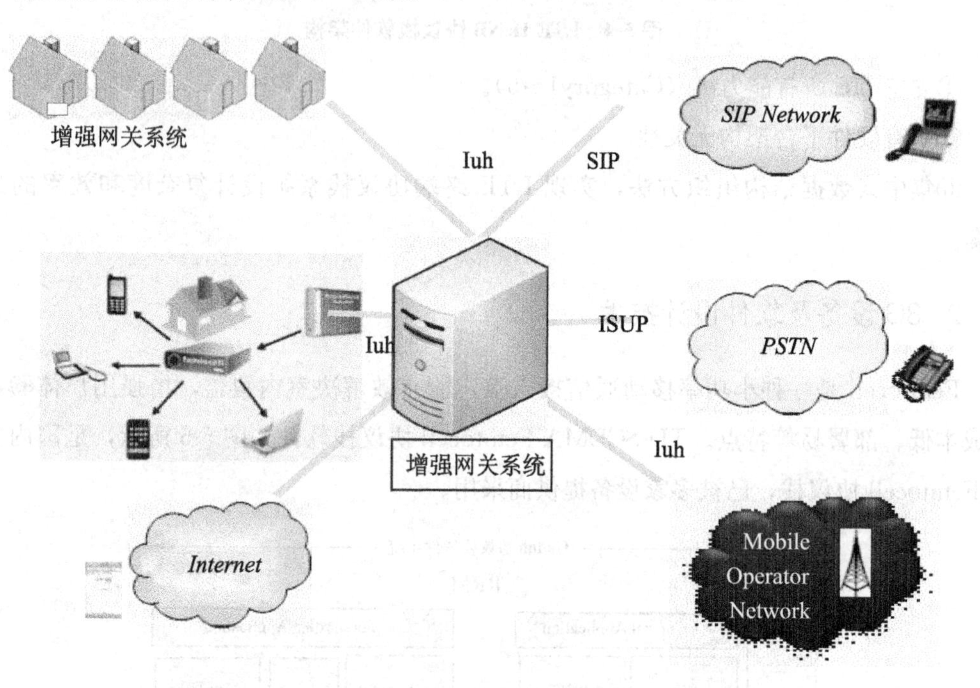

图 5-6 增强网关核心网部署

增强网关系统特点如下：

①持 TD-SCDMA/WCDMA Femtocell 基站。

②支持标准 Iuh 接口（3GPP R8）。

③支持 PS 业务、CS 业务。

④融合移动网络、PSTN 网络和 SIP 通信网络。

⑤支持移动性管理和切换。

⑥支持可配置认证鉴权等过程。

⑦支持运营商模式和企业模式。

⑧支持基站、签约用户数据库配置管理。

⑨可用于应急通信等/专网/集群等专用通信场。

项目实施

【训练准备】

智慧矿山综合检测系统主要使用了MySQL数据库部分，其中Java运行环境方面与前面章节相同，参见项目4。

1. MySQL安装及配置说明

1）MySQL安装说明

①MySQL需下载5.5以上版本，但MySQL 5.6及以上版本变化较大，安装及配置过程较5.5略有不同，MySQL安装包请下载64位版本。下载地址：http：//dev.mysql.com/downloads/。

②双击MySQL 5.5安装文件，单击Next按钮（见图5-7）；勾选接受协议复选框，继续单击Next按钮（见图5-8）。

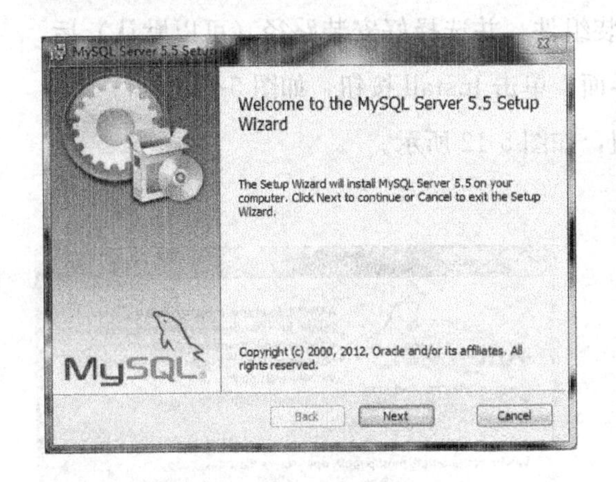

图5-7 MySQL安装界面

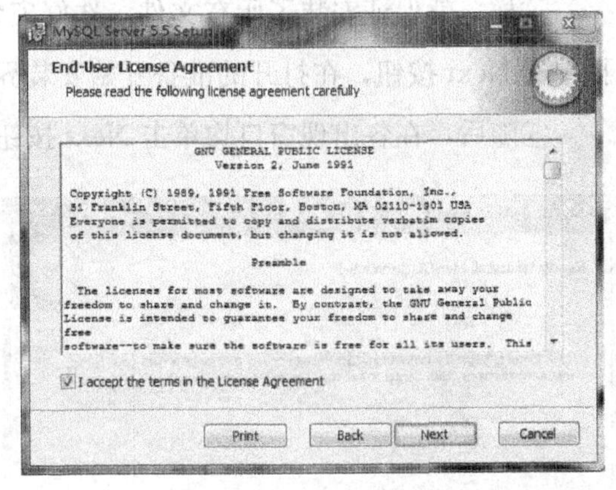

图5-8 License条款

③选择安装类型，如图5-9所示。有3种方式，这里选择Custom选项，各选项含义如下：

- Typical（典型安装）：安装最常用的程序功能，建议大多数用户使用。
- Custom（自定义安装）：允许用户选择安装的程序功能和安装的位置，建议高级用户使用。
- Complete（完全安装）：将安装所有的程序功能，需要最多的磁盘空间。

④界面选项详细说明。在Custom Setup安装窗口，单击Developer Components左边的“+”按钮，会看到带☒图标的组件，代表这些组件不会被安装到本地硬盘上；而带有

图标的都是默认安装到本地硬盘上的，如图 5-10 所示。

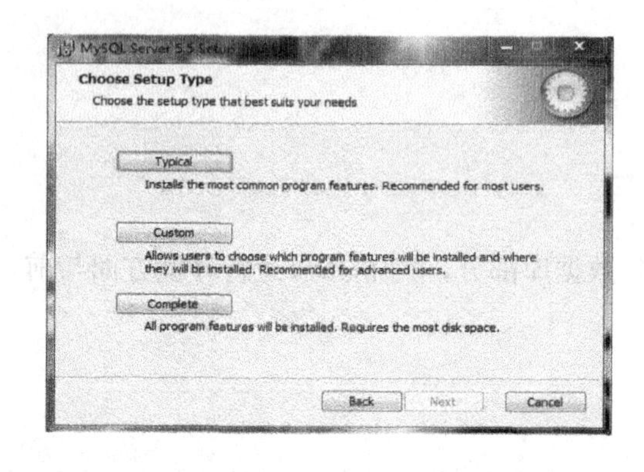

图 5-9　安装模式选择

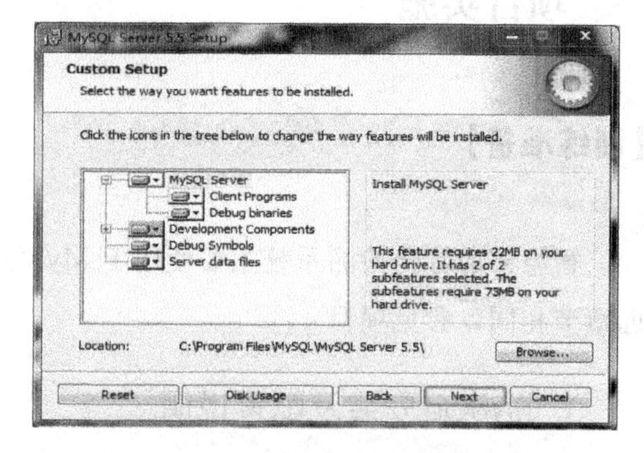

图 5-10　组件选择界面

具体操作如下：Developer Components（开发者部分），单击向下的小箭头，选择“Entire feature will be installed on local hard drive”项，意思是：此部分以及下属子部分内容全部安装在本地硬盘上。MySQL Server（MySQL 服务器）、Client Programs（MySQL 客户端程序）、Documentation（文档）、Debug Symbols（调试符号）、Server data files（服务器数据文件）等参照前面操作。

这样，就保证安装了所有文件。选好安装组件，并选择好安装路径（可以默认）后，再单击 Next 按钮，在打开的准备开始安装界面，单击 Install 按钮，如图 5-11 所示。

⑤随后，在各出现窗口均单击 Next 按钮，如图 5-12 所示。

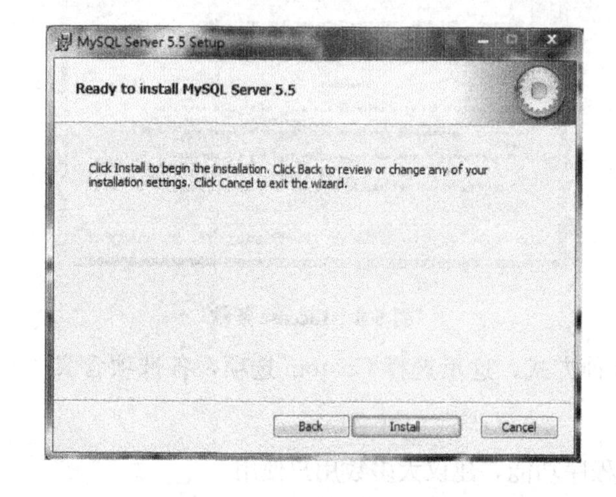

图 5-11　开始安装界面

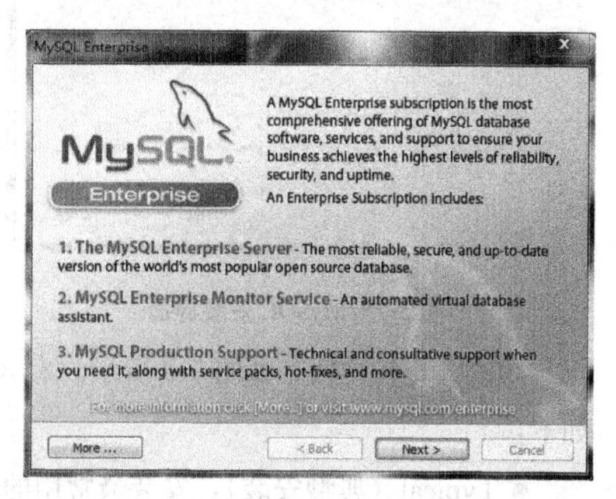

图 5-12　安装过程

⑥最后，勾选配置选项，单击 Finish 按钮完成安装，如图 5-13 所示，进入配置界面。

2）MySQL 配置说明

①MySQL 配置向导如图 5-14 所示，按照提示对 MySQL 每一配置项进行逐一操作。这里选择 Detailed Configuration 项。

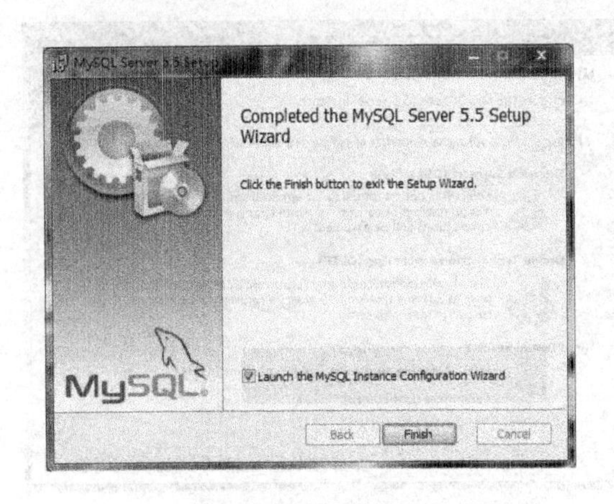

图 5-13　完成安装界面

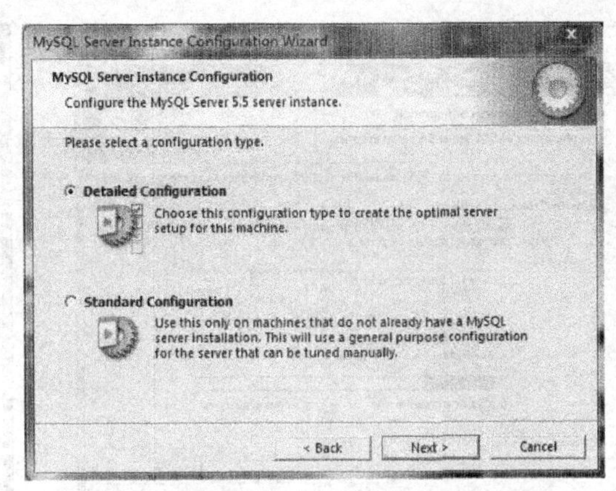

图 5-14　MySQL 的配置

②单击 Next 按钮，在打开的界面选择 Server Machine 项，如图 5-15 所示。

③单击 Next 按钮，在打开的设置窗口中选择 Multifunctional Database 项，创建一个多功能数据库，如图 5-16 所示。

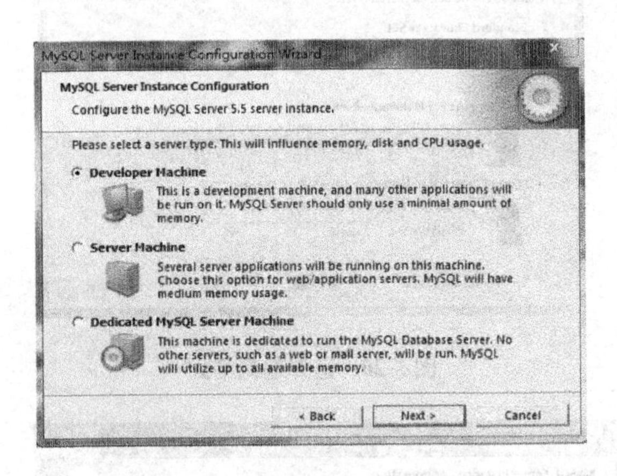

图 5-15　选择“Server Machine”

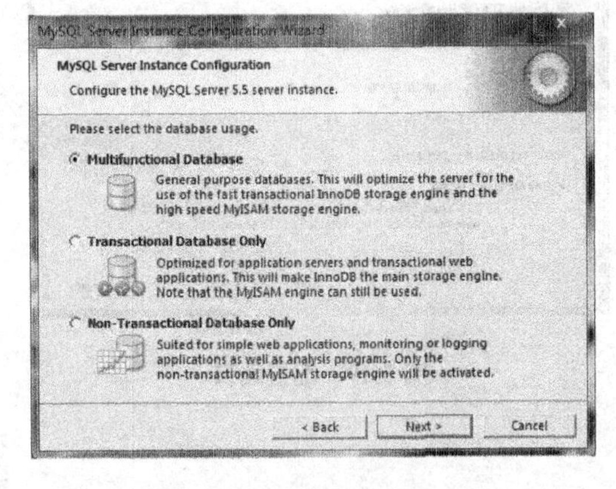

图 5-16　创建多功能数据库

④单击 Next 按钮，在出现的窗口中选择数据库文件保存地址，如图 5-17 所示。

⑤单击 Next 按钮，在对话框中设置数据库并发访问数（Manual Setting 项），这里定义 20 个，如图 5-18 所示。

⑥单击 Next 按钮，在出现的对话框中配置端口，如图 5-19 所示。

注：不勾选数字 3306 后面的复选框，这个是添加这个职位的防火墙异常。

⑦单击 Next 按钮，在出现的对话框中选择编码格式，这里选择 UTF-8 编码格式，如图 5-20 所示。

⑧单击 Next 按钮，在出现的对话框中进行 MySQL Server 配置，请参照图 5-21 进行配置。

⑨单击 Next 按钮，在出现的对话框中设置 root 用户的密码（比如密码为 root，需要输入两次），如图 5-22 所示。

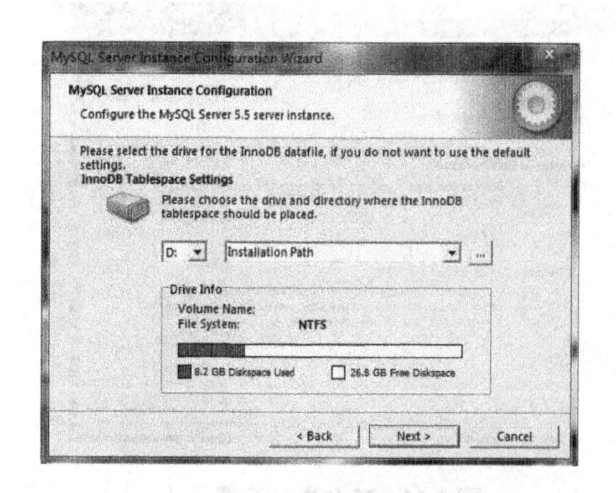

图 5-17　选择数据库文件保存地址

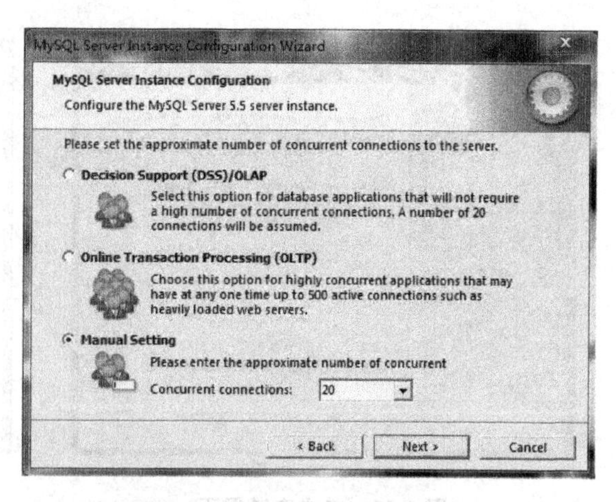

图 5-18　设置数据库并发访问数

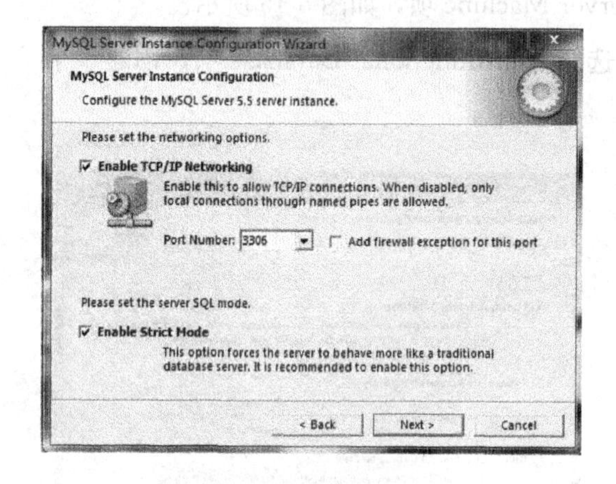

图 5-19　配置端口

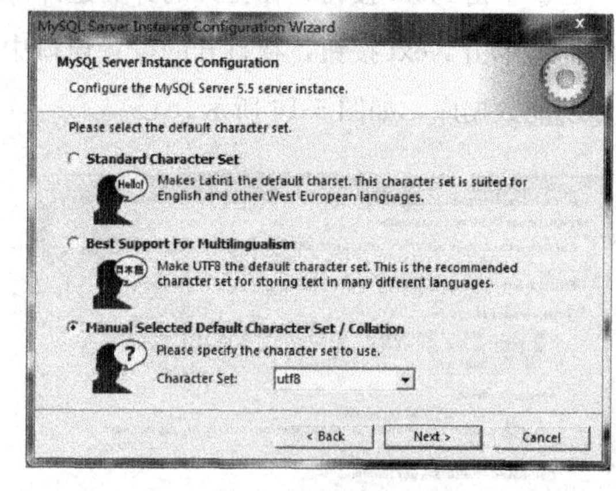

图 5-20　选择编码格式

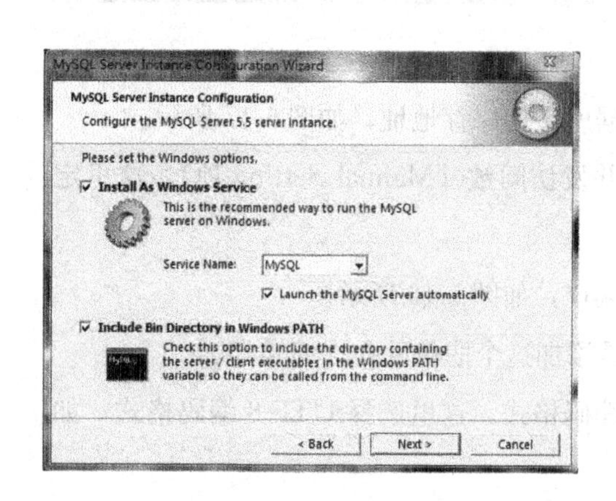

图 5-21　MySQL Server 配置

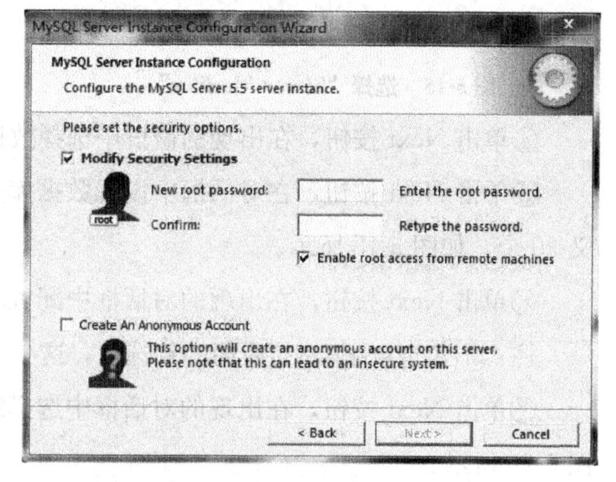

图 5-22　设置 root 用户的密码

⑩单击 Next 按钮，在出现的对话框中单击 Execute 按钮（见图 5-23），成功运行后完成配置，如图 5-24 所示。

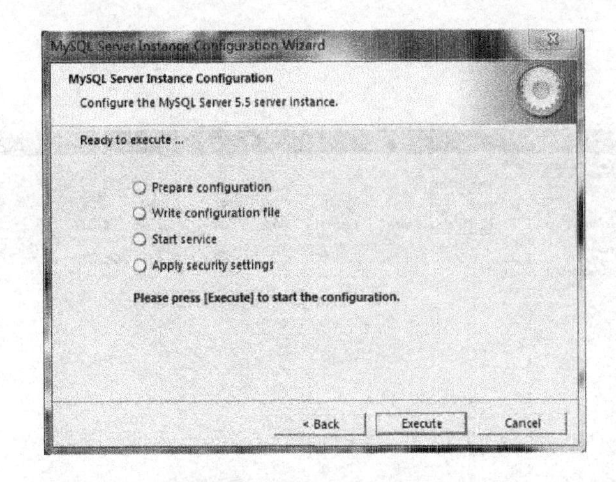

图 5-23　执行前面所做的配置

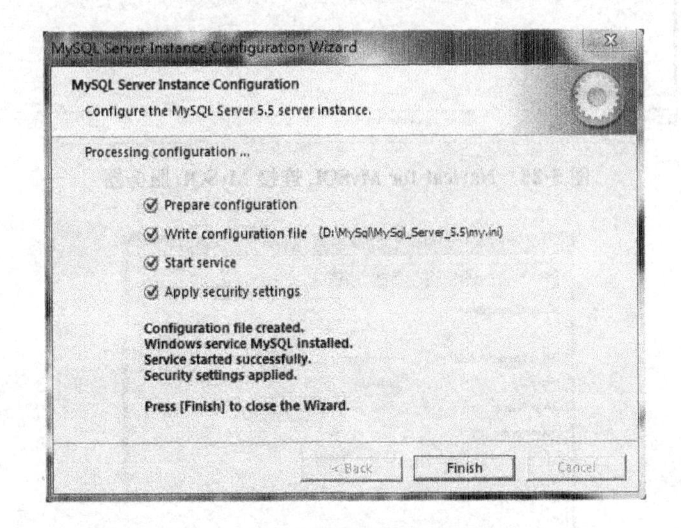

图 5-24　配置完成

2. Navicat for MySQL 安装说明

Navicat for MySQL 为 MySQL 的辅助工具，方便运行维护及测试人员操作数据。它的安装根据安装向导完成即可。

①单击 Connection 按钮，Navicat for MySQL 连接 MySQL 服务器，如图 5-25 所示。

②连接配置。IP Address 为数据库服务器 IP 地址，Port 为 MySQL 端口号，User Name 为用户名，Password 为密码，如图 5-26 所示。

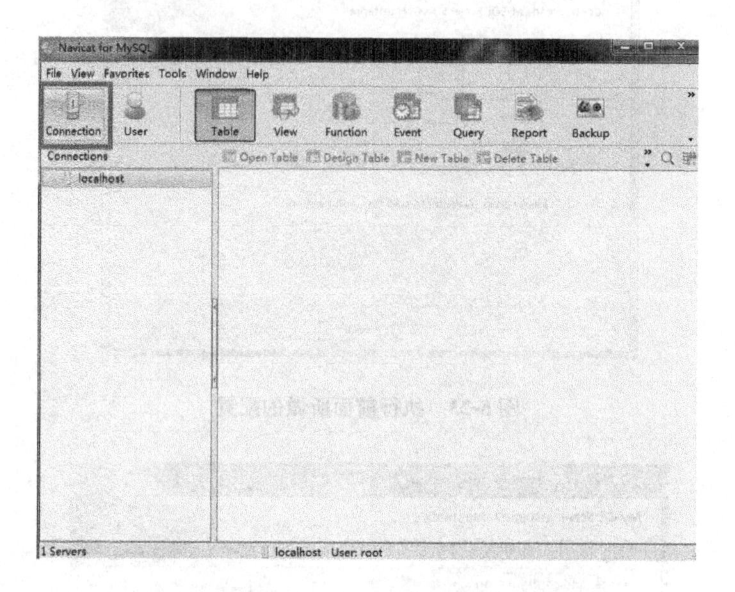

图 5-25 Navicat for MySQL 连接 MySQL 服务器

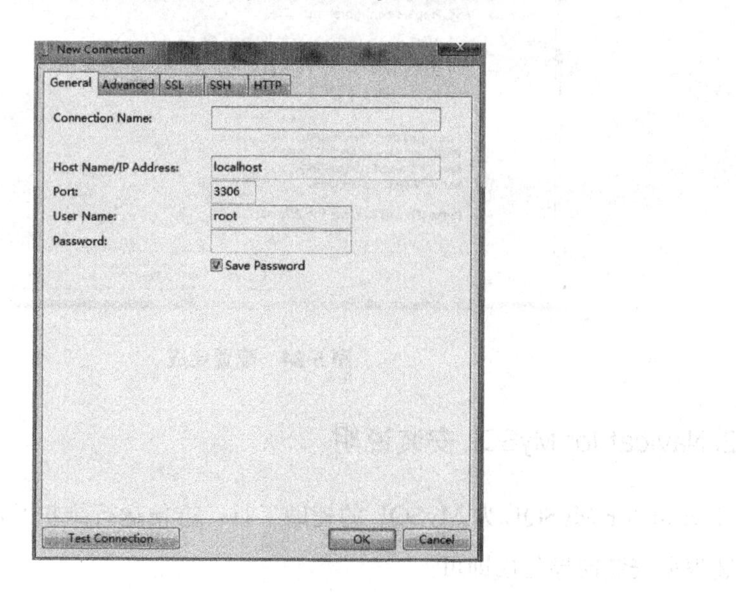

图 5-26 连接配置

【引导训练】

任务 5-1　井下人员管理系统

1. 学习目的

①熟知井下人员定位管理系统架构。

②学会安卓端人员定位系统开发流程。

③学会井下人员定位管理系统的接口设计。

④学会人员定位服务端和定位终端功能的实现方法。

2. 实现方法及步骤

井下人员定位管理系统架构如图 5-27 所示。人员定位解决方案以 3G Femtocell 作为无线通信接入层，将人员位置信息通过 3G 增强型网关汇聚到人员管理和人员位置数据存储服务器中，并通过人员定位、人员管理 WebServer 将人员异常报警信息通过推送 WebServer实时推送到移动终端，同时可以通过移动终端实时查询人员分布、考勤等情况。

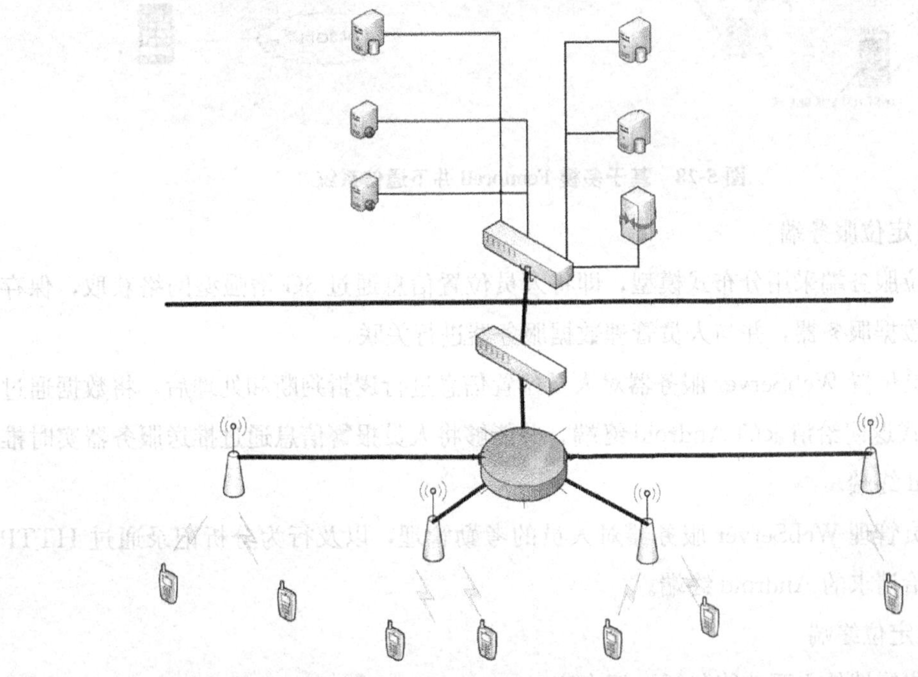

图 5-27　人员定位管理系统架构

1）接入层系统

接入层架构如图 5-28 所示，系统主要功能如下：

①多个小基站联合组网运营。

②语音、视频、PS（64-HSDPA）。

③紧急呼叫，可配置转移号码。

④SIP Server 功能。

⑤移动性管理，切换。

⑥定制认证鉴权。

⑦3G 短消息、3G 彩信、SIP 短消息。

⑧人员位置信息。

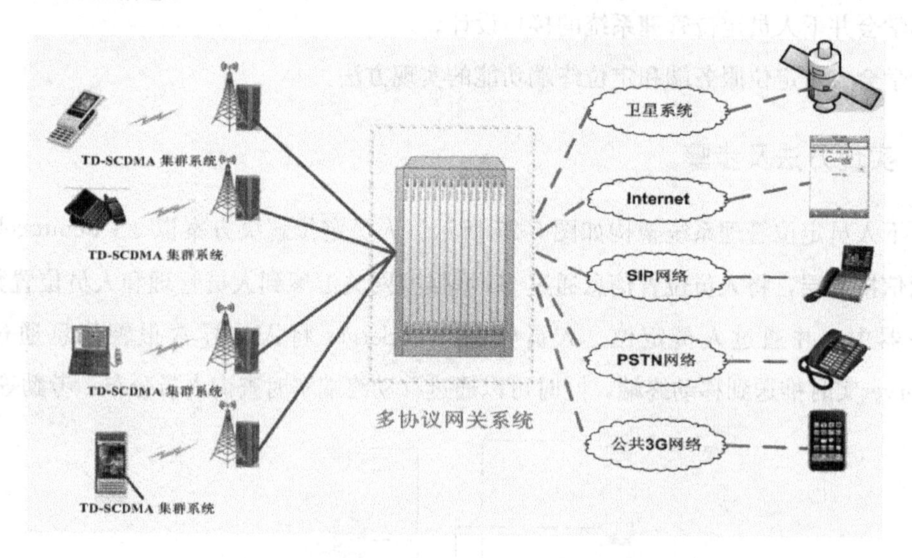

图 5-28 基于多模 Femtocell 井下通信系统

2）人员定位服务端

人员定位服务端采用分布式模型，即将人员位置信息通过 3G 增强型网络获取，保存至人员位置数据服务器，并与人员管理数据服务器进行关联。

通过人员位置 WebServer 服务器对人员位置信息进行逻辑判断和处理后，将数据通过 HTTP 的方式返回给请求的 Android 终端，并能够将人员报警信息通过推送服务器实时推送至 Android 终端。

通过人员管理 WebServer 服务器对人员的考勤管理，以及行为分析记录通过 HTTP 的方式返回给请求的 Android 终端。

3）人员定位终端

人员定位终端的主要功能包括以下内容：

①井下地理信息系统。

②实时显示区域人员分布。

③采用时间轴的方式，通过查询入口实时查询人员行为记录。

④通过矿井的区域直接查询人员分布。

⑤通过职务，工种，部门等方式查询人员信息。

⑥通过问题优先排序的方式查询人员考勤信息。

⑦实时推送查看人员异常报警信息。

4）接口设计

安全监测模块在系统架构方面采用4层结构：数据持久化层，业务逻辑层，WebService层，表现层，如图5-29所示。

①数据持久化层：主要完成数据库数据持久化工作，为业务逻辑层提供数据服务。

②业务逻辑层：实现安全监测模块的业务逻辑工作，模块的主要运算单元。

③WebService层：负责表现层和业务逻辑层的连接工作，主要工作为从客户端获取参数，将参数传递给业务逻辑层，将业务逻辑层返回的数据以约定格式返回给客户端。

④表现层：与用户交互的界面和结果显示界面。由URL控制跳转到不同的界面。

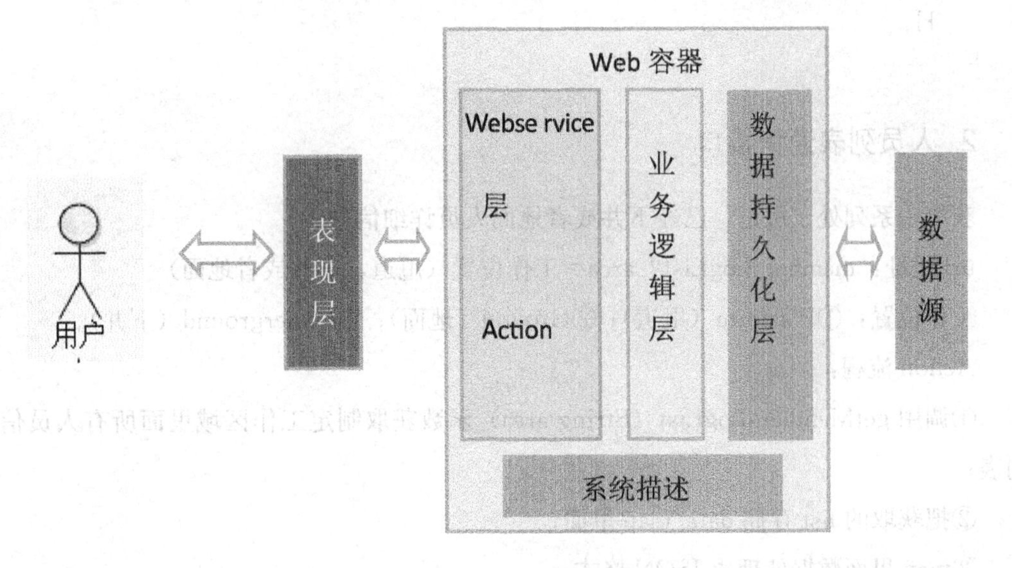

图5-29 系统逻辑架构

接口设计是程序开发过程中重要环节之一，在程序系统架构设计完成之后，需要进行模块内部以及模块之间的函数接口定义。下面的案例列出了本模块提供给其他模块的接口，以及本模块需要其他模块提供的接口，包括函数接口和全局变量接口等模块间操作所用到的任何内容，其中函数接口需要将输入、输出参数及返回值确定。

案例 5-1 模块接口设计。

1. 井下地图人员个数信息接口

url 地址：underMembersNumberList

Action 流程：

①调用 getUnderMembersNumberList（）函数获取井下所有区域里面所有人员数量；

②把获取的 list 存储 data. map 里面；

③map 里面数据处理成 JSON 格式；

④返回 Success，同时让 struts 将 JSON 数据返回给客户端。

JSON 格式如下：

```
{
    substationNum:
    //员工工作信息,类型:List<SubstationNum>,存储的是 Sub station Nam 类型对象
    [{
    String   substationName;//分站名称
    String number; //分站下人数
    }]
}
```

2. 人员列表通信接口

获取一系列处于甩道，已经下井或者地面人员详细信息。

url 地址：membersLogList? area=工作位置（甩道，下井或者地面）

工作位置：①Platform（甩道）；②Ground（地面）；③Underground（下井）。

Action 流程：

①调用 getMembersLogList（String area）函数获取制定工作区域里面所有人员信息列表；

②把获取的 list 存储 data. map 里面；

③map 里面数据处理成 JSON 格式；

④返回 Success，同时让 struts 将 JSON 数据返回给客户端。

JSON 格式如下：

```
{
    logInfo:  //员工工作信息,类型:List<LogInfo>
    [{
```

```
        String id;                    //编号
        String name;                  //姓名
        String department;            //部门
        String type;                  //工种
        String stayTime;              //停留时间
        String currentPosition;       //当前位置
    }]
}
```

3. 单个人员工作信息通信接口

通过人员 ID 去查询人员工作信息，相当于获取人员列表，包含工作信息和时间轴。

url 地址：memberTimePathList? id=编号

Action 流程：

①调用 getMemberTimePathList（String id）函数获取特定员工工作信息；

②把获取的单个对象存储 data. map 里面；

③map 里面数据处理成 JSON 格式；

④返回 Success，同时让 struts 将 JSON 数据返回给客户端。

JSON 格式如下：

```
{
    positionInfo://员工工作信息,类型:List<PositionInfo>
    {
        String id;//员工 ID
        String name;//员工姓名
        String department;//部门
        String type
        positionLoglist://单个员工当天时间轴信息组,类型 List< PositionLog>
        [{
        String oldBase;//离开分站
        String enterTime;//进入时间
        String newBase;//进入分站
        }]
    }
}
```

4. 人员数量查询通信接口

查询当前已经下井和等待下井的人员数量，也可以查询早班、中班、晚班的人员数量。

url 地址：membersNumber? type=查询类型

查询类型：①Underground（下井）；②Waiting（等待下井）；③Early（早班）；④Noon（中班）；⑤Evening（晚班）。

Action 流程：

①调用 getMembersNumber（String type）函数获取特定区域员工数量；

②把获取的单个对象存储 data. map 里面；

③map 里面数据处理成 JSON 格式；

④返回 Success，同时让 struts 将 JSON 数据返回给客户端。

JSON 格式如下：

```
{
    membersNumber:  //员工数量,类型:MembersNumber
    {
        Integer allNumber;  //所有数量
        Integer employeeNumber;  //员工数量
        Integer employerNumber;  //领导数量,领导没有的话,则显示为 NULL
    }
}
```

5. 区域查询通信接口

查询主区域里面具体分区域列表。

url 地址：areaList? area=工作位置（甩道，下井或者地面）

工作位置：①Platform 甩道；②Ground 地面；③Underground 下井。

Action 流程：

①调用 getAreaList（String type）函数获取特定区域分区域列表；

②把获取的 list 对象存储 data. map 里面；

③map 里面数据处理成 JSON 格式；

④返回 Success，同时让 struts 将 JSON 数据返回给客户端。

JSON 格式：

```
{
    areaInfo:  //大区区域类型:AreaInfo
    [{
        String id;  //区域 ID
        String name;  //区域 name
```

```
        base:  //包含的分站列表,base类型
        [{
            String id;      //分站 ID
            String name;    //分站 name
        }]
    }]
}
```

6. 超时或者异常人员报警记录查询通信接口

主要用来显示异常人员和异常原因的，信息通过列表显示。

url 地址：troubleInfoList

类型：①TimeOut 超时；②Error 异常。

Action 流程：

①调用 getWrongMembersList（）函数获取特定异常类型的员工 List；

②把获取的 list 对象存储 data. map 里面；

③map 里面数据处理成 JSON 格式；

④返回 Success，同时让 struts 将 JSON 数据返回给客户端。

JSON 格式如下：

```
{
    troubleInfoList:  //异常员工信息列表,类型 List<TroubleInfo>
    [{
        String id;  //员工编号
        String name;  //员工姓名
        String team;  //员工班组
        String entertime;  //进井时间
        String worktime;  //工作时间
        String reason;  //异常原因(和超时原因混用)
    }]
}
```

7. 单个员工身份信息查询通信接口

url 地址：employeeDetailInfo? id=编号

Action 流程：

①调用 getMemberDetailInformation（String id）函数获取特定员工信息；

②把获取的单个数据对象存储 data. map 里面；

③map 里面数据处理成 JSON 格式；

④返回 Success，同时让 struts 将 JSON 数据返回给客户端。

JSON 格式如下：

```
{
    employeeDetailInfo:       //身份信息,类型为 EmployeeDetailInfo
    {
        String id;            //员工 ID
        String name;          //员工 name
        String light;         //灯号
        String  uid;          //身份证号
        String sex;           //性别
        String  notion;       //民族
        Boolean officer;      //干部
        Date birthday;        //生日
        String  political;    //政治面貌
    }
}
```

8. 制定查询员工信息列表查询通信接口

url 地址：employeeInfo? type=工种 &bz=部门 &officer=职务

工种：①机电工；②特种工；③正常工。

部门：①办公室；②财务部；③办事处。

职务：①员工； ②组长； ③经理。

注意：当查询时，必定有其中一项有类型限制，其余两项均为 NULL。

Action 要做相应处理，知道它是按照什么限定方式搜索的。

Action 流程：

①调用 getMembersInformationList (String type，String content)；

②函数获取特定员工信息列表；

③把获取的 list 对象存储 data. map 里面；

④map 里面数据处理成 JSON 格式；

⑤返回 Success，同时让 struts 将 JSON 数据返回给客户端。

JSON 格式如下：

```
{
    employeeInfo:  //身份信息,类型为 EmployeeInfo
    [{
```

```
        String id;  //编号
        String name;  //姓名
        String card;  //卡号
        String bz;  //部门
        String type;  //工种
    }]
}
```

案例 5-2　主要函数的设计。

以子模块为单位，列出为实现模块功能，所需要的模块内部接口。包括函数接口、全局变量接口等任何函数间操作所用到的内容。其中函数接口需要将输入、输出参数及返回值确定。

1. 井下分站人数查询接口

函数名：public static List<Substation> getUnderMembersNumberList（）

函数流程：

①创建 List<Substation>对象 list；

②获取 ApplicationContext 对象，即获取 Spring XML 配置文件上下文；

③创建 PeoplePositionDao 对象，获取 Spring XML 文件中 bean 实例；

④调用 findSubstation 方法，获取某个分站下的人数赋值给 list；

⑤返回 list。

函数输入：无

函数输出：List<Substation>

逻辑关系：先获取所有分站的 ID 号，通过分站 ID 号分别查询每个分站下的人数，所有分站信息和对应的人数最后以 List 形式返回。

2. 特定分站下人员列表查询接口

函数名：public static List<LogInfo> getMembersLogList（String area）

函数流程：

①创建 List<LogInfo>对象 list；

②获取 ApplicationContext 对象，即获取 Spring XML 配置文件上下文；

③创建 PeoplePositionDao 对象，获取 Spring XML 文件中 bean 实例；

④调用 findLogInfo 方法，获取特定分站下人员信息列表；

⑤返回 list。

函数输入：String area　//分站名称

函数输出：List<LogInfo>

逻辑关系：根据不同分站 ID 号，查询对应的人员列表。

3. 特定员工井下位置记录信息查询接口

函数名：public static List<PositionInfo> getMemberTimePathList (String id)

Path 特定员工的井下位置记录信息

函数流程：

①创建 PositionInfo 对象 positionInfo；

②创建 List<PositionLog>对象 list _ pl；

③调用 getPositionLogList 方法获取个人位置记录的时间轴；

④获取 ApplicationContext 对象，即获取 Spring XML 配置文件上下文；

⑤创建 PeoplePositionDao 对象，获取 Spring XML 文件中 bean 实例；

⑥调用 findPositionInfo 方法，获取特定员工部分个人信息列表；

⑦将 list _ pl 赋值给 positionInfo 对象的对应属性；

⑧返回 list。

函数输入：String id //员工 ID

函数输出：List<PositionInfo>

逻辑关系：根据员工 ID 查询该员工当天的位置记录信息，最后记录信息以 List 形式返回。

4. 特定员工井下位置记录时间轴查询接口

函数名：public static List<PositionLog> getPositionLogList (String id)

//Path 特定员工的井下位置记录信息

函数流程：

①创建 List<PositionLog>对象 list；

②获取 ApplicationContext 对象，即获取 Spring XML 配置文件上下文；

③创建 PeoplePositionDao 对象，获取 Spring XML 文件中 bean 实例；

④调用 findPositionLog 方法，获取特定员工井下位置记录信息列表；

⑤返回 list。

函数输入：String id //员工 ID

函数输出：List<PositionLog>

5. 区域信息查询接口

函数名：public static List<AreaInfo> getAreaList () //Area是区域以及区域内的分站列表

函数流程：

①创建List<AreaInfo>对象list_a；

②创建List<BaseInfo>对象list_b；

③获取ApplicationContext对象，即获取Spring XML配置文件上下文；

④创建PeoplePositionDao对象，获取Spring XML文件中bean实例；

⑤调用findAeraInfo方法，获取所有区域信息列表；

⑥调用getBaseList方法获取特定区域的分站列表；

⑦将list_b赋值给list_a中对应的属性；

⑧返回list_a

函数输入：无

函数输出：List<AreaInfo>

6. 特定区域分站信息查询接口

函数名：public static List<BaseInfo> getBaseList () //Area是区域以及区域内的分站列表

函数流程：

①创建List<BaseInfo>对象list；

②获取ApplicationContext对象，即获取Spring XML配置文件上下文；

③创建PeoplePositionDao对象，获取Spring XML文件中bean实例；

④调用findBaseInfo方法，获取所有区域信息列表；

⑤返回list。

函数输入：无

函数输出：List<BaseInfo>

逻辑关系：先查询出所有区域的ID号，根据区域ID号逐一查询出该区域下所有的分站ID和名字，区域类中有List对象保存分站数据。最后只把保存区域信息的List返回。

7. 人员异常/超时信息查询接口

函数名：public static List<TroubleInfo> getWrongMembersList ()

函数流程：

①创建 List<TroubleInfo>对象 list；

②获取 ApplicationContext 对象，即获取 Spring XML 配置文件上下文；

③创建 PeoplePositionDao 对象，获取 Spring XML 文件中 bean 实例；

④调用 findTroubleInfo 方法，获取当日人员异常信息列表；

⑤返回 list。

函数输入：无

函数输出：List<TroubleInfo>

逻辑关系：查询当天所有的异常信息和超时信息。

8. 员工个人信息查询接口

函数名：public static EmployeeDetailInfogetWorkerDetailInfo (String id)

函数流程：

①创建 EmployeeDetailInfo 对象 e；

②获取 ApplicationContext 对象，即获取 Spring XML 配置文件上下文；

③创建 PeoplePositionDao 对象，获取 Spring XML 文件中 bean 实例；

④调用 findEmployeeDetailInfo 方法，获取当日员工个人信息列表；

⑤返回 list。

函数输入：String id　//员工 ID 号

函数输出：EmployeeDetailInfo

逻辑关系：根据员工 ID 查询员工的个人信息。

9. 特定条件下人员信息查询接口

函数名：private static List<EmployeeInfo> getWorkerInfo (String id)

函数流程：

①创建 List<EmployeeInfo>对象 list；

②获取 ApplicationContext 对象，即获取 Spring XML 配置文件上下文；

③创建 PeoplePositionDao 对象，获取 Spring XML 文件中 bean 实例；

④调用 findEmployeeInfo 方法，获取当日员工个人信息列表；

⑤返回 list。

函数输入：String id　//员工 ID 号

函数输出：List<EmployeeInfo>

逻辑关系：根据员工 ID 查询员工的个人信息。

10. 三种特定条件下人员信息查询接口

函数名：private static List<EmployeeInfo> getWorkerInfo（String type，String bz，String officer)

函数流程：

①创建 List<EmployeeInfo>对象 list；

②获取 ApplicationContext 对象，即获取 Spring XML 配置文件上下文；

③创建 EmployeeInfoDao 对象，获取 Spring XML 文件中 bean 实例；

④分别监测 Type，Bz，Officer 是否为空，把不为空的组合成 SQL 语句；

⑤调用 findEmployeeInfo 方法，获取当日员工个人信息列表；

⑥返回 list。

函数输入：String type；　　//工种

　　　　　String bt；　　　//部门

　　　　　String officer；　//职务

函数输出：List<EmployeeInfo>

逻辑关系：根据员工 ID 查询员工的人个信息。

案例 5-3　模块函数集成实现与训练。

```
/**
    * get the people list of one area
    *
    * @param point
    * @return
    */
public static List<LogInfo> getMembersLogList(String point) {
    List<LogInfo> list = new ArrayList<LogInfo>();
    ApplicationContext actx = getXML();
    PeoplePositionDao ppd = (PeoplePositionDao) actx
        .getBean("peoplePositionDao");
    //long time1 = System.currentTimeMillis();
    //long time2 = System.currentTimeMillis() - 20 * 60 * 1000;
    //String day1 = convert(time1, s_time);
    //String day2 = convert(time2, s_time);
    //String month = convert(time1, s_month).replaceAll("-", "");
    String table = "ag_under";
    String query = "select u.empId, e.NAME,  b.BZNAME, e.typeOfWork, u.stayTimeAll, c.ADRESS
```

```
from "
            + table
            + " u "
            + "LEFT JOIN tb_employee e ON u. empId = e. EMPID "
            + "LEFT JOIN tb_bz b ON e. bzid = b. bzid "
            + "LEFT JOIN tb_base c ON u. newBaseId = c. BaseID "
            + " param "
            + "ORDER BY u. empId;";
        if (point. equals("1")) {
          System. out. println("xxx1");
          query = query. replaceAll("param", "where u. oldBaseId = '0' AND u. newBaseId = ' 21'");
        }
        else if (point. equals("2")) {
          System. out. println("xxx2");
          query = query. replaceAll("param",
            "where u. oldBaseId ! = '0' AND u. newBaseId ! = '21'");
        }
        else if (point. equals("3")) {
    System. out. println("xxx3");
          query = query
              . replaceAll("param",
                  "where u. oldBaseId ! = '0' AND u. newBaseId ! = '21' AND b. bzid = 'QY001'");
          }
          else {
            System. out. println("xxx4");
            query = query. replaceAll("param", " ");
          }
          System. out. println(query);
          list = ppd. findLogInfo(query);
          return list;
        }
        /* *
         * get the history path of a worker
         *
         * @param id
         * @return
         */
        public static PositionInfo getMemberTimePathList(String id) {
            PositionInfo positionInfo = new PositionInfo();
            List<PositionLog> list = new ArrayList<PositionLog>();
            list = getPositionLogList(id);
            ApplicationContext actx = getXML();
```

```
            PeoplePositionDao ppd = (PeoplePositionDao) actx
                .getBean("peoplePositionDao");
            String query = "SELECT e.EMPID, e.NAME,b.BZNAME, e.typeOfWork FROM tb_employee e LEFT
JOIN tb_bz b ON e.bzid = b.bzid WHERE e.EMPID = '"
                        + id + "'";
            positionInfo = ppd.findPositionInfo(query).get(0);
            positionInfo.setList(list);
            return positionInfo;
        }
```

任务 5-2　智慧矿山系统的实时报警通知实现

通过存储在智慧矿山应用数据服务器中的数据的调取及读取，完成智慧矿山环境感知推送 Web 服务器的搭建，实现智慧矿山系统下的实时报警。

1. 学习目的

①学会智慧矿山系统感知系统推送 Web 服务器的搭建。

②理解 Android 端的数据解析实现方法。

③学会 Android 端的智慧矿山实时报警功能的实现过程。

④深入理解 Java 以及 Tomcat 服务器的部署。

⑤深入理解 Android 实时推送通知及报警的流程。

2. 实现方法及步骤

1）实现 Android 系统下的定时刷新功能

为了实现数据的实时报警，需要定时对服务器下的数据进行定时刷新。以下为单个的模块程序实现代码，程序在 Android 终端运行后可实现系统数据的实时刷新，获得最新的数据库信息。该模块程序代码可在 Android 终端独立运行。

案例 5-4　智慧矿山下的数据定时刷新。

```
package com.minemonitoringsystem.tools;
import java.util.concurrent.TimeUnit;
import android.app.AlertDialog;
import android.app.Dialog;
import android.app.Service;
import android.content.Context;
import android.content.DialogInterface;
import android.content.Intent;
```

```
import android.media.MediaPlayer;
import android.os.Handler;
import android.os.IBinder;
import android.os.Message;
import android.os.Vibrator;
import android.util.Log;
import android.view.WindowManager;
import com.minemonitoringsystem.FanRoomDetailActivity;
import com.minemonitoringsystem.MainBeltDetailActivity;
import com.minemonitoringsystem.R;
import com.minemonitoringsystem.SubstationDetailActivity;
import com.minemonitoringsystem.tools.Main_data_singleton.All_json_data;
import com.minemonitoringsystem.view.MyDialog;
public class Refresh_service extends Service {
    private boolean threadDisable;
    private Notifications notification = null;
    private int refreshTime = 0, alarm = 0, maxValum = 50, alarmCount = 0;
    private String http = "";
    private boolean isAlarm = false, alarmState = true, shakeState = true;
    public MediaPlayer mp = null;
    public Vibrator shake = null;
    private Context context;
    private Perferences perference;
    private static final int SHOWALARMDIALOG = 0;
    private static final int CANCLEALARMDIALOG = 1;
    private Message msg;
    private Message msg2;
    private Dialog alert = null;

    public IBinder onBind(Intent intent) {
        return null;
    }
    public void onCreate() {
        super.onCreate();
        context = this;
        perference = new Perferences(this);
        http = SystemConfing WEB_HEAD + perference.getIpAdress(    )MENT,
        System.out.println("service started" + "1111111111111111111111111111111111" + http);

        mp = MediaPlayer.create(this, R.raw.classic_alarm);
        mp.setLooping(true);
        shake = (Vibrator) getApplication().getSystemService(Service.VIBRATOR_SERVICE);
```

```
notification = new Notifications(context);

    new Thread(new Runnable() {
        public void run() {
            while (!threadDisable) {
                msg = new Message();
                msg2 = new Message();

        http = SystemConfig.WEB_HEAD + perference.getIpAdress()
        + SystemConfig.WEB_DOCUMENT;

        //主井皮带子系统电机页面报警
        for(int i = 0;i<data_shadow.getBelt_motor_detail_json_list().size();i++)
{
alarm = data_shadow.getBelt_motor_detail_json_list().get(i).getCratealarm() +
            data_shadow.getBelt_motor_detail_json_list().get(i).getFaxlealarm() +
            data_shadow.getBelt_motor_detail_json_list().get(i).getRatealarm() +
            data_shadow.getBelt_motor_detail_json_list().get(i).getCurrentalarm() +
            data_shadow.getBelt_motor_detail_json_list().get(i).getPoweralarm() +
            data_shadow.getBelt_motor_detail_json_list().get(i).getTemAalarm() +
            data_shadow.getBelt_motor_detail_json_list().get(i).getRaxlealarm() +
            data_shadow.getBelt_motor_detail_json_list().get(i).getSpeedalarm() +
            data_shadow.getBelt_motor_detail_json_list().get(i).getTemBalarm() +
            data_shadow.getBelt_motor_detail_json_list().get(i).getTemCalarm();
                if(alarm>0)//只要以上警报内容有一项为1,相加结果就大于0
                {
                alarmCount++;
                }
            }
            if(alarmCount>0){
                //TODO 有警报
                Intent intent = new Intent(context, MainBeltDetailActivity.class);
                intent.setFlags(Intent.FLAG_ACTIVITY_NO_HISTORY);
                intent.setAction(String.valueOf(System.currentTimeMillis()));
                notification.alarmNotification("警告", SystemConfig.ALARM_MAIN_BELT, intent, Sys-
temConfig.CODE_MAIN_BELT);
                isAlarm = true;
                alarmCount = 0;
            }

            //风机子系统电机页面报警
```

```
            for(int i = 0;i<data_shadow.getFan_room_motor_detail_json_list().size();i++)
            {
    alarm = data_shadow.getFan_room_motor_detail_json_list().get(i).getAcalarm() +
          data_shadow.getFan_room_motor_detail_json_list().get(i).getAxle1alarm() +
          data_shadow.getFan_room_motor_detail_json_list().get(i).getAxle2alarm() +
          data_shadow.getFan_room_motor_detail_json_list().get(i).getEdalarm() +
          data_shadow.getFan_room_motor_detail_json_list().get(i).getHm1alarm() +
          data_shadow.getFan_room_motor_detail_json_list().get(i).getHm2alarm() +
          data_shadow.getFan_room_motor_detail_json_list().get(i).getPoweralarm() +
          data_shadow.getFan_room_motor_detail_json_list().get(i).getTemAalarm() +
          data_shadow.getFan_room_motor_detail_json_list().get(i).getTemBalarm() +
          data_shadow.getFan_room_motor_detail_json_list().get(i).getU1alarm() +
          data_shadow.getFan_room_motor_detail_json_list().get(i).getU2alarm() +
          data_shadow.getFan_room_motor_detail_json_list().get(i).getU3alarm() +
          data_shadow.getFan_room_motor_detail_json_list().get(i).getVm1alarm() +
          data_shadow.getFan_room_motor_detail_json_list().get(i).getVm2alarm();
                if(alarm>0)//只要以上警报内容有一项为1,相加结果就大于0
                {
                    //TODO 有警报
                    alarmCount++;
                }
            }
            if(alarmCount>0){
            Intent intent = new Intent(context, FanRoomDetailActivity.class);
            intent.setFlags(Intent.FLAG_ACTIVITY_NO_HISTORY);
                intent.setAction(String.valueOf(System.currentTimeMillis()));
                notification.alarmNotification("警告", SystemConfig.ALARM_FAN_ROOM, in-
                tent, SystemConfig.CODE_FAN_ROOM);
                isAlarm = true;
                alarmCount = 0;
            }
        public void onDestroy() {
        super.onDestroy();
        this.threadDisable = true;
        notification.cleanAllNotification();
        mp.release();
        Log.v("CountService", "on destroy");
    }
/**
 * Build the desired Dialog
 * CUSTOM or DEFAULT
 */
```

```
public Dialog onCreateDialog() {
    Dialog dialog = null;
            MyDialog.Builder customBuilder = new MyDialog.Builder(this);
            customBuilder.setTitle("警告")
                .setMessage("系统中有报警,请下拉状态栏查看通知,若需要关闭报警提示请单
                击"取消声振"")
                .setNeutralButton("取消声振",
                    new DialogInterface.OnClickListener() {
                    public void onClick(DialogInterface dialog, int which) {
                        mp.pause();
                        shake.cancel();
                        dialog.dismiss();
                    }
                });
            dialog = customBuilder.create();
    return dialog;
}
}
```

2）报警流程的实现

报警流程的实现是通过定时数据刷新的流程获取，然后通过触发报警 Activity，完成实时报警。实时报警流程是通过事件驱动的方式获得的。

案例 5-5　智慧矿山报警流程。

```
package com.minemonitoringsystem.tools;
import com.minemonitoringsystem.R;
import com.minemonitoringsystem.SettingActivity;
import android.app.Activity;
import android.app.Notification;
import android.app.NotificationManager;
import android.app.PendingIntent;
import android.content.Context;
import android.content.Intent;
import android.media.MediaPlayer;
import android.media.RingtoneManager;
import android.net.Uri;
import android.provider.MediaStore.Audio;
public class Notifications {
    public Context context;
    //public Context alarmcontext;
    public NotificationManager manager;
    public Notifications(Context context){
```

```
            this.context = context;
            manager = (NotificationManager) context
                .getSystemService(Context.NOTIFICATION_SERVICE);// 创建一个 Notification 管理器
    }
    @SuppressWarnings("deprecation")
    public void alarmNotification(String title,String message,Intent intent,int noteCount){
        // 创建一个 Notification
        Notification notification = new Notification(R.drawable.icon_alarm_note,
            message, System.currentTimeMillis());
            // 设置  通知可以被清除掉
            notification.flags = Notification.FLAG_AUTO_CANCEL;
            PendingIntent pendingIntent = PendingIntent.getActivity(context, 0, intent, Pendin-
            gIntent.FLAG_UPDATE_CURRENT);
            notification.setLatestEventInfo(context, title, message, pendingIntent);
            manager.notify(noteCount, notification);
    }
        @SuppressWarnings("deprecation")
        public void addNotification(String _text,int id){
            Notification notification = new Notification(R.drawable.icon_alarm_note,
                _text, System.currentTimeMillis());
            notification.flags = Notification.FLAG_AUTO_CANCEL;
            notification.defaults = Notification.DEFAULT_SOUND;
            Intent intent = new Intent(context, SettingActivity.class);
            PendingIntent pendingIntent = PendingIntent.getActivity(context, 0, intent,
            PendingIntent.FLAG_UPDATE_CURRENT);
            notification.setLatestEventInfo(context, "警告!", _text, pendingIntent);
            manager.notify(id, notification);
        }
        public void onGoingNotification(){
            }
        public void cleanAllNotification(){
        manager.cancelAll();
        }
}
```

【引导训练考核评价】

本项目的“引导训练”考核评价内容见表 5-2。

表 5-2　“引导训练”考核评价表

<table>
<tr><td rowspan="10">考核要点</td><td>考核内容</td><td>所占分值</td><td>实际得分</td></tr>
<tr><td>(1) 熟知井下人员定位管理系统架构</td><td>5</td><td></td></tr>
<tr><td>(2) 熟知 LTE 软件设计技术，3G 设备及软件设计技术，专用便携核心网设计技术</td><td>10</td><td></td></tr>
<tr><td>(3) 深入理解 Java 以及 Tomcat 服务器的部署</td><td>10</td><td></td></tr>
<tr><td>(4) 深入理解 Android 实时推送通知及报警的流程</td><td>15</td><td></td></tr>
<tr><td>(5) 学会安卓端人员定位系统开发流程</td><td>15</td><td></td></tr>
<tr><td>(6) 学会井下人员定位管理系统的接口设计</td><td>15</td><td></td></tr>
<tr><td>(7) 学会人员定位服务端和定位终端功能的实现方法</td><td>15</td><td></td></tr>
<tr><td>(8) 学会 Android 端的智慧矿山实时报警功能的实现方法</td><td>15</td><td></td></tr>
<tr><td>小计</td><td>100</td><td></td></tr>
<tr><td>评价方式</td><td>自我评价</td><td>小组评价</td><td>教师评价</td></tr>
<tr><td>考核得分</td><td></td><td></td><td></td></tr>
<tr><td>存在的主要问题</td><td></td><td></td><td></td></tr>
</table>

【同步训练】

任务 5-3　煤矿自动化安全检测系统

1. 学习目的

①学会自动化安全监测系统的主体架构结构设计。

②复习服务器端数据读取的流程和方案。

③复习 Android 端数据实时获取与实现方法。

2. 实现方法及步骤

(1) 系统框架结构

整个系统分为 Android 终端软件和分布式服务端系统两大组成部分，如图 5-30 所示。分布式服务端架构，整个服务端通过煤矿软件总线作为标准数据交互的通道，通过 xmpp 标准协议 API 进行服务端的互操作。

服务端主要分为三个层次：数据解析存储中间件，数据备份存储服务，分布式WebServer。

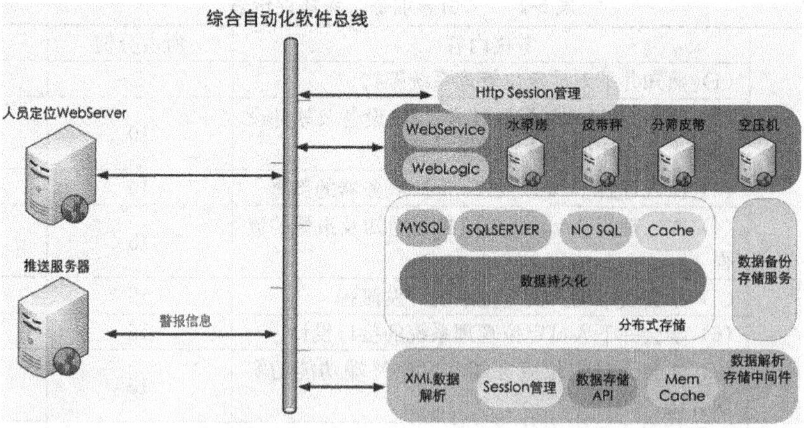

图 5-30 综合自动化监测系统架构

数据解析存储中间件主要功能包括：

①报警信息解析成功，直接丢在总线上由推送服务器调用；

②管理数据解析心跳；

③对大数据设计二级缓存，加快数据解析过程。

数据备份存储主要功能包括：

①可以针对煤矿已经有的系统进行集成和灾害备份；

②具有主流关系数据库和 NoSQL 分布式文件数据库功能；

③可设置时间频率的数据灾害备份。

分布式 WebServer 主要功能包括：

①通过 Http Session 管理组件进行并发终端访问管理；

②通过分布式 WebServer 加强服务访问实时性，提升访问效率。

（2）系统的层次结构

安全监测模块在系统架构方面采用 4 层结构：数据持久化层，业务逻辑层，WebService 层，表现层（见图 5-29）。具体见任务 5-1 的介绍。

①数据持久化层：主要完成数据库数据持久化工作，为业务逻辑层提供数据服务；

②业务逻辑层：实现安全监测模块的业务逻辑工作，模块的主要运算单元；

③WebService 层：负责表现层和业务逻辑层的连接工作，主要工作为从客户端获取参数，将参数传递给业务逻辑层，将业务逻辑层返回的数据以约定格式返回给客户端；

④表现层：与用户交互的界面和结果显示界面。由 URL 控制跳转到不同的界面。

案例 5-6 WebService 层方法接口设计。

列出 WebService 层的安全监测模块提供给其他模块的接口，以及本模块需要其他模块提供的接口，包括函数接口和全局变量接口等模块间操作所用到的任何内容，其中函数接口需要将输入、输出参数及返回值确定。

1. 获取筛分皮带列表接口

URL形式：screenBeltList

输入：无

输出：JSON

JSON格式：

```
{
    screenBeltList:  //类型:List<ScreenBelt>
    [{
        Long uid;           //主键
        Int id;             //皮带 id
        String name;        //皮带名称
    }]
}
```

Action流程：

①调用getScreenBeltList()函数获取皮带信息列表；

②把获取的list存储BeltData.map里面；

③map里面数据处理成JSON格式；

④返回Success，同时让struts将JSON数据返回给客户端。

2. 获取所有筛分皮带运行状态信息列表接口

URL形式：beltStateList

输入：无

输出：JSON

JSON格式：

```
{
    beltStateList:  //类型:List<BeltData>
    [{
        Long id;                    //主键
        int bid;                    //皮带 ID
        String dataname;            //数据量名称
        String type;                //数据量类型
        String currentvalue;        //数据值
```

```
        String unit;                    //单位
        Timestamp writetime;            //数据写入时间,为保存数据库时的系统当前时间
    }]
}
```

Action 流程：

①调用 getBeltStateList() 函数获取特定皮带运行数据列表；

②把获取的 list 存储 BeltData. map 里面；

③map 里面数据处理成 JSON 格式；

④返回 Success，同时让 struts 将 JSON 数据返回给客户端。

注："单位"值可能为 NULL。

3. 获取特定筛分皮带保护设备状态信息列表接口

URL 形式：protectList? id=皮带 id

输入：id（皮带 ID）

输出：List<BeltData>

JSON 格式：

```
{
    protectList:  //类型:List< BeltData>
    [{
        Long id;                          //主键
        int bid;                          //皮带 ID
        String dataname;                  //数据量名称
        String type;                      //数据量类型
        String currentvalue;              //数据值
        String unit;                      //单位
        Timestamp writetime;              //数据写入时间,为保存数据库时的系统当前时间
    }]
    int     Alarm;                        //保护状态异常标识(0:正常 1:异常)
}
```

Action 流程：

①调用 getProtectMesList（Integer id），函数获取特定皮带流量历史数据列表；

②把获取的 list 存储 BeltData. map 里面；

③map 里面数据处理成 JSON 格式；

④返回 Success，同时让 struts 将 JSON 数据返回给客户端。

注："单位"值可能为 NULL。

4. 获取所有筛分皮带下给煤机状态信息列表接口

URL形式：coalFeederList

输入：无

输出：List<BeltData>

JSON格式：

```
{
   coalFeederList:   //类型:List< BeltData>
   [{
       Long id;                        //主键
       int bid;                        //皮带 ID
       String dataname;                //数据量名称
       String type;                    //数据量类型
       String currentvalue;            //数据值
       String unit;                    //单位
       Timestamp writetime;            //数据写入时间,为保存数据库时的系统当前时间
   }]
}
```

Action流程：

①调用getCoalFeederMesList()　函数；

②把获取的list存储BeltData. map里面；

③map里面数据处理成JSON格式；

④返回Success，同时让struts将JSON数据返回给客户端。

5. 获取主井皮带数值型数据列表接口

URL形式：numericalList? id＝皮带id

输入：id　　　　　　　　//皮带ID

输出：List<BeltData>

JSON格式：

```
{
   numericalList:   //类型:List< BeltData>
   [{
       Long id;                        //主键
       int bid;                        //皮带 ID
       String dataname;                //数据量名称
       String type;                    //数据量类型
```

```
        String currentvalue;            //数据值
        String unit;                    //单位
        Timestamp writetime;            //数据写入时间,为保存数据库时的系统当前时间
    }]
}
```

Action 流程：

①调用 getNumericalMesList（Integer id）函数；

②把获取的 list 存储 BeltData. map 里面；

③map 里面数据处理成 JSON 格式；

④返回 Success，同时让 struts 将 JSON 数据返回给客户端。

6. 接收并处理前端请求接口（HttpServlet 请求）

由 cn. ict. sbf. webservice. SaveXMLClient 类实现，SaveXMLClient 继承自 HttpServlet。

<servlet-name>SaveXMLClient</servlet-name>

<servlet-class>cn. ict. sbf. webservice. SaveXMLClient</servlet-class>

Action 流程：

①初始化 init()；

②处理请求 doGet() 或 doPost()；

③释放空间，销毁变量 destroy()。

7. 读取 XML 文件接口

由 cn. ict. sbf. webservice. XMLClient 类实现，XMLClient 继承自 Thread。

Action 流程：

①获取服务端连接参数 ip 及 port；

②根据 ip 及 port 创建 socket；

③根据 socket 创建 BufferedReader inputstream；

④以流形式 inputstream 读取 XML 文件，读取完毕关闭 inputstream 及 socket；

⑤调用 XMLParser. parser（String xml）解析 xml 文件。

案例 5-7 业务逻辑层接口设计（cn. ict. sb. service）。

以子模块为单位，列出为实现模块功能，所需要的模块内部接口，包括函数接口、全局变量接口等任何函数间操作所用到的内容。其中函数接口需要将输入、输出参数及返回值确定。

1．筛分皮带设备列表查询接口

函数名：public static List<ScreenBelt> getScreenBeltList ()

函数流程：

①建 List<ScreenBelt>对象 list；

②获取 ApplicationContext 对象，即获取 Spring XML 配置文件上下文；

③创建 ScreenBeltDao 对象，获取 Spring XML 文件中 bean 实例；

④调用 findScreenBelt 方法，获取所有筛分皮带信息列表；

⑤返回 list。

函数输入：无

函数输出：List<ScreenBelt>

2．筛分皮带运行状态信息查询接口

函数名：public static List<BeltData> getBeltStateList (Integer id)

函数流程：

①创建 List<BeltData>对象 list；

②获取 ApplicationContext 对象，即获取 Spring XML 配置文件上下文；

③创建 DataDao 对象，获取 Spring XML 文件中 bean 实例；

④创建 List<Temp>对象 list_id；

⑤调用 getIDList 方法，获取数据库中最新的 id List；

⑥根据 list_id 的长度新建一个 long 型数组 nodelist，将 list_id 中的 id 属性赋值给 nodelist；

⑦调用 findLatestStateMes 方法，获取所有皮带（主井皮带，南翼、北翼皮带及筛分皮带）最新的运行状态信息；

⑧返回 list。

函数输入：无

函数输出：List<BeltData>

3．筛分皮带运行数据存储接口

函数名：public static void saveBeltData (BeltData d)

函数流程：

①获取 ApplicationContext 对象，即获取 Spring XML 配置文件上下文；

②创建 DataDao 对象，获取 Spring XML 文件中 bean 实例；

③调用 saveBeltData 方法，存储筛分皮带数据。

函数输入：BeltData //数据对象

函数输出：无

4．特定筛分皮带保护状态信息查询接口

函数名：public static List<BeltData> getProtectMesList (Integer id)

函数流程：

①创建 List<BeltData>对象 list；

②获取 ApplicationContext 对象，即获取 Spring XML 配置文件上下文；

③创建 DataDao 对象，获取 Spring XML 文件中 bean 实例；

④创建 List<Temp>对象 list_id；

⑤调用 getIDList 方法，获取数据库中最新的 id List；

⑥根据 list_id 的长度新建一个 long 型数组 nodelist，将 list _ id 中的 id 属性赋值给 nodelist；

⑦调用 findLatestProMes 方法，获取特定筛分皮带所有保护状态数据列表的最新 n 条数据；

⑧返回 list。

函数输入：id //皮带 ID

函数输出：List<BeltData>

5．特定筛分皮带保护状态异常状态判断接口

函数名：public static intisAlarm (List<BeltData> list)

函数流程：

①定义 int 类型变量 alarm = 0，用于标识皮带的所有保护设备是否处在正常状态（0 表示正常，1 表示异常）。如果皮带上的一个保护设备处于异常状态，则 alarm = 1；

②循环遍历 list 中每个 BeltData 对象中的属性值是否异常；

③出现异常状态置 alarm=1 并跳出循环；

④返回 alarm。

函数输入：List<BeltData> list 特定皮带保护状态信息列表

函数输出：alarm

6．筛分皮带秤下给煤机状态信息查询接口

函数名：public static List<BeltData> getCoalFeederMesList (Integer id)

函数流程：

①创建 List<BeltData>对象 list；

②获取 ApplicationContext 对象，即获取 Spring XML 配置文件上下文；

③创建 DataDao 对象，获取 Spring XML 文件中 bean 实例；

④创建 List<Temp>对象 list _ id；

⑤调用 getIDList 方法，获取数据库中最新的 id List；

⑥根据 list _ id 的长度新建一个 long 型数组 nodelist，将 list _ id 中的 id 属性赋值给 nodelist；

⑦调用 findLatestCStateMes 方法，获取所有筛分皮带下给煤机运行状态信息列表；

⑧返回 list。

函数输入：无

函数输出：List<BeltData>

7．特定筛分皮带秤数据类型信息查询接口

函数名：public static List<BeltData> getNumericalMesList (Integer id)

函数流程：

①创建 List<BeltData>对象 list；

②获取 ApplicationContext 对象，即获取 Spring XML 配置文件上下文；

③创建 List<Temp>对象 list _ id；

④调用 getIDList 方法，获取数据库中最新的 id List；

⑤根据 list _ id 的长度新建一个 long 型数组 nodelist，将 list _ id 中的 id 属性赋值给 nodelist；

⑥创建 DataDao 对象，获取 Spring XML 文件中 bean 实例；

⑦调用 findLatestProMes 方法，获取特定筛分皮带的最新数值型信息列表；

⑧返回 list。

函数输入：String id　//皮带 ID

函数输出：List<BeltData>

8. 获取最新 id 列表接口

函数名：private static List<Temp> getIDList()

函数流程：

①创建 List<Temp>对象 list；

②获取 ApplicationContext 对象，即获取 Spring XML 配置文件上下文；

③创建 DataDao 对象，获取 Spring XML 文件中 bean 实例；

④调用 findMaxList 方法；

⑤返回 list。

函数输入：无

函数输出：List<Temp>

9. 解析 XML 文件接口

函数名：public static void parser（String xml）

函数流程：

①用 DocumentHelper. parseText（xml）创建 Document 对象 document；

②获取 document 的根元素 root；

③用 Element. elements（" data"）遍历获取所有<data></data>标签内各元素属性及属性值；

④创建 Data 对象 data 并为其各属性赋值；

⑤调用 saveData 方法，将 Data 对象 data 的内容存至数据库。

函数输入：String XML（xml 文件的字符串形式）

函数输出：无

案例 5-8 Dao 层接口设计（cn. ict. sb. dao）。

1. 皮带秤设备查询接口

函数名：public List<ScreenBelt>findScreenBelt（String query）

函数流程：

①创建 List<ScreenBelt>对象 list；

②hibernateTemplate 调用 find 方法查询筛分皮带列表；

③将查询结果赋值到 list；

④返回 list。

函数输入：String query　　　　//SQL 语句

函数输出：List<ScreenBelt>

2. 筛分皮带运行数据管理接口（cn. ict. sb. dao. DataDao）

（1）筛分皮带数值型数据查询

函数名：public List＜BeltData＞ findLatestNumMes（Long［　］idList）

函数流程：

①创建 List＜BeltData＞对象 list；

②使用对象打开 session；

③使用 Criteria 对象添加 SQL 语句查询条件：unit 属性不为空，id 属性属于 idList；

④调用 Criteria 的 list 方法将查询结果赋值给 list 对象；

⑤返回 list。

函数输入：Long［　］idList　　　　　//id 数组

函数输出：List＜BeltData＞

（2）筛分皮带保护数据查询

函数名：public List＜BeltData＞ findLatestProMes（Long［］idList）

函数流程：

①创建 List＜BeltData＞对象 list；

②使用对象打开 session；

③使用 Criteria 对象添加 SQL 语句查询条件：dataname 属性包含“保护”字样，id 属性属于 idList；

④调用 Criteria 的 list 方法将查询结果赋值给 list 对象；

⑤返回 list。

函数输入：Long［　］idList　　　　　//id 数组

函数输出：List＜BeltData＞

（3）筛分皮带给煤机状态数据查询

函数名：public List＜BeltData＞ findLatestCStateMes（Long［　］idList）

函数流程：

①创建 List＜BeltData＞对象 list；

②使用对象打开 session；

③使用 Criteria 对象添加 SQL 语句查询条件：dataname 属性包含“给煤机”字样，id 属性属于 idList；

④调用 Criteria 的 list 方法将查询结果赋值给 list 对象；

⑤返回 list。

函数输入：Long [ ] idList //id 数组

函数输出：List<BeltData>

(4) 筛分皮带状态数据查询

函数名：public List<BeltData> findLatestCStateMes (Long [ ] idList)

函数流程：

①创建 List<BeltData>对象 list；

②使用对象打开 session；

③使用 Criteria 对象添加 SQL 语句查询条件：dataname 属性包含“给煤机”字样，id 属性属于 idList；

④调用 Criteria 的 list 方法将查询结果赋值给 list 对象；

⑤返回 list。

函数输入：Long [ ] idList //id 数组

函数输出：List<BeltData>

案例 5-9 筛分皮带函数实现核心代码及分析。

```
/**
  * 获取井下皮带 ID 列表
  */
@SuppressWarnings("unchecked")
public List<Temp> findMaxList(Integer id) {
    List<Temp> list = new ArrayList<Temp>();
    Session s = hibernateTemplate.getSessionFactory().openSession();
    Criteria c = s.createCriteria(Temp.class).add(
        Restrictions.eq("bid", id));
    ProjectionList prolist = Projections.projectionList();
    prolist.add(Projections.max("id"));
    prolist.add(Projections.groupProperty("name"));
    c.setProjection(prolist);
    List<Object> results = c.list();
    for (int i = 0; i < results.size(); i++) {
        Object[] arr = (Object[]) results.get(i);
        Temp t = new Temp();
        t.setId((Long) arr[0]);
        t.setName(arr[1].toString());
        list.add(t);
    }
    s.close();
    return list;
}
```

```
@SuppressWarnings("unchecked")
public List<BeltData> findLatestBeltMes(Long[] idList) {
    List<BeltData> list = new ArrayList<BeltData>();
    Session s = hibernateTemplate.getSessionFactory().openSession();
    Criteria c = s.createCriteria(BeltData.class).add(
        Restrictions.in("id", idList))
        .add(Restrictions.eq("type", "Int"));
    list = c.list();
    s.close();
    return list;
}
/**
  * 主井皮带运行状态信息
  *
  * @param idList
  * @return
  */
@SuppressWarnings("unchecked")
public List<BeltData> findMBeltStateMes(Long[] idList) {
    List<BeltData> list = new ArrayList<BeltData>();
    Session s = hibernateTemplate.getSessionFactory().openSession();
    Criteria c = s.createCriteria(BeltData.class)
        .add(Restrictions.in("id", idList))
        .add(Restrictions.eq("dataname", "主井皮带电机运行"));
    list = c.list();
    s.close();
    return list;
}
/**
  * 获取井下皮带就地状态
  */
@SuppressWarnings("unchecked")
public List<BeltData> findOTSStateMes(Long[] idList) {
    List<BeltData> list = new ArrayList<BeltData>();
    Session s = hibernateTemplate.getSessionFactory().openSession();
    Criteria c = s.createCriteria(BeltData.class)
        .add(Restrictions.in("id", idList))
        .add(Restrictions.like("dataname", "%皮带就地%"));
    list = c.list();
    s.close();
    return list;
}
/**
```

```
     * 南翼北翼皮带运行状态
     */
@SuppressWarnings("unchecked")
public List<BeltData> findNSBeltStateMes(Long[] idList) {
    List<BeltData> list = new ArrayList<BeltData>();
    Session s = hibernateTemplate.getSessionFactory().openSession();
    Criteria c = s.createCriteria(BeltData.class)
        .add(Restrictions.in("id", idList))
        .add(Restrictions.like("dataname", "%皮带速度%"));
    list = c.list();
    s.close();
    return list;
}
/**
     * 筛分皮带
     */
@SuppressWarnings("unchecked")
public List<BeltData> findSCBeltStateMes(Long[] idList) {
    List<BeltData> list = new ArrayList<BeltData>();
    Session s = hibernateTemplate.getSessionFactory().openSession();
    Criteria c = s.createCriteria(BeltData.class)
        .add(Restrictions.in("id", idList))
        .add(Restrictions.like("dataname", "%启停控制"));
    list = c.list();
    s.close();
    return list;
}
```

【同步训练考核评价】

本项目的“同步训练”考核评价内容见表5-3。

表5-3 “同步训练”考核评价表

任务名称	煤矿自动化安全检测系统				
任务完成方式	【 】小组合作完成			【 】个人独立完成	
同步训练任务完成情况评价					
自我评价		小组评价		教师评价	
存在的主要问题					

【想一想　练一练】

数字矿山与智慧矿山都是物联网发展的趋势，数字矿山是矿山信息化发展的现在进行时，智慧矿山是数字矿山发展的高级阶段。在未来的智慧矿山发展过程中，围绕具体的应用开展技术研究与创新是发展的趋势。结合目前数字矿山的发展需求，可以预见在未来一段时间内，智慧矿山主要将围绕以下一些新问题和新技术展开研究与应用。

①虚拟现实技术，可以实现井下环境的三维模拟，无须通过大量视频数据回传来掌握井下的状况。

②基于绿色低功耗技术的基站系统，开展井下定位，在一套系统中实现通信、定位。并通过图形化界面进行调度和控制。

③智能决策系统，对各种数据进行汇总与分析，智能开展如通风系统控制、救援系统自动控制、瓦斯自动报警灯功能。

④面对越来越多的业务，需要进行实时处理，提供基于曙光超级服务器的云计算平台，满足大中小各种类型煤矿的云计算中心建设需求。

⑤提供基于 TD-SCDMA/TD-LTE 技术的井下通信系统，实现脱网直通功能，满足紧急求援情况下的通信需求。满足向 LTE 技术平滑过渡的需求。

⑥基于 WiFi 双模基站解决方案。

对智慧矿山技术及应用进一步可以考虑围绕智慧矿山信息化建设目标，研究并掌握智慧矿山信息搜集、传输、存储、分析及决策的四层核心应用。并就业务层的计算及存储虚拟动手实践虚拟化网络系统建设、虚拟化服务器系统的建设、统一存储系统建设，实现一套针对智慧矿山业务信息小、汇聚信息量大、趋势预测等特征的云计算服务系统。理解解决矿山信息技术手段匮乏、数据分析手段单一、网络系统架构落后的问题的意义。了解彻底改善传统的网络、计算机存储系统中开展面向智慧矿山业务扩容难、迁移难、增加新业务难的状况。

知识拓展

1. 智慧矿山 LTE 毫微微蜂窝基站产业概况

在未来几年，通信系统将以 LTE 标准为主，我国也将采用 TD-LTE 作为唯一标准。可以预见，LTE 在后 3G 时代也将延续 2G 时期 GSM 的主流地位，GSM 技术在 2G 和 3G 时代占据 80%市场份额，LTE 也将延续这一趋势，LTE 产业具有巨大的产业规模。同时随着宽带无线信号处理、移动计算、多媒体处理等相关技术的迅猛发展，移动通信产业已经进入新一期的产业新纪元，在产业规模方面，仅手机一项的年产业规模就达上万亿人民币。而随着下一代无线通信技术及传感器技术的发展，移动通信设备除了在数量上取得了惊人的增长，其形态及功能也在不断演进，人人互联、人机互联的物联网时代已经来临，更大规模的物联应用将会产生，LTE 移动通信产业规模的增长也将不可估量。

TD-LTE 毫微微蜂窝基站作为一种新型的覆盖性设备，除了可面向运营商网络开展广泛部署外，还可以针对特殊的行业应用开展定制化应用部署。相关的产品和系统可依托运营商系统产品的产业链发展，降低产业的风险。目前就 LTE Femtocell 系统而言，市场正处在起步阶段且规模潜力巨大。根据 Infonetics Research 的调查数据显示，2012 年 Femtocell市场规模达到 4.25 亿美元，同比增长 21%。据 Femtocell 论坛预计，到 2016 年年底，Femtocell 部署数量将达到 9000 万台，具有广阔的应用前景。从 2012 年开始，LTE Femtocell 成为移动通信市场的主流发展趋势。截至目前为止，全球已有 37 个商用部署。最新部署 Femtocell 的运营商是美国的区域运营商 Mosaic，意大利、英国等国的运营商也已经开始相关系统部署与试运营。众多部署 Femtocell 的运营商显示了 Femtocell 市场巨大潜力。全球第一个部署 Femtocell 的运营商 Sprint 的 Femtocell 出货量已经超过 50 万台，并且预计在 2013 年出货量将达到 100 万台。AT&T 是全球部署 Femtocell 规模最大的运营商，美国是 Femtocell 最成熟的市场。同时一些欧洲和亚洲的运营商的表现也不错，英国 Vodafone、日本软银、法国 SFR 等运营商已经分别售出超过 10 万台的 Femtocell。Vodafone 最近在英国全境开展了一次市场营销，宣传他们的 Femtocell 服务。目前 Vodafone 在 12 个国家部署了 Femtocell 商用基站，并且计划在整个运营网络内全部部署。并且 Vodafone 将在公共区域和偏远地区提供 Femtocell 部署，并且在一些传统的信号盲区实现覆盖，而在这些地方部署大型基站被认为是不经济的，这充分体现了 Femtocell 的经济性已经获得了运营商的广泛关注。与此同时，作为 LTE 运营和 Femtocell 运营的先行者，Verizon 和 Sprint 都承诺将部署 LTE Femtocell。而之前的一项调查显示，60%的运营商都认为 Femtocell 在 LTE 时代比宏基站更重要。在国内 Femtocell 发展主要集中在 TD-SCDMA 方面，截止 2012 年 10 月，已有超过 6 家设备商完成了在上海移动组织的 TD-SCDMA Femtocell 测试，并陆续开始准备商用化的市场测试。在苏州移动的组织下，目前已经出货超过 2 万台开展试商用，且中国移动计划将 Femtocell 的试点扩展到 13 个省市。在此基础上开展面向煤矿安全生产的 TD-LTE 基站研发，可获得公网运营商产业的支持，减少产业风险。

2. “智慧矿山”项目实施的前景意义

目前，国家出台了很多对 TD-LTE 产业发展政策，基于 TD-LTE 网络的创新应用同时符合“物联网”产业发展政策，符合国家有关“物联网示范工程”的区域发展政策，符合能源领域的信息化发展目标。通过智慧矿山项目的实施，可以有效地整合各方相关资源，以有自主知识产权、自主品牌和国际竞争力的国有大型企业为依托，统筹规划，打造基于TD-LTE的“智慧矿山”产业链，促进本质安全型、质量效益型、科技创新型、资源节约型、和谐发展型矿山的建设，同时带动地方产业结构调整，带动地方经济发展，促进科技成果转化和引进技术的消化、吸收和再创新。

3G技术的出现给移动通信带来了巨大的影响，给人们的生活带来了前所未有的体验，它使上网冲浪、联网游戏、远程办公等摆脱了场地和环境的束缚，实现了真正的无所不在。但人们的需求并没有就此停滞，大量的市场调研和专家研究表明，2Mbps的WCDMAR99传输速率、14.4Mbps R5HSDPA的峰值速率已远远不能满足人们未来的需求。国际标准化组织3GPP在经过认真的讨论后提出了LTE，其峰值速率100Mbps的数据传输，并且具有很好的向下兼容性，以保护现有的投资。目前，LTE已经被全球多个运营商认可为下一代无线通信技术，从标准制定伊始，LTE就在频谱利用率、网络性能、扁平化网络结构等方面提出了具体要求，并且已经得到大多数采用3GPP和3GPP2标准的运营商的支持，已有国际主流运营商明确了LTE部署的时间表为2010年。LTE目前已经得到了拥有最多运营商的GSM协会的支持，各主流运营商也都十分关注LTE。

在专用通信领域，专网市场在近年来获得了飞速发展，市场每年以20%左右的速度递增。行业信息化要求开展面向行业需求的专用通信系统研发，仅2010年，全国的专用通信市场规模就达到2000亿元人民币。相应通信系统获得了巨大的采购机会。在未来十年里，通过信息化带动工业化的战略将进一步得到落实，以水利、煤矿等为代表的行业信息化必将进一步促进3G及LTE专网通信技术的飞速发展。

项目 6　柔性制造物联网系统

教学导航

教学目标	(1) 熟悉柔性制造、智能制造物联网系统开发需求并开展分析 (2) 熟悉柔性制造物联网系统的体系结构并进行分析 (3) 了解柔性制造物联网系统在 iOS 平台下的基本原理 (4) 了解 iOS 开发技术、跨专业开发原理以及系统的实现过程 (5) 掌握柔性制造物联网系统主要模块的功能分析以及可行性分析
教学重点	(1) 柔性制造结构组成及系统的设计 (2) 安全监测数据感知采集、环境监测数据、流水线数据组织与实施、柔性制造系统的开发方法和流程
教学难点	(1) 基于 iOS 开发柔性制造数据采集系统的环境配置 (2) 环境监测数据获取与显示，以及加工流水线模拟关键代码编写和调试
教学方法	任务驱动法、分组讨论法、四步训练法（训练准备——→引导训练——→同步训练——→拓展训练）
课时建议	10 课时

项目概述

1. 项目开发背景

柔性制造是智能制造发展趋势下的一个重要方向，它代表了未来制造业在趋向数字化、可感知、可编程等多个信息化进程中的重要实现方式。在这个系统中蕴含了包括生产制造技术、人工智能技术、宽带网络技术、物联网、智能软件设计等多个高新技术制高点。

现今社会的诸多领域逐步迈入信息化阶段，随着智能技术的广泛应用，智能化制造成为行业高新发展方向的重要参考指标之一。物联网技术作为“第三次工业革命”重要的推动力和技术引擎，将中和数字化、广泛数字化和制造经验以及制造工艺相结合，改进以传统体力化劳动的机械生产过程，也是实现经济转型升级的重要手段。柔性制造概念的提出，极大地改善了生产制造中的生产流程可控性、物料储运系统实时监控以及生产工艺数字化程度。

早在1967年，英国的威廉森就提出了柔性制造系统的概念，通过将传感器技术和数字控制技术结合，完成生产机床无人值守24小时生产加工的自动化过程，这也可以看做是早期柔性制造系统的一项数字化、信息化应用。随着工业自动化技术的发展以及网络技术的突飞猛进，更多的企业和研究机构将柔性制造系统过程虚拟化、可视化、可控化。在21世纪后，以欧、美、日、韩为主的制造业发达国家更是将该技术作为未来可持续发展的关键技术。到2011年，美国确立了有关智能化制造的4个优先行动计划，其中针对广义物联网概念的包括虚拟化工厂企业社区、生产决策工具箱、移动设备监控等。

对于我国来说，预计到2015年，由物联网技术驱动下的柔性制造、智能制造产业将打破1万亿元销售大关，每年的产业发展率将超过25%。作为我国物联网和智能制造发展的优势地区，江苏、广东、浙江等地已经初步形成科研、生产、服务一体化产业链，体现了我国从工业大国向工业强国逐步演进的决心和成果。

2. 项目开发目的与意义

在老牌制造业和工业发达国家的驱使下，制造业信息化成为必然趋势，我国工业正在启动信息化的改造之路。面对现有的机遇和挑战，积极开展基于物联网技术的制造系统，建立一个示范性、教学性、可操作性的柔性制造系统，使之首先服务于我国工业信息化程度较高的地区，并在各类学校中广泛推广，培养适合企业应用，拥有包括工业制造、网络、计算、通信等多类知识和技术的学生和技术人才，将是一个重要的行业发展条件。

与传统的制造相比，应用物联网技术的柔性制造系统具有更好的自动化能力，这包括自学习、自组织、自维护等。另外，由于电子化手段的引入，劳动成本大幅度降低，生产线的操作和监控人员将可以通过一体化的软件和系统设备实时、异地地对生产过程进行控制和监视。

本项目在这个方面进行了若干基础性与实验性工作，为了向生源需求日渐扩张的产业链不断输送具备跨领域知识的应用型人才，本项目侧重介绍物联网技术在制造生产线中的特色应用模式。从物联网端、网络、云体系架构中结合柔性制造生产线上的各类数据、设备、生命周期，针对不同子系统开发给出体系结构、模块和功能分析以及开发案例，让学生以软件工程技术、嵌入式技术、虚拟现实技术为工具，对柔性制造系统理论知识到系统开发，再到测试调试，有全面的理解。

因此，针对目前柔性制造的技术发展趋势，在需求牵引下，应当开展如下技术攻关：

①结合生产制造系统，开展物联网信息采集，主要关注环境类、生产类和健康监测类3类信息。在这3类信息分析的基础上，开展柔性制造物联网信息化系统构造。

②柔性制造是跨学科的组合，与艺术设计、机械制造、信息技术、物流管理等学科高

度融合，在物联网项目组织实施中需要将上述因素综合考虑。

③在柔性制造物联网系统研发构建过程中，需要融合移动互联网技术，借助移动互联网便捷的应用和宽带传输能力，随时随地监控生产现场的状况。

④通过柔性制造物联网系统的研发，了解柔性制造过程。除开展物联网系统实训外，还应当将系统技术推广，与实际的、更多的生产实训系统相结合，获得更多的经济价值和市场效益。

目前，国内柔性制造的生产与设计主要集中在机械制造企业，但是与行业以及信息技术的结合并不深入。针对机械生产制造企业以及终端客户的市场巨大，潜在机械设计制造企业数千家，终端用户不计其数，市场前景十分广阔。在国家智能制造产业政策的支持下，可通过不断提高系统的功能，并不断提升性价比，获得广阔的市场应用推广。期望通过该实训项目，培养机械物联网人才、信息技术人才、市场推广管理人才等，开展技术积累及储备。

项目分析与设计

1. 项目需求分析

本项目“面向柔性制造的物联网系统”基于物联网传感采集技术、移动互联网技术、专用核心网和上层创新应用，构建面向柔性制造信息化系统。该系统基于 iOS 系统平台，借助移动互联网技术快速实现柔性制造系统的体系框架和结构，实现对柔性制造系统的实时监测与监控，快速掌握生产实践流程。同时，在系统构建过程中，遵循物联网四层结构模型，实现传感、传输、云计算与业务层的多层次融合。具体包括以下内容：

①基于移动通信网络或 3G/TD-LTE 专用移动通信系统，开展业务部署与传输。

②云计算设备互联，在云计算平台采集和分析各类传感信息，获得各类信息的发展趋势，并在此基础上进行数据趋势分析。

③基于 iOS 平台的移动互联网应用开发。在 iOS 平台上开发柔性制造物联网应用系统，实现远程随时随地的信息采集和分析。

本项目在技术上具有较高的独创性和先进性。通过本系统的研发和设计，使未来的柔性制造物联网系统获得跨学科融合的最佳效果。通过课程设置优化资源的配置是第一步。将高等院校与物联网相关的各类教学实验资源在相对分散的基础实现融合，打破无法形成统一管理与完整系统展示的困局。通过柔性制造的项目改造，将改变各个方向相对独立、实验教学受到学科设置局限的局面。新的实训教程不再专注于某一类实验，而是将机电学科、信息学科、管理学科等融合，借助物联网开展信息化系统建设。因此，通过本项目进行资源整合，提供一套具有规模效应的一体化柔性制造物联网实训系统，是本项目首先要达到的目标。

同时，通过学校与企业及科研院所的技术融合，将制造技术、物联网技术、移动通信技术、云计算等技术融合到该柔性制造项目中，结合已有的实验资源，开展柔性制造物联网教学实验，将新的信息技术成果落地，达到教学、科研与人才培养相结合的效果。将柔性制造物联网系统应用到教学实践中，有助于学生在多学科基础上理解物联网，以及获得实训方面的经验，并开展推广。

2. 系统的体系结构分析

本套柔性制造加工系统实现了工艺产品的完整工艺流程，其中的产品设计、生产计划采购、产品制造和产品物流四个环节的流程关系如图 6-1 所示。

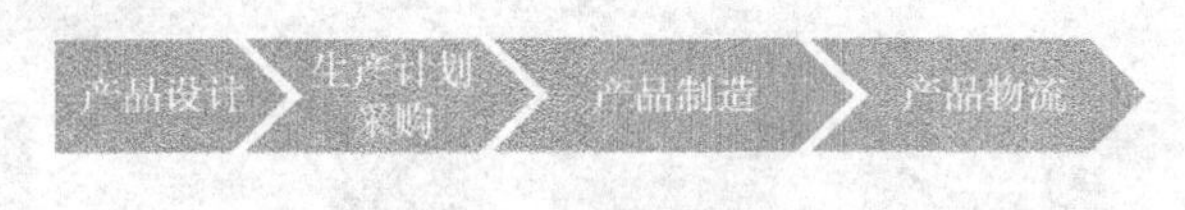

图 6-1　工艺流程图

按照此生命周期的四个环节，把本套系统分为产品设计、生产计划采购、产品制造、产品物流四个模块。

在产品制造环节，柔性制造系统针对工艺产品加工的硬件系统进行实时模拟与监控。此硬件系统由自动仓储单元、多通道自动传输单元、三轴钻铣加工单元、数控铣加工单元、机器人装配单元、自动条码识别系统、影像监控单元、上位机监控等八大功能模块十一种可独立运行的工作单元组合而成，综合运用了机器人、数控加工、PLC 控制、物流管理、伺服驱动、气动驱动技术、多种传感器以及 ProfiBus-DP 总线通信等多方面自动控制技术。

该系统的设备布置如图 6-2 所示。

该机械系统的加工工艺流程是本项目研究和开发的重点，因为在产品加工环节，柔性制造加工系统要对机械系统的加工流程进行模拟与监控。其中，模拟的依据就是按照一定频率，不断从服务器获取每个设备的状态信息，然后在本地解析、处理并做出判断，最后选择加工工件的下一步逻辑工序。

3. 系统的主要模块和功能分析

在机械系统中，一共有两种加工毛坯，一种是水晶体，另一种是底座。水晶体又分倒角水晶体和非倒角水晶体。在加工流水线上，内雕机会在水晶体上雕刻设定好的图案，并与经过铣床加工的底座进行装配。

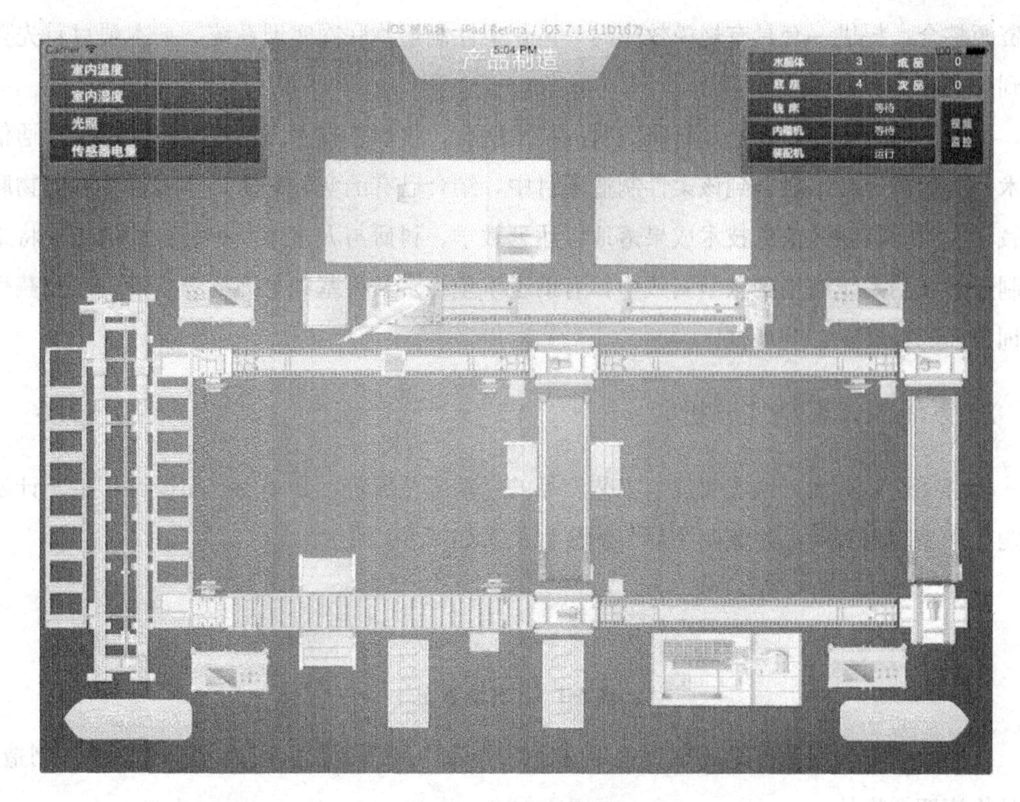

图 6-2 机械系统配置

(1) 产品设计模块

在产品设计环节，工厂工作人员需要选择出需要加工的水晶体类型（底座是默认必选）以及需要在水晶体上雕刻的图案。其中，雕刻图案的选择有三种模式：一种是在系统中集成的，第二种是通过设备的多媒体相机或相册获取，第三种通过网络请求获取后台服务器图案数据。

在本模块，系统的参与者是工厂工作人员。在功能方面，包括选择毛坯类型和选择加工图案两大项，这两项功能分别包含一些小功能。其用例图如图 6-3 所示。

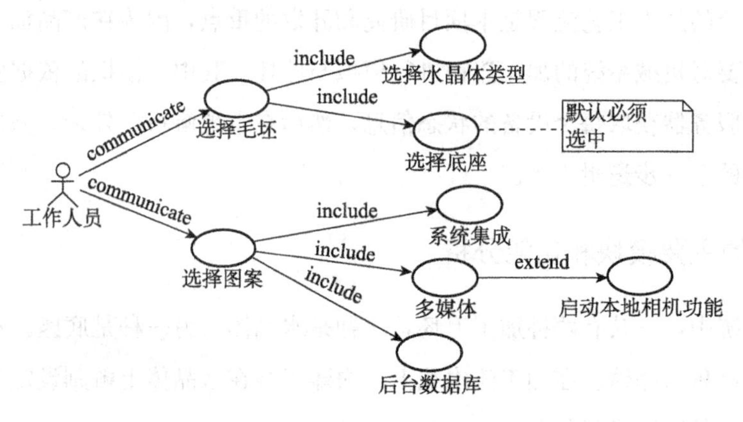

图 6-3 产品设计用例图

（2）生产计划采购模块

在上一模块中，系统收集到工作人员对毛坯和加工图案的选择，并采用一定的数据结构进行记录。在生产计划采购模块，系统自动从后台获取库存中倒角和非倒角成品的个数，以及不同工作人员选择的不同加工图案的成品个数，然后显示在界面中。工作人员根据订单需求以及所显示的库存信息，设置还需要加工的水晶体数量。

本模块中，系统的参与者是工厂工作人员，主要功能是根据库存信息，设置尚需加工的水晶体数量。其用例图如图 6-4 所示。

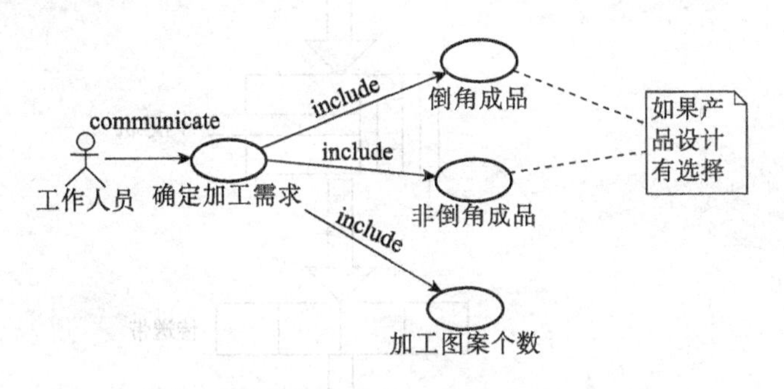

图 6-4　生产计划采购用例图

（3）产品制造模块

经过产品设计模块和生产计划采购模块确定加工需求，工业产品的生命周期就进入产品制造模块。在本模块中，将对生产流水线的加工进行实时的模拟和监控。其中，系统模拟的信息是水晶体和底座的加工流程。系统监控的信息包含如下内容：

①加工流水线的环境信息（温度、湿度、光照、传感器电量等）。

②设备信息（运行状态、功耗、I/O 触点信息）。

③加工工件信息（水晶体和底座数量、成品量、次品量）。

④加工现场视频监控。

因为本系统对加工流水线是实时监控状态，所以，为了保证数据的准确性，系统按照一定的频率进行 HTTP 请求，以获取最新信息。

对于加工工件，有水晶体和底座之分。由前面介绍的硬件机械系统可知，水晶体和底座的加工工艺是不同的。水晶体的加工工艺如图 6-5 所示。

当然，水晶体每一个动作的执行都由设备的 I/O 触点控制。I/O 触点信息按照一定频率从后台服务器获取。

可以看到，在以上流程图中有一个检测台，用于检测从毛胚库取出的水晶体形状。倒角和非倒角的水晶体在内雕机中按照不同的程序加工，但是本套系统不关心倒角的差异带来的处理工艺的不同，因为本程序不模拟内雕机的加工内容。

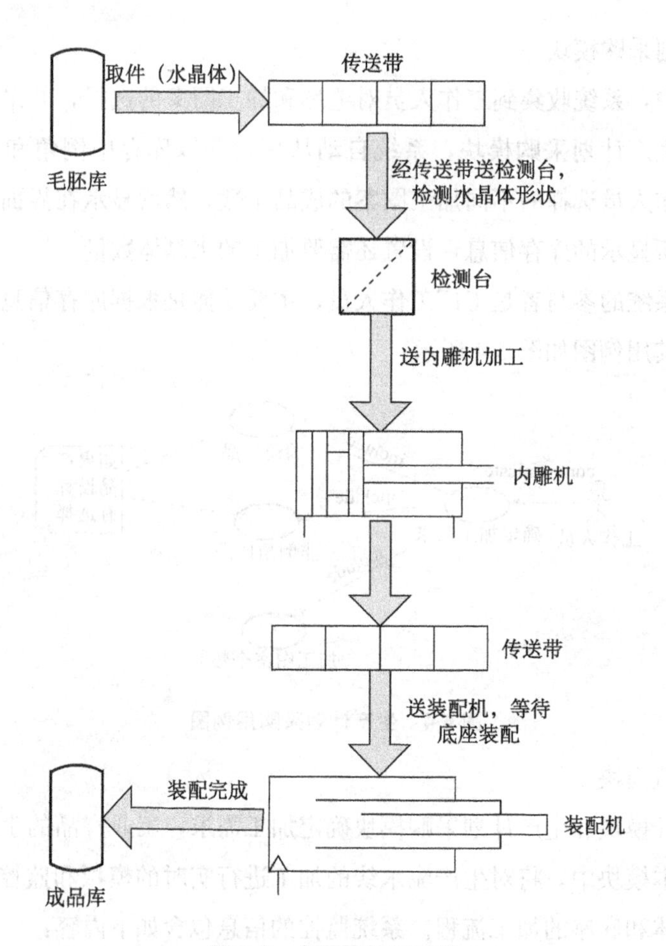

图 6-5 水晶体加工工艺

关键技术与相产关知识

1. LTE 机械感知层建设

感知层主要针对机械生产线环境参数、产品位置、生产实地图景进行采集和感知。通过模块化设计的传感器网络，无线传感系统将外部信息传感、通信信号传输、网络协议转换和转发融为一体，结合专业定制的 TinyOS 操作系统，完成无线传感器从软件到硬件的一体化解决方案。成熟的软硬件方案将最大限度地满足智慧校园应用，无线传感相关开发以及针对物联网的科研要求。在终端传感类型中，本系统将包括针对环境的温度传感、湿度传感、光照传感等，针对生产线的位置传感、速度传感、安全信息传感等。此外，终端采集节点将感知数据通过短距离无线技术上传至传感接入网关；接入网关针对不同的数据类型和协议进行转换，并上行转发至移动通信基站，经由 3G 或宽带无线接入通信网络；上行数据将通过基站交由核心网网关进行调度和处理。最终，传感信息送至云端，结合相关的传感业务系统进行信息解读和业务展示。

2. 异构组网层

系统采用位于专用通信互联网中的通信核心网关进行协议之间的转换以及相关的编解码。这一创新性的设计将极大程度地简化异构网络建设中所需的设备数量、成本投资以及后期的维护投入。来自不同网络体系的信息将在专用通信核心网关中被解析，剥离其中的有效信息，并重新进行编解码和信息封装，最终发送至目的地。无论是来自传感器网络的传感数据，还是来自移动通信网络的语音和数据包，有线固网的模拟数据都将统一集中在核心网关进行处理。这样的网络结构高度简化了网络中的节点数量，减少网络互通时的延时、丢包等异常现象的发生。

异构接入组网的架构特点，将给融合现有网络设备，结合原有网络系统提供便利。在项目实施时，减少了网络重建、设备冗余等不必要的浪费。通过核心设备提供的强大异构能力，实现智慧校园，产业信息化的行业示范目标将不再是一个概念。

3. 云计算服务平台

云计算服务平台对感知层采集数据进行集中处理，并提供应用资源统一调度。“云计算”一词用来同时描述一个系统平台或者一种类型的应用程序。一个云计算的平台按需进行动态地部署（provision）、配置（configuration）、重新配置（reconfigure）以及取消服务（deprovision）等。在云计算平台中的服务器可以是物理的服务器或者虚拟的服务器。高级的云计算通常包含其他计算资源，例如存储区域网络（SAN）、网络设备、防火墙以及其他安全设备等。云计算在描述应用方面，描述了一种可以通过互联网访问的可扩展的应用程序。“云应用”使用大规模的数据中心以及功能强劲的服务器来运行网络应用程序与网络服务。任何一个用户可以通过合适的互联网接入设备以及一个标准的浏览器，访问一个云计算应用程序。

云计算包含两个方面的含义：一方面，描述了基础设施，用来构造应用程序，其地位相当于 PC 上的操作系统；另一方面，描述了建立在这种基础设施之上的云计算应用。在与网格计算的比较上，网格程序是将一个大任务分解成很多小任务，并行运行在不同的集群以及服务器上，注重科学计算应用程序的运行。而云计算是一个具有更广泛含义的计算平台，能够支持非网格应用，例如支持网络服务程序中的前台网络服务器、应用服务器、数据库服务器三层应用程序架构模式，以及支持当前 Web 2.0 模式的网络应用程序。云计算是能够提供动态资源池、虚拟化和高可用性的下一代计算平台。

4. 终端业务流程显示

本项目在业务方面提供针对机械物联网生产流程的各类信息输入及采集，包括手写签名及刻录、智能监控、位置感知、环境数据感知、车牌识别在内的多种业务形式。具体实施方案如图 6-6 所示。

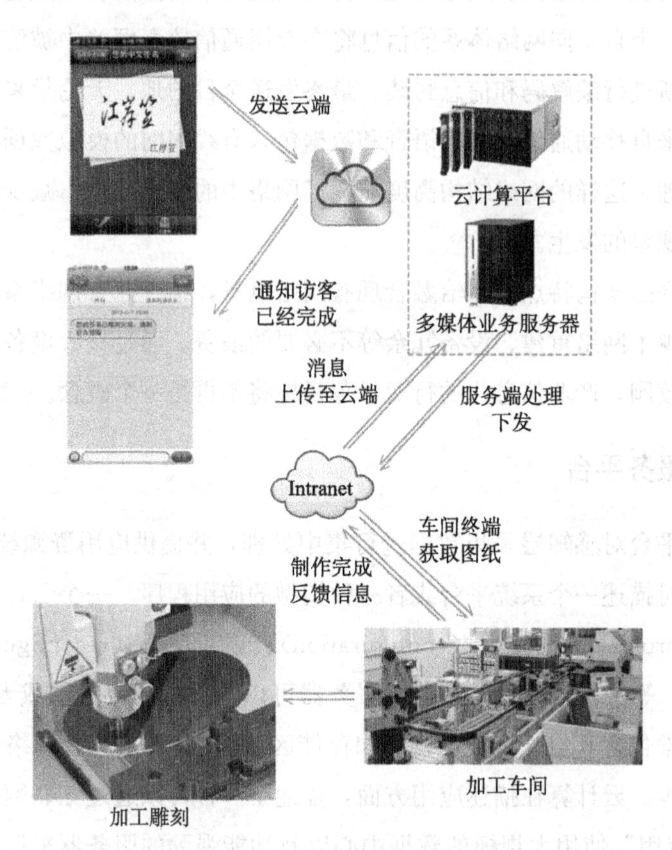

图 6-6　柔性制造终端业务流程

终端业务显示作为柔性制造物联网系统的重要功能，将机械生产过程中的信息感知、传输、计算、通知进行融合。首先，传感采集层通过传感器节点将温度、湿度、光照等外部信息上传汇聚到传感接入网关，接入网关在进行协议转换后，经由宽带无线链路发送至核心网，并交给云计算服务器进行数据挖掘和计算。在相应的业务服务器运算后，部分数据将按需通过网络下发至用户终端，并推送信息。用户可根据显示数据获知周围及全网络节点数据。

项目实施

【训练准备】

1. iOS 开发环境搭建

iOS 的开发环境既可以搭建在 iOS 的系统平台上，也可以构建在非 iOS 的环境下。无论采用哪种方式，最终的实训都需要在 iOS 环境验证。目前有较多的有关 iOS 开发环境构建的介绍和说明，本节简要介绍主要步骤，具体的构建细节可参照相关网络资料。

假设开发者已经完成 Apple ID 申请，并注册了开发者账号。

1）环境配置

（1）计算机硬件环境

准备一台装有 MAC _ OS _ X 的 MAC BOOK，必须是基于 Intel 的 Macintosh 计算机，操作系统的版本最好在 10.6.2 以上。因为 iOS SDK4 以上的版本对操作系统版本的最低要求是 10.6.2。

（2）移动终端 iPhone 或 iPod Touch 都可以，主要用来测试编写好的程序。

①下载并安装 iOS SDK 及开发工具 Xcode（进入网址 http：//archive.cnblogs.com/a/2005710/）。

②网页中提供各个版本的 SDK 及 X-CODE 的官方下载地址，选择一个合适的版本下载。

③安装 iPhone SDK：首先在 MAC 中找到 iPhone SDK 的安装文件，然后用鼠标双击该文件图标，将弹出一个窗口，选择“继续”按钮并等待安装完成。注意，在安装过程中需要退出 iTUNES。

2）创建 iOS 工程示例

（1）创建示例步骤

①首先，打开应用程序（Mac 自带工具），找到并打开 Xcode 开发工具。（本示例基于 Xcode5.1.1）

②在 Xcode 菜单栏，选择 File→New Project 命令，在打开的窗口中选择 Empty Application 模板，然后单击 Next 按钮，如图 6-7 所示。

③在随后出现的窗口中，在 Product Name 输入项目名 HelloWorld，在 Company Identifier 输入 ict，单击 Next 按钮，如图 6-8 所示；然后选择工程保存目录，最后单击 Create 按钮。

④选择菜单栏 File→New File 命令，在打开的窗口中左侧栏选择 iOS 下面的 Cocoa Touch 项，在右侧栏选择 Objective-C class 模板，单击 Next 按钮，如图 6-9 所示。

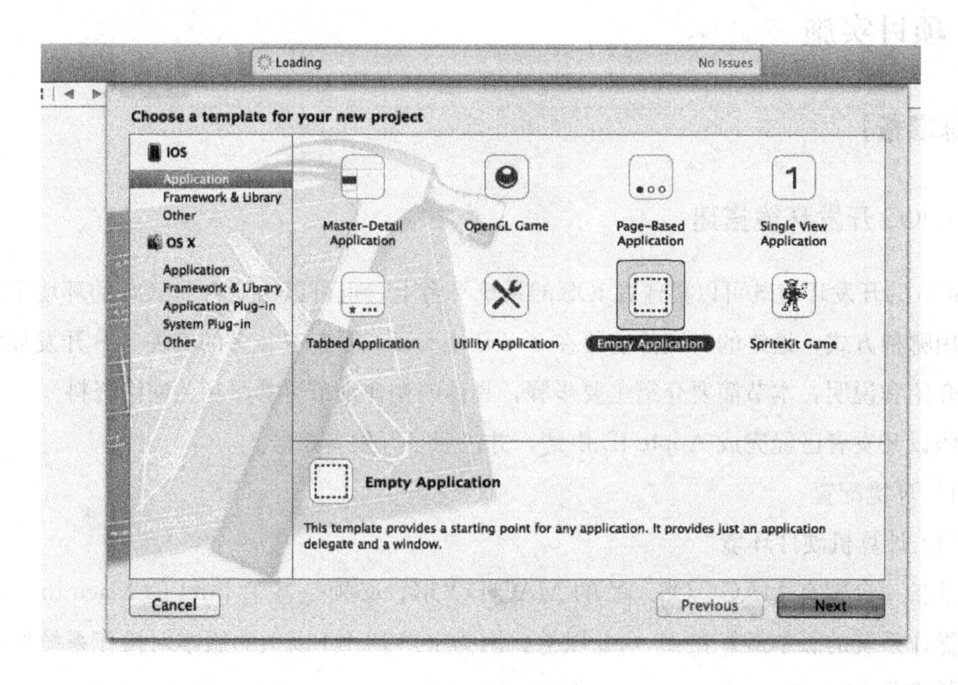

图 6-7 开发类型选择

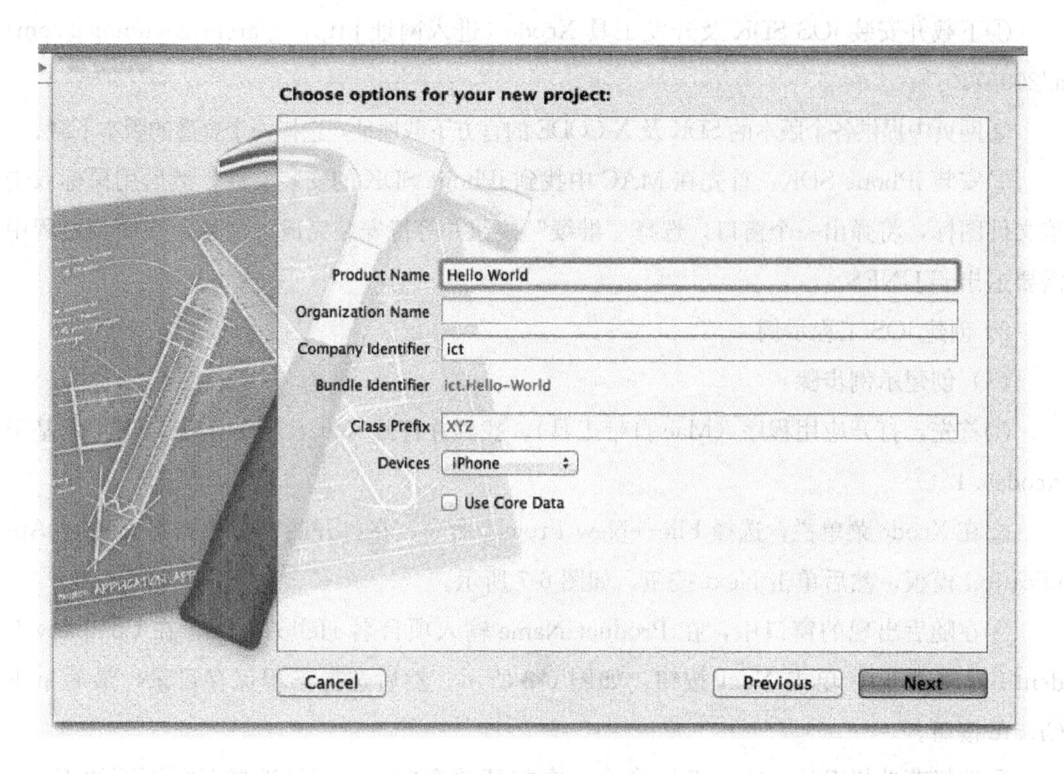

图 6-8 填写相关工程属性

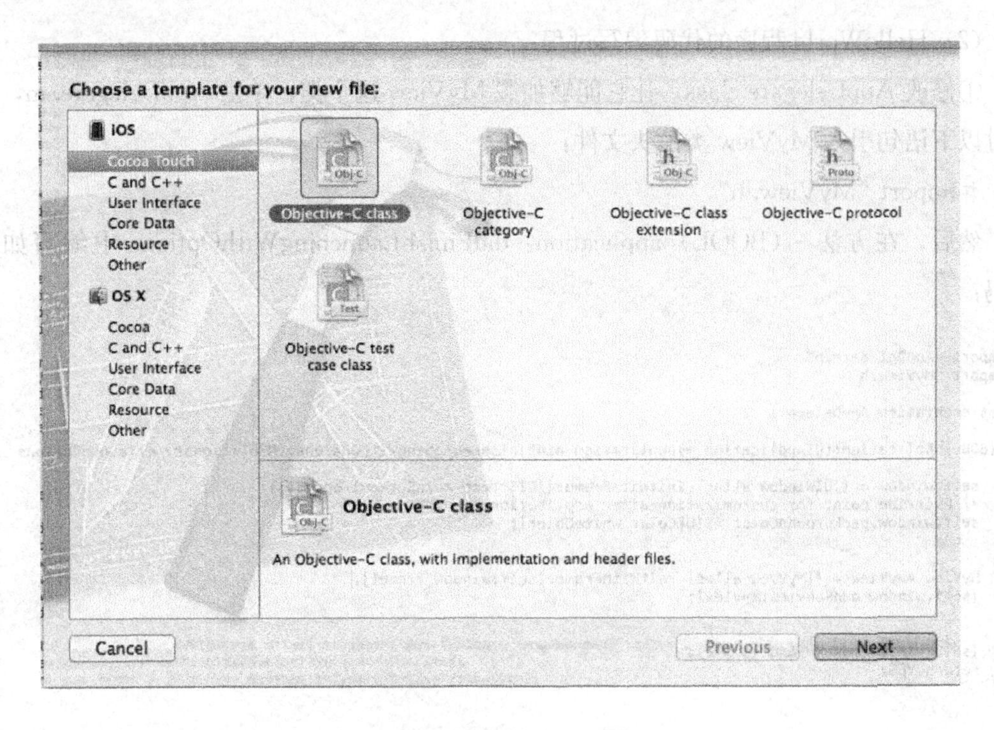

图 6-9　选择程序语言类型

⑤在随后出现的窗口中，在 Class 项输入 MyView，在 Subclass of 项选择输入 UIView，单击 Next 按钮，如图 6-10 所示，并在随后出现的窗口中单击 create 按钮。

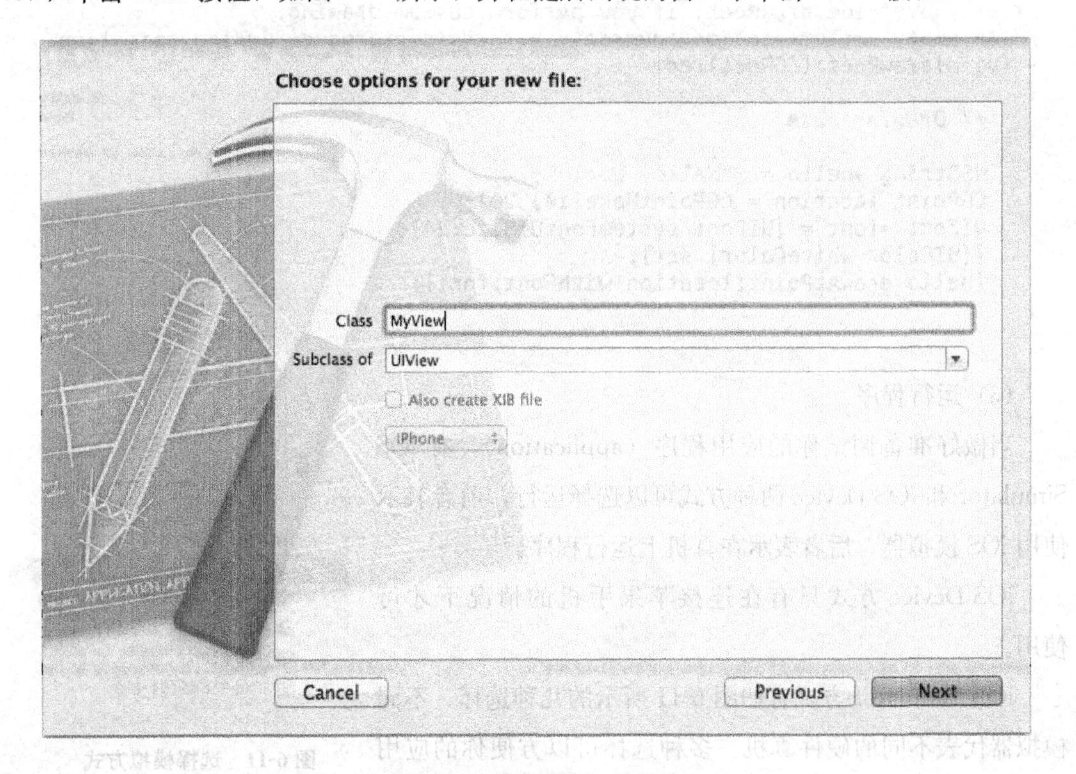

图 6-10　填写相关文件属性

（2）HelloWorld程序的代码编写过程

①修改AppDelegate class，让它能够加载MyView这个类，单击AppDelegate. m，先通过以下语句引入MyView类的头文件：

＃import “MyView. h”

然后，在方法 -（BOOL）application：didFinishLaunchingWithOptions中编写如下代码：

```
#import "AppDelegate.h"
#import "MyView.h"

@implementation AppDelegate

- (BOOL)application:(UIApplication *)application didFinishLaunchingWithOptions:(NSDictionary *)launchOptions
{
    self.window = [[UIWindow alloc] initWithFrame:[[UIScreen mainScreen] bounds]];
    // Override point for customization after application launch.
    self.window.backgroundColor = [UIColor whiteColor];


    MyView *myView = [[MyView alloc] initWithFrame:[self.window frame]];
    [self.window addSubview:myView];


    [self.window makeKeyAndVisible];
    return YES;
}
```

②修改MyView中的-（void）drawRect方法，编写如下代码在视图中输出“Hello，World”。

```
// Only override drawRect: if you perform custom drawing.
// An empty implementation adversely affects performance during animation.
- (void)drawRect:(CGRect)rect
{
    // Drawing code

    NSString *hello = @"Hello, World";
    CGPoint location = CGPointMake(10, 20);
    UIFont *font = [UIFont systemFontOfSize:24];
    [[UIColor whiteColor] set];
    [hello drawAtPoint:location withFont:font];
}
```

（3）运行程序

当做好准备调试你的应用程序（application），有iOS Simulator和iOS Device两种方式可以选择运行，前者表示使用iOS模拟器，后者表示在真机上运行程序。

iOS Device方式只有在连接苹果手机的情况下才可使用。

iOS Simulator方式有如图6-11所示的几种选择，不同模拟器代表不同的硬件真机，多种选择可以方便你的应用

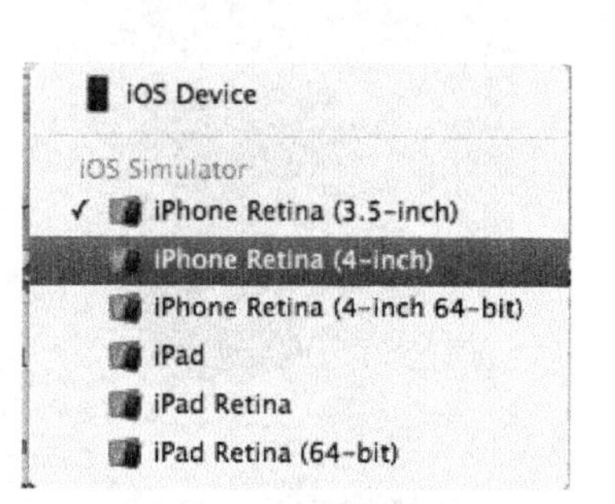

图6-11 选择模拟方式

程序在不同真机上的适配。这里选择 iPhone Retina（4-inch），然后在菜单栏单击 Project→Run 命令，程序即在模拟器上运行。

2. 柔性制造物联网系统简介

柔性制造物联网系统的开发设计从跨学科的角度出发，从艺术设计到机械物联网，到物流等。不同环节的训练重点不同，具体描述如下：在系统的产品设计、生产计划采购、产品物流中，使用了大量的 iOS 组件、布局和图片，实现了美观、简洁的产品设计、采购、物流人—机交互界面，方便用户在产品设计加工销售流水线的操作。在系统的产品制造流程中使用了大量的动画事件，以良好地体现产品的加工制造流程；同时在产品制造过程中加入摄像头监控功能，通过对 H.264 视频流格式的解码和显示、处理，达到对产品制造的实时监控。

【引导训练】

任务 6-1　iOS 环境下的柔性制造系统开发

1. 学习目的

①熟知跨专业柔性制造原理过程。

②学会柔性制造物联网系统接口的设计与实现。

③学会柔性制造物联网加工流水线设计与实现。

④学会 iOS 开发过程中的模块划分及集成。

2. 实现方法及步骤

（1）系统开发环境

该柔性制造加工系统基于 iOS 系统，使用 Objective-C 语言。这是一门面向对象的编程语言，是 C 语言的超集。开发 iOS 应用程序需要使用苹果 Mac OS，开发工具使用 Xcode。开发环境的搭配非常简单，安装开发工具 Xcode 即可。Xcode 自动集成了 iOS 开发工具包 iOS SDK。开发环境如表 6-1 所示。

（2）系统运行环境

本系统基于 iOS 操作系统开发，因此本套柔性制造加工只能部署在运行 iOS 操作系统的设备上。应用程序运行环境如表 6-2 所示。

表 6-1 系统开发环境

操作系统	Mac OS X10.8.2
开发工具	Xcode4.5.2（4G2008a）
开发工具包	iOS SDK5.0、iOS SDK5.1、iOS SDK6.1
编程语言	Objective-C

表 6-2 系统运行环境

操作系统	iOS 5.0 及以上 iOS 系统版本
硬件环境	iPad2 及以后 iPad 版本

（3）实现步骤

①应用程序与后台服务器接口设计：柔性制造物联网的数据从后台服务器获取。在系统中，应用程序与后台服务器的交互将使用功能强大且易用的第三方类库 ASIHTTPRequest。此类库完美封装了 iOS SDK 中自带但操作繁琐的类库 CFNetWork，极大地方便了对网络数据的请求。

同时，在此过程中采用观察者模式，对环境信息和设备信息参数进行监测。应用程序从服务器接口获取数据后，如果参数信息发生变化，将自动调用回调函数，对程序界面中显示的数据等信息进行更新。

②程序信息交互接口：应用程序相关的信息都会存储在 XML 数据库中。对于 XML 文件的访问，iOS SDK 提供了一种 XML 解析类 NSXMLParser，但是此类使用起来比较繁琐。在本系统中，将采用第三方类库 GDataXML。GDataXML 是 Google 开发的一款 DOM 方式轻量级 XML 解析类库，支持 XPath 方式查询。

③模块间数据接口：iOS 中的编程语言是 Objective-C，这是一种面向对象的编程语言。在 iOS SDK 中，最主要的类是视图控制器类 ViewController。本系统中，四个模块之间的跳转也就是 ViewController 之间的跳转。ViewController 可以设置属性，然后通过点语法进行访问或赋值，因此模块之间数据的传递通过 ViewController 的属性完成。

案例 6-1 柔性制造物联网加工流水线设计与实现。

为了实时监控加工流程，使用 **NSTimer** 类型计时器 **timer**，设定每隔 1 秒调用一次回调函数 **onTimer**。在此回调函数中，实现对设备信息的 **HTTP** 网络请求。

在实际加工工艺中，对水晶体和底座的加工流程是不同的。对于这两个对象，将采用都继承自 **UIImageView** 类但设置不同的 **image** 来区分。

对于水晶体，从毛坯库中取出，到最后进入成品库，这个流程根据其加工特点分为 3

段，如表 6-3 所示。

表 6-3　水晶体流程分段

分段	第一段	第二段	第三段
水晶体	毛坯库→内雕机	内雕机→装配机	装配机→成品库
动画	BallMNAnimation	BallNZAnimation	BallZCAnimation

水晶体的轨迹运行动画据此分为 3 段。动画的命名如表 6-3 所示。

与水晶体略有不同的是，底座的加工是在铣床内，且加工过的底座有一定的坏品率。对于良品底座和次品底座，有不同的流程。根据其特点，也可对底座的加工流程进行分段，如表 6-4 所示。

表 6-4　底座流程分段

分段	第一段	第二段	第三段
良品底座	毛坯库→铣床	铣床→装配机	装配机→成品库
动画	BaseMXAnimation	BaseXZAnimation	BaseZCAnimation
次品底座	毛坯→铣床	铣床→废料篓	
动画	BaseMXAnimation	BaseXFAnimation	

根据表 6-4 中所示的水晶体和底座的加工流程，在系统每隔 1 秒刷新获取每个设备的 I/O 触点信息后，将进行一次判断，内容是上一个设备的“O”触点和下一个设备的“I”触点是否同时为“TRUE”。如果是，水晶体或底座将执行相应的动画。在系统进行一次 HTTP 请求获取设备 I/O 信息后，将自动调用回调函数 getDeviceInfo()。该函数进行所述判断，这对程序的运行起着调度作用。图 6-12 说明了该函数中的判断逻辑。

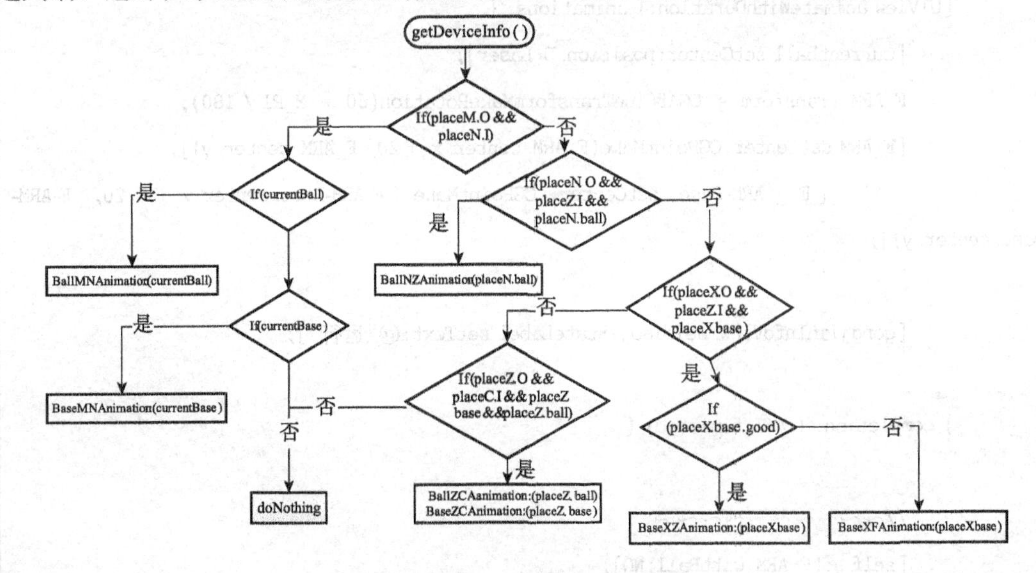

图 6-12　getDeviceInfo（）函数逻辑

图 6-12 中的动画方法见表 6-5 中的说明。

表 6-5 对象的说明

对象属性说明	
currentBall	当前新出的水晶体对象
currentBase	当前新出的底座对象
placeM	设备毛坯库对象
placeN	设备内雕机对象
placeX	设备铣床对象
placeZ	设备装配机对象
placeM. I	设备 M（毛坯库）的 Input 触点
placeM. O	设备 M（毛坯库）的 Output 触点
placeM. ball	设备 M（毛坯库）中是否有水晶体标识
placeM. base	设备 M（毛坯库）中是否有底座标识
placeX. base. good	设备 X（铣床）加工的底座是否合格标识

这样，通过不断地从服务器获取最新的设备信息数据，并进行即时的处理判断，可以正确模拟流水线加工流程。

其代码实现如下所示：

动画代码

```
///水晶:机械臂--->内雕机
  - (void)_07_F_ARM_To_D_Laser_
  {
      [UIView animateWithDuration:1 animations:^{
          [currentBall setCenter:position.D_Laser];
          F_ARM.transform = CGAffineTransformMakeRotation(60 * M_PI / 180);
          [F_ARM setCenter:CGPointMake(F_ARM.center.x + 20, F_ARM.center.y)];
                  [F _ ARM-Base  setCenter: CGPointMake ( F-ARM-Base.center.x  +  20,  F-ARM-
Base.center.y)];

          [gongjianInfoView.neidiaojiStateLabel setText:@"运行"];

      } completion:^(BOOL finished) {

          //~~~~~~~~~~~~
          [self setF_ARM_withBall:NO];
```

```
        [UIView animateWithDuration:1 animations:^{
                F_ARM.transform = CGAffineTransformMakeRotation(0 * M_PI / 180);
                [currentBall setAlpha:0];           } completion:^(BOOL finished) {
                //- - - - - - - - - - - - - - - - - -
            if (isShowModel) {
                //在内雕机加工 1s
                    [self performSelector:@selector(_08_D_Laser_To_H_Belt_3_Mid_) withOb-
ject:nil afterDelay:1];
    //                  [self _08_D_Laser_To_H_Belt_3_Mid_];
                }
            }];
        }];
    }

    ///水晶:内雕机--->机械臂--->皮带2--->...--->皮带3
    - (void)_08_D_Laser_To_H_Belt_3_Mid_
    {
        [UIView animateWithDuration:1 animations:^{
            [currentBall setAlpha:1];
            F_ARM.transform = CGAffineTransformMakeRotation(60 * M_PI / 180);
        } completion:^(BOOL finished) {

            //~~~~~~~~~~~~~~~~
            [self setF_ARM_withBall:YES];

            [UIView animateWithDuration:1 animations:^{
                //内雕机--->皮带2
                [currentBall setCenter:position.H_Belt_2_Mid];
                F_ARM.transform = CGAffineTransformMakeRotation(-40 * M_PI / 180);
    //            [F_ARM setCenter:CGPointMake(F_ARM.center.x + 50,F_ARM.center.y)];
    //              [F_ARM_Base setCenter:CGPointMake(F_ARM_Base.center.x + 50, F_ARM_
Base.center.y)];
                [gongjianInfoView.neidiaojiStateLabel setText:@"等待"];
            } completion:^(BOOL finished) {
```

```
        //~~~~~~~~
            [self setF_ARM_withBall:NO];

            //皮带 2--->转角机构 2
            [self _08_D_Laser_To_H_Belt_3_Mid_1];
            [UIView animateWithDuration:1 animations:^{
                //机械臂归位
                F_ARM.transform = CGAffineTransformMakeRotation(0 * M_PI / 180);

            } completion:^(BOOL finished) {
                [UIView animateWithDuration:1 animations:^{
                        //机械臂和底盘回到初始位置
                    [F_ARM setCenter:CGPointMake(405, 275)];
                    [F_ARM_Base setCenter:CGPointMake(410, 275)];
                }];
            }];

        }];
    }];
}

//水晶:传送带 2--->转角机构 2
- (void)_08_D_Laser_To_H_Belt_3_Mid_1
{
    [UIView animateWithDuration:1 animations:^{
        [currentBall setCenter:position.I_Corner_2];
        [currentBall.tray setCenter:position.I_Corner_2];
    } completion:^(BOOL finished) {
        [self _08_D_Laser_To_H_Belt_3_Mid_2];
    }];
}

//水晶:转角机构 2--->转角机构 3
- (void)_08_D_Laser_To_H_Belt_3_Mid_2
{
```

```
[UIView animateWithDuration:1 animations:^{
        I_Corner_2.transform = CGAffineTransformMakeRotation(90 * M_PI / 180);
        currentBall.transform = CGAffineTransformMakeRotation(90 * M_PI / 180);
        currentBall.tray.transform = CGAffineTransformMakeRotation(90 * M_PI / 180);
    } completion:^(BOOL finished) {
        [UIView animateWithDuration:1 animations:^{
            [currentBall setCenter:position.K_Corner_3];
            [currentBall.tray setCenter:position.K_Corner_3];
        } completion:^(BOOL finished) {
            [self _08_D_Laser_To_H_Belt_3_Mid_3];
            [UIView animateWithDuration:1 animations:^{
                //转角机构 2 归位
                I_Corner_2.transform = CGAffineTransformMakeRotation(0 * M_PI / 180);
            }];
        }];
    }];
}

//水晶:转角机构 3--->传送带 3
- (void)_08_D_Laser_To_H_Belt_3_Mid_3
{
    [UIView animateWithDuration:1 animations:^{
        K_Corner_3.transform = CGAffineTransformMakeRotation(90 * M_PI / 180);
        currentBall.transform = CGAffineTransformMakeRotation(180 * M_PI / 180);
        currentBall.tray.transform = CGAffineTransformMakeRotation(180 * M_PI / 180);
    } completion:^(BOOL finished) {
        [UIView animateWithDuration:1 animations:^{
            [currentBall setCenter:position.H_Belt_3_Mid];
            [currentBall.tray setCenter:position.H_Belt_3_Mid];
        } completion:^(BOOL finished) {
            [UIView animateWithDuration:1 animations:^{
                //转角机构 3 归位
                K_Corner_3.transform = CGAffineTransformMakeRotation(0 * M_PI / 180);
            }];
```

```
            //--------------------
                if (isShowModel) {
                    [self _09_H_Belt_3_Mid_To_L_Construction_];
                }
            }];
    }];
}
///水晶:皮带3--->装配单元
- (void)_09_H_Belt_3_Mid_To_L_Construction_
{
    [UIView animateWithDuration:1 animations:^{
        //机械臂待位
        gongjianInfoView.zhuangpeijiStateLabel.text = @"运行";
        K_Construction_ARM.transform = CGAffineTransformMakeRotation(90 * M_PI / 180);
    } completion:^(BOOL finished) {

        //~~~~~~~~~~~
        [self setK_Construction_ARM_withBall:YES];

        //机械臂与水晶体进入装配单元
        [UIView animateWithDuration:1 animations:^{
            K_Construction_ARM.transform = CGAffineTransformMakeRotation(0 * M_PI / 180);
            [currentBall setCenter:position.K_Construction];
        } completion:^(BOOL finished) {
            //水晶体的托盘进入流利条台1
            [self ballTray_Belt3_to_liuliPlatform_];

            //-----------------
            if (isShowModel) {
                [self _10_A_OutPlatform_To_B_Belt_1_Mid_];
            }
        }];
    }];
}
```

```
//水晶体的托盘进入流利条台
- (void)ballTray_Belt3_to_liuliPlatform_
{
    [UIView animateWithDuration:1.5 animations:^{
        //先到达传送带 4
        [currentBall.tray setCenter:position.N_Rolling];
    } completion:^(BOOL finished) {
        [UIView animateWithDuration:1 animations:^{
            //进入流利条台
            [currentBall.tray setCenter:position.P_LiuliPlatform_1];
        } completion:^(BOOL finished) {
            //消失,并删除
            [UIView animateWithDuration:.5 animations:^{
                [currentBall.tray setAlpha:0];
            } completion:^(BOOL finished) {
                [currentBall.tray removeFromSuperview];
                currentBall.tray = nil;
            }];
        }];
    }];
}
```

任务 6-2　iOS 环境监控信息的获取

1. 学习目的

①了解 iOS 环境监测柔性制造线的环境信息流程。

②学会 iOS 环境下获得已有传感信息的方法。

③学会 iOS 环境下数据的显示与表征方法。

2. 实现方法及步骤

案例 6-2　加工环境信息监控。

加工环境信息界面如图 6-13 所示。

图 6-13　加工环境信息

对于加工信息的检测，在程序中封装了一个 UIImageView 类型的类 SysInfoView 和一个 NSObject 类型的 GetSysInfo 类，在 MVC 体系结构中分别代表 View 和 Model。

SysInfoView 类主要负责界面的显示，GetSysInfo 封装了 HTTP 请求接口，使用计时器类 NSTimer 每隔 5 秒从服务器获取最新数据，在服务端发送到终端的数据是被封装为 JSON 格式，使用 iOS SDK 中 JSON 解析器 NSJSONSerialization 可以非常方便的获取到其中的数据。

其中，GetSysInfo 有 5 个属性，如表 6-6 所示。

表 6-6　GetSysInfo 属性说明

属　性	说　明
temperature	室内温度
humidity	室内湿度
airlight	光照
voltage	传感器电池电量
security	防护区安全

在 ViewController 类中，对 GetSysInfo 类的 5 个属性使用 KVO 观察者模式。当这 5 个属性的值发生变化时，系统自动调用回调函数，以更新 SysInfoView 界面上的数据。

因为机械加工有一定的危险性，所以，非工作人员在未经允许的情况下不得靠近加工设备。在加工现场有一个探测器会不停地检测设备周围有无人员靠近，并把相关信息保存在后台数据库中。GetSysInfo 类的属性 security 即为此防护区是否安全的标识。如果 security显示有人闯入防护区，系统会发出警报声，提醒工作人员前往加工现场进行处理。

此外，作为传感器类型的一部分，需要监控设备的加工信息和工件信息。设备和工件信息的监控界面设计如图 6-14 所示。

设备信息和工件信息的检测封装为同一个类 PlaceObjectInfoView，通过声明此类的对象并加载到视图控制器 ViewController 上即可显示。

工件信息监测		数量	备注
毛坯	水晶体	0	请补充水晶体毛坯!
	底座	2	请补充底座毛坯!
成品		0	
次品		0	
设备信息		状态	视频
铣床		等待	监测
内雕机		运行	监测
装配机		等待	监测

图 6-14　工件和设备信息监测界面

其中，需要从后台获取的工件信息包括水晶体个数和底座的个数，这个访问服务器的接口封装在 GetGongjianInfo 类中。它有两个属性 numOfBall 和 numOfBase，表示水晶体和底座的个数。同样，使用 KVO 观察者模式对 GetGongjianInfo 类的 numOfBall 和 numOfBase属性进行监测，如果数值发生变化，调用回调函数更新界面上的相关信息。

代码实现如下所示：

获取环境信息代码

```
#define jsonURL @"http://10.21.1.98:8080/CampusMonitorSystem/latestairmes?id=1103"
    - (void)beginGetInfo
    {
    //每 5s 刷新一次环境信息数据
        timer = [NSTimer scheduledTimerWithTimeInterval:5 target:self selector:@selector(get-
Info) userInfo:nil repeats:YES];
        [timer fire];
    }
    - (void)stop
    {
        [timer invalidate];
    }
    - (void)getInfo
    {
        dispatch_async(dispatch_get_global_queue(DISPATCH_QUEUE_PRIORITY_DEFAULT,0), ^{

            NSData *jsonData = [NSData dataWithContentsOfURL:[NSURL URLWithString:jsonURL]];

            [self performSelectorOnMainThread:@selector(parseJSON:) withObject:jsonData wait-
UntilDone:NO];
        });
```

```
    }
    #pragma mark - JSON 数据解析
    - (void)parseJSON:(NSData *)jsonData
    {
        NSError *error;
        if (!jsonData) {
    //          NSLog(@"temperatureData = nil");
                return;
        }

        NSDictionary *dic = [NSJSONSerialization JSONObjectWithData:jsonData options:kNilOp-
tions error:&error];
        if (!dic) {
            NSLog(@" JSON parse failed...");
            return;
        }
        NSLog(@"dic = %@", dic);
    NSDictionary *dataDic = [dic objectForKey:@"airmes"];
    self.humidity = [dataDic objectForKey:@"humidity_ID"];
    self.temperature = [dataDic objectForKey:@"temperature_ID"];
    self.airlight = [dataDic objectForKey:@"light_ID"];
    self.voltage = [dataDic objectForKey:@"ADC_Valtage_ID"];
}
```

【引导训练考核评价】

本项目的“引导训练”考核评价内容如表 6-7 所示。

表 6-7 “引导训练”考核评价表

<table>
<tr><td rowspan="8">考核要点</td><td colspan="2">考核内容</td><td>所占分值</td><td>实际得分</td></tr>
<tr><td colspan="2">(1) 熟知跨专业柔性制造原理过程</td><td>5</td><td></td></tr>
<tr><td colspan="2">(2) 学会柔性制造物联网系统接口的设计与实现</td><td>15</td><td></td></tr>
<tr><td colspan="2">(3) 学会柔性制造物联网加工流水线设计与实现</td><td>15</td><td></td></tr>
<tr><td colspan="2">(4) 了解 iOS 环境监测柔性制造线的环境信息流程</td><td>10</td><td></td></tr>
<tr><td colspan="2">(5) 学会 iOS 环境下获得已有传感信息的方法</td><td>25</td><td></td></tr>
<tr><td colspan="2">(6) 学会 iOS 环境下数据的显示与表征方法</td><td>30</td><td></td></tr>
<tr><td colspan="2">小计</td><td>100</td><td></td></tr>
<tr><td>评价方式</td><td>自我评价</td><td colspan="2">小组评价</td><td>教师评价</td></tr>
<tr><td>考核得分</td><td></td><td colspan="2"></td><td></td></tr>
<tr><td>存在的主要问题</td><td colspan="4"></td></tr>
</table>

【同步训练】

同步训练环节将针对柔性制造的外围系统，如存储信息模块设计与实现、产品设计模块设计与实现、产品物流模块设计与实现，进行单独的外围模块实训，与引导训练的核心模块设计相区别。

任务 6-3　智慧物流外围模块设计与实现

案例 6-3　系统信息存储模块设计与实现。

iOS 系统的所有应用程序都有唯一的 CFBundleIdentifier 相互区分，还有一些其他信息，比如 CFBundleInfoDictionaryVersion、CFBundleName、CFBundleIconFiles、UISupportedInterfaceOrientations～ipad 等，用来对应用程序本身进行标识和描述。这些信息在程序中都存储在一个叫做 AppName-Info. plist 的文件中。这个文件随应用程序安装在 iOS 设备中。在应用启动时，程序自动读取其中的信息，并据此初始化应用程序。因此，此文件是唯一且必需的。如果使用文本编辑器打开此文件，会发现它其实就是一个遵守一定格式标准的 XML 文件。

该 IMS-info. plist 文件的设计代码如下所示：

IMS - info. plist

```
<!DOCTYPEplist PUBLIC" - //Apple//DTD PLIST
1.0//EN""http://www.apple.com/DTDs/PropertyList - 1.0.dtd">
<plistversion = "1.0">
<dict>
    <key>CFBundleDevelopmentRegion</key>
    <string>zh_CN</string>
    <key>CFBundleDisplayName</key>
    <string> ${PRODUCT_NAME}</string>
    <key>CFBundleExecutable</key>
    <string> ${EXECUTABLE_NAME}</string>
    <key>CFBundleIcons</key>
    <dict>
        <key>CFBundlePrimaryIcon</key>
        <dict>
            <key>CFBundleIconFiles</key>
            <array>
```

```
            <string>icon1.png</string>
            <string>icon2.png</string>
            <string>Icon.png</string>
        </array>
    </dict>
  </dict>
  <key>CFBundleIdentifier</key>
  <string>com.sylin.Test</string>
  <key>CFBundleInfoDictionaryVersion</key>
  <string>6.0</string>
  <key>CFBundleName</key>
  <string>${PRODUCT_NAME}</string>
  <key>CFBundlePackageType</key>
  <string>APPL</string>
  <key>CFBundleShortVersionString</key>
  <string>1.0</string>
  <key>CFBundleSignature</key>
  <string>????</string>
  <key>CFBundleVersion</key>
  <string>1.0</string>
  <key>LSRequiresIPhoneOS</key>
  <true/>
  <key>UIRequiredDeviceCapabilities</key>
  <array>
      <string>armv7</string>
  </array>
  <key>UISupportedInterfaceOrientations~ipad</key>
  <array>
      <string>UIInterfaceOrientationLandscapeRight</string>
      <string>UIInterfaceOrientationLandscapeLeft</string>
  </array>
</dict>
</plist>
```

案例 6-4 程序相关信息存储模块设计与实现。

在移动终端有一种轻量级的数据库 SQLite，考虑到本系统主要是对加工流水线进行模拟和监控，没有需要在本地永久保存的数据，所以未予采用，而是采用了 XML（extensible markup language）文件进行存储。XML 数据库与其他数据库相比，表现形式极其简单，非常易于在应用程序中进行数据的读写。同时，使用 XML 提高了系统的可维护性。

在本系统中，用到 3 个 XML 表，即 Place. xml、config. xml 和 county. plist。

Place. xml 存储设备对象的图片和位置坐标，config. xml 存储网络数据请求的 IP 地址和端口号，county. plist 存储全国的省市县信息。

具体的 XML 表设计代码如下所示：

Place. xml

```
<?xml version = "1.0" encoding = "utf-8"?>
<list>
<itemid = "A">
<point.x>29</point.x>
<point.y>470</point.y>
<image>placeA</image>
    </item>
    ………………………
</list>
```

config. xml

```
<?xml version = "1.0" encoding = "utf-8"?>
<config>
<ip>10.21.0.126</ip>
<port>8080</port>
</config>
```

county. plist

```
<?xml version="1.0" encoding="UTF-8"?>
<!DOCTYPEplist PUBLIC"-//Apple//DTD PLIST
1.0//EN""http://www.apple.com/DTDs/PropertyList-1.0.dtd">
<plistversion="1.0">
<array>
    <dict>
        <key>cities</key>
        <array>
            <dict>
                <key>areas</key>
                <array/>
                <key>city</key>
                <string>通州</string>
            </dict>
            <dict>
                <key>areas</key>
                <array/>
                <key>city</key>
                <string>房山</string>
          </dict>
        ………
</array>
</plist>
```

案例 6-5 产品设计模块设计与实现。

界面设计如图 6-15 所示。

图 6-15 产品设计界面

产品设计模块和生产计划采购模块的功能都是收集工作人员输入的信息，并对此进行处理。因此，在实现中，这两个模块将使用同一个视图控制器类 FirstViewController，二者的界面使用类 UIScrollView 进行左、右滑动来区分。

产品设计模块的功能是收集工作人员对毛坯水晶体类型和图案的选择。

其中，对毛坯的选择使用 iOS SDK 中的类 UIButton。UIButton 可以分别设置常态和按压态下的不同图片，在视觉上给人一种选中和未选中的区分效果；并且，UIButton 的属性 isSelected 是 BOOL 类型，在界面转换时可用来判断选中与否。

加工图案是封装的继承自 UIImageView 的类 PatternView。为了实现类似 UIButton 的选中效果，给此类添加 BOOL 类型属性 isSelected，以标识是否选中；添加 UIImage 类型属性 patternImage，以设置图案显示的图片。同时，在此视图上添加一个半透明的黑色 imageView，并添加点击手势识别器 UITapGestureRecognizer。在每次点击时，通过判断此 imageView 的 alpha 是否为“0”，然后重新设置 alpha 值，达到选中和取消选中的效果，并同时设置 isSelected 的值。类 PatternView 的相关信息如表 6-8 所示。

表 6-8　类 PatternView 信息

类名	父类	属性	方法	说明
PatternView	UIImageView	isSelected patternImage	setIsSelected setPatternImage	加工图案

其中，属性相关描述如表 6-9 所示。

表 6-9　类 PatternView 属性描述

属性	isSelected	patternImage
说明	选中标识	显示图片

在选择图案时，如果已有设计好的图案，通过多媒体向程序添加，这就用到 iOS SDK 中的 UIImagePicker 类。通过这个类，调用设备的相机功能，从而通过选取照片或者拍照选择图案。

相册的选择界面如图 6-16 所示。

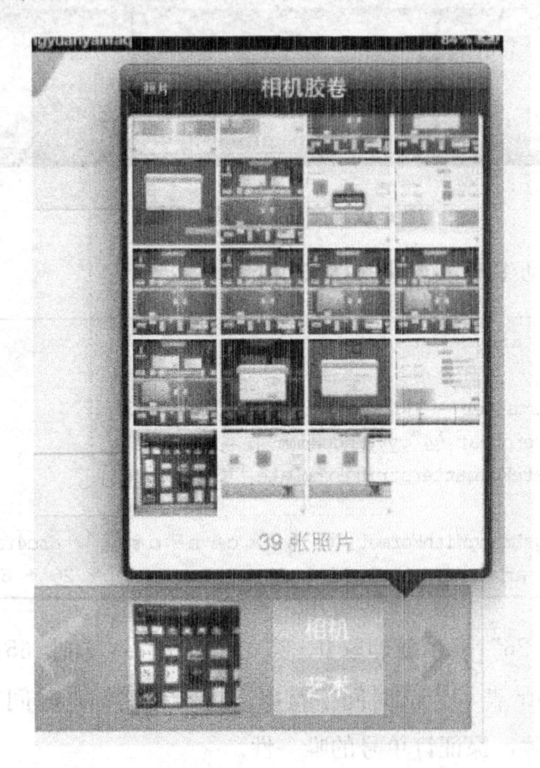

图 6-16　相册选择界面

案例 6-6　产品物流模块的设计与实现。

产品物流销售是一个工艺产品生命周期的最后一个环节。

本环节的功能是让工厂工作人员确认加工信息、填写客户信息并在确认后发送订单。产品物流模块界面设计如图 6-17 所示。

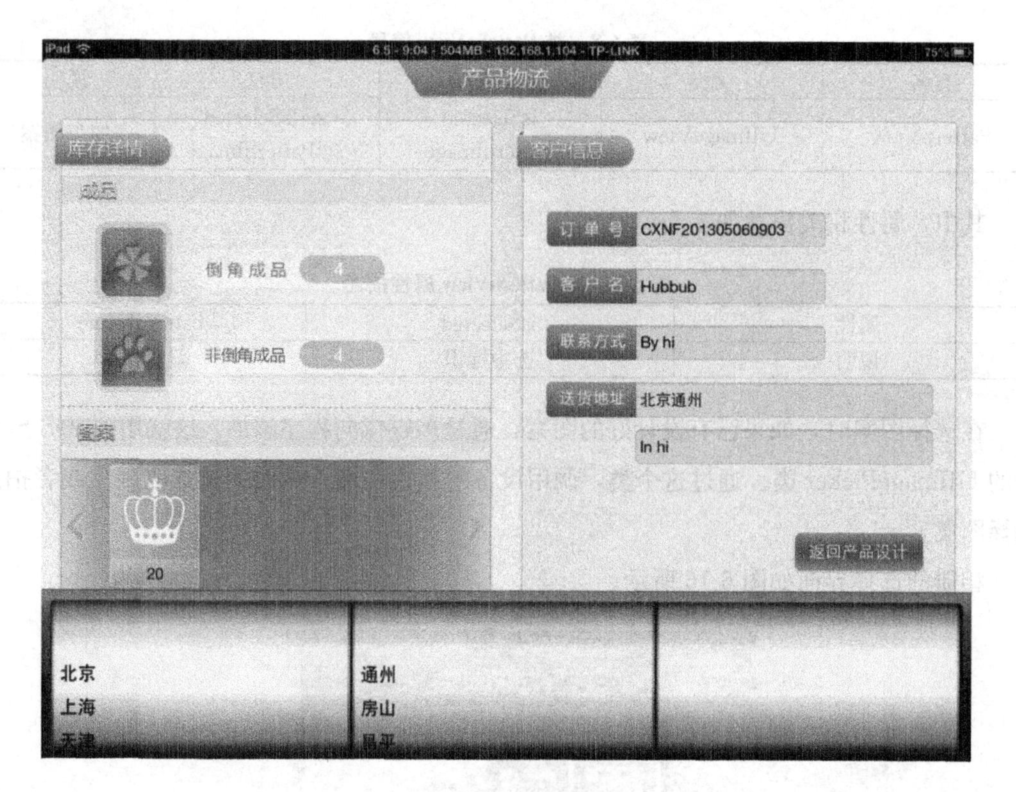

图 6-17 产品物流模块界面

订单号是由程序自动生成，实现的算法如下所示：

```
NSString *orderNumber = nil;

NSDateFormatter *dateFormatter = [[NSDateFormatteralloc] init];
    [dateFormattersetDateFormat:@"yyyyMMddHHmm"];
NSString *dateStr = [dateFormatterstringFromDate:[NSDatedate]];

orderNumber = [NSStringstringWithFormat:@"%c%c%c%c%@", arc4random() % 26 + 65,
arc4random() % 26 + 65, arc4random() % 26 + 65, arc4random() % 26 + 65, dateStr];
```

“arc4random () % 26”表示随即取 0～25 之间的数字；加上 65，表示通过 ASCII 码转换为大写字母；dateStr 表示当前时间字符串。这个算法中，时间精确到秒，相当于给订单号添加了一个时间戳，保证订单号的唯一性。

当用户点击送货地址的省市县输入框时，在屏幕的下方会自动弹出一个选择器。这个功能的实现用到了手势识别器 UITapGestureRecognizer 和选择器 UIPickerView。

填写好客户信息后，即可生成订单信息，如图 6-18 所示。

这个视图被封装为类 OrderFormView。工作人员在确定了订单信息后，就可点击“发送订单”按钮，该订单就会被发往后台，通知相关人员进行处理。

产品物流模块代码如下所示：

图 6-18　订单信息

```
1.  //  SaleViewController.m
2.  //  Test
3.  //  Created by makai on13 - 4 - 23.
4.  //  Copyright (c) 2013 年 makai. All rights reserved.
5.      #import"SaleViewController.h"
6.      #import"PatternView.h"
7.      #import"UIView+Genie.h"
8.      #import"OrderFormView.h"
9.  #import<QuartzCore/QuartzCore.h>
10.     @interface SaleViewController ()
11.     @end
12.     @implementation SaleViewController
13.     @synthesize goodNum, badNum, numOfNotDaojiao, numOfDaojiao;
14.     @synthesize patternSelectedImageArray;
        -(void)dealloc
15.     {
        -[provinceArray release];
        -[locationPicker release];
        -[orderNumberTF release];
        -[nameTF release];
```

```
        -[phoneTF release];
        -[provinceTF release];
        -[streetTF release];
16.     if (orderFormScrollView) {
                1. [orderFormScrollView release];
                2. [orderFormView release];
        -}
17.     if (sendSuccessView) {
                1. [sendSuccessView release];
        -}
        -[goodNumLabel release];
        -[badNumLabel release];
        -[goodPercentLabel release];

        -[super dealloc];
18.     }
        -(void)viewDidLoad
19.     {
        -[super viewDidLoad];
        -[self addItems];
20.     }
        -(void)addItems
21.     {
22.     //背景图片
        -UIImageView *bgView = [[UIImageView alloc] initWithImage:[UIImage imageNamed:@"
        saleBG"]];
        -[bgView setFrame:CGRectMake(0, 0, 1024, 748)];
        -[self.view addSubview:bgView];
        -[bgView release];
23.     //倒脚成品个数
        -UILabel *daojiaoNumLabel = [[UILabel alloc] initWithFrame:CGRectMake(290, 210,
        80, 30)];
        -[daojiaoNumLabel setFont:[UIFont systemFontOfSize:20]];
        -[daojiaoNumLabel setText:[NSString stringWithFormat:@"%d", numOfDaojiao + 3]];
        -[daojiaoNumLabel setBackgroundColor:[UIColor clearColor]];
        -[daojiaoNumLabel setTextColor:[UIColor blackColor]];
        -[self.view addSubview:daojiaoNumLabel];
        -[daojiaoNumLabel release];
        -[daojiaoNumLabel setTextColor:[UIColor whiteColor]];
        -[daojiaoNumLabel setTextAlignment:UITextAlignmentCenter];
24.     //非倒脚成品个数
        -UILabel *notDaojiaoNumLabel = [[UILabel alloc] initWithFrame:CGRectMake(290, 302,
```

```
80, 30)];
- [notDaojiaoNumLabel setFont:[UIFont systemFontOfSize:20]];
- [notDaojiaoNumLabel setText:[NSString stringWithFormat:@" % d", numOfNotDaojiao +
4]];
- [notDaojiaoNumLabel setBackgroundColor:[UIColor clearColor]];
- [notDaojiaoNumLabel setTextColor:[UIColor blackColor]];
- [self. view addSubview:notDaojiaoNumLabel];
- [notDaojiaoNumLabel release];
- [notDaojiaoNumLabel setTextColor:[UIColor whiteColor]];
- [notDaojiaoNumLabel setTextAlignment:UITextAlignmentCenter];
25.    //成品
- goodNumLabel = [[UILabel alloc] initWithFrame:CGRectMake(130, 600, 100, 30)];
- [goodNumLabel setFont:[UIFont systemFontOfSize:18]];
- [goodNumLabel setText:[NSString stringWithFormat:@" % d", self. goodNum]];
- [goodNumLabel setTextColor:[UIColor blackColor]];
- [goodNumLabel setBackgroundColor:[UIColor clearColor]];
- [self. view addSubview:goodNumLabel];
- [goodNumLabel setTextColor:[UIColor whiteColor]];
26.    //次品
- badNumLabel = [[UILabel alloc] initWithFrame:CGRectMake(130, 635, 100, 30)];
- [badNumLabel setFont:[UIFont systemFontOfSize:18]];
- [badNumLabel setText:[NSString stringWithFormat:@" % d", self. badNum]];
- [badNumLabel setTextColor:[UIColor blackColor]];
- [badNumLabel setBackgroundColor:[UIColor clearColor]];
- [self. view addSubview:badNumLabel];
- [badNumLabel setTextColor:[UIColor whiteColor]];
27.    //成品率
1. goodPercentLabel = [[UILabel alloc] initWithFrame:CGRectMake(130, 667, 100, 30)];
- [goodPercentLabel setFont:[UIFont systemFontOfSize:18]];
- [goodPercentLabel setTextColor:[UIColor blackColor]];
28.    float goodPercent;
29.    if (goodNum + badNum ! = 0) {
        1. goodPercent = 100 * goodNum / (goodNum + badNum);
- }else{
        1. goodPercent = 0;
- }
- [goodPercentLabel setText:[NSString stringWithFormat:@" % . 1f % % ", goodPercent]];
- [goodPercentLabel setBackgroundColor:[UIColor clearColor]];
- [self. view addSubview:goodPercentLabel];
- [goodPercentLabel setTextColor:[UIColor whiteColor]];
30.    //订单号
i. orderNumberTF = [[UITextField alloc] initWithFrame:CGRectMake(660, 170, 200, 33)];
```

```
    - [orderNumberTF setBorderStyle:UITextBorderStyleNone];
    - [orderNumberTF setEnabled:NO];
    - [self.view addSubview:orderNumberTF];
    - [orderNumberTF setText:[self getOrderNumber]];
31. //客户名
    - nameTF = [[UITextField alloc] initWithFrame:CGRectMake(660, 231, 200, 30)];
    - [nameTF setBorderStyle:UITextBorderStyleNone];
    - [self.view addSubview:nameTF];
32. //联系方式
    - phoneTF = [[UITextField alloc] initWithFrame:CGRectMake(660, 290, 200, 30)];
    - [phoneTF setBorderStyle:UITextBorderStyleNone];
    - [self.view addSubview:phoneTF];
33. //省市县
    - provinceTF = [[UITextField alloc] initWithFrame:CGRectMake(660, 352, 320, 30)];
    - [provinceTF setBorderStyle:UITextBorderStyleNone];
    - [provinceTF setPlaceholder:@"省/市/县"];
    - [self.view addSubview:provinceTF];
    - UITapGestureRecognizer * tap = [[UITapGestureRecognizer alloc] initWithTarget:self
      action:@selector(tap)];
    - [tap setNumberOfTapsRequired:1];
    - [tap setNumberOfTouchesRequired:1];
    - [provinceTF addGestureRecognizer:tap];
    - [tap release];
34. //街道
    - streetTF = [[UITextField alloc] initWithFrame:CGRectMake(660, 402, 320, 30)];
    - [streetTF setBorderStyle:UITextBorderStyleNone];
    - [streetTF setPlaceholder:@"街道"];
    - [streetTF addTarget:self action:@selector(textFieldDidBeginEditing:) forCon-
      trolEvents:UIControlEventEditingDidBegin];
    - [streetTF addTarget:self action:@selector(textFieldDoneEditing:) forControlEven-
      ts:UIControlEventEditingDidEnd];
    - [self.view addSubview:streetTF];
        i. provinceArray = [[NSArray alloc] initWithContentsOfFile:[[NSBundle main-
        Bundle] pathForResource:@"county" ofType:@"plist"]];
    - cityArray = [[provinceArray objectAtIndex:0] objectForKey:@"cities"];
    - countyArray = [[cityArray objectAtIndex:0] objectForKey:@"areas"];
35. //生成订单
    - orderFormBtn = [UIButton buttonWithType:UIButtonTypeCustom];
    - [orderFormBtn setBackgroundImage:[UIImage imageNamed:@"newOrderForm"] forState:
      UIControlStateNormal];
    - [orderFormBtn setFrame:CGRectMake(825, 500, 150, 50)];
    - [orderFormBtn addTarget:self action:@selector(newOrderForm) forControlEvents:UI-
```

```
            ControlEventTouchUpInside];
          - [self.view addSubview:orderFormBtn];
36.       //返回产品制造
          - returnProduceBtn = [UIButton buttonWithType:UIButtonTypeCustom];
          - [ returnProduceBtn setBackgroundImage: [ UIImage imageNamed: @ " returnProduce "]
            forState:UIControlStateNormal];
          - [returnProduceBtn setFrame:CGRectMake(825, 570, 150, 50)];
37.       //[returnProduceBtn setTitle:@"返回产品制造" forState:UIControlStateNormal];
          - [returnProduceBtn addTarget:self action:@selector(returnProduce) forControlEven-
            ts:UIControlEventTouchUpInside];
          - [self.view addSubview:returnProduceBtn];
38.       //省市选择器
          i. locationPicker = [[UIPickerView alloc] initWithFrame:CGRectMake(0, 748, 1024,
          180)];
          - locationPicker.showsSelectionIndicator = YES;
          - [locationPicker setDelegate:self];
          - [locationPicker setDataSource:self];
39.       //[locationSheet addSubview:locationPicker];
40.       //[locationSheet showInView:self.view];
          - [self.view addSubview:locationPicker];
41.       //图案 scrollview
          - UIScrollView * patternScrollView;
          i. patternScrollView = [[UIScrollView alloc] initWithFrame:CGRectMake(60, 430, 400,
            140)];
          - [patternScrollView setShowsHorizontalScrollIndicator:NO];
          - [patternScrollView setContentSize:CGSizeMake(401, 140)];
          - [self.view addSubview:patternScrollView];

          - [ self.patternSelectedImageArray enumerateObjectsUsingBlock: ^( id obj, NSUInteger
            idx, BOOL * stop) {
                  1. RectPatternView * rectPatternView = [[RectPatternView alloc] initWith-
                     Frame:CGRectMake(15 + 130 * idx, 5, 100, 130)];
                  2. [rectPatternView setPatternImage:[patternSelectedImageArray objectAtIn-
                     dex:idx]];
                  3. [patternScrollView addSubview:rectPatternView];
                  4. [rectPatternView setPatternType:kuncun];
42.       if (idx + 1 == [patternSelectedImageArray count]) {
43.       if (rectPatternView.frame.origin.x + rectPatternView.frame.size.width + 30>401) {
                                        i. [ patternScrollView setContentSize: CGSizeMake
                                        (rectPatternView.frame.origin.x + rectPatternView.
                                        frame.size.width + 30, 140)];
                  b)}else{
```

```
                i. [patternScrollView setContentSize:CGSizeMake(401, 140)];
            c)}
            2. }
44.     //设置后台获取图案个数:
            1. [rectPatternView. numLabel setText:@"20"];
            2. [rectPatternView release];
        -}];
45.     //*/
46.     }
47.     #pragma mark - others
        -(NSString *)getOrderNumber
48.     {
        -NSString *orderNumber =nil;
        -NSDateFormatter *dateFormatter = [[NSDateFormatter alloc] init];
        -[dateFormatter setDateFormat:@"yyyyMMddHHmm"];
        -NSString *dateStr = [dateFormatter stringFromDate:[NSDate date]];

        i. orderNumber = [NSString stringWithFormat:@"%c%c%c%c%@", arc4random() % 26
          + 65, arc4random() % 26 + 65, arc4random() % 26 + 65, arc4random() % 26 + 65,
          dateStr];
        -[dateFormatter release];
49.     return orderNumber;
50.     }
        -(void)showMessage:(NSString *)message
51.     {
        -UIAlertView *alertView = [[UIAlertView alloc] initWithTitle:@"提示" message:
            message delegate:nil cancelButtonTitle:@"确定" otherButtonTitles:nil, nil];
        -[alertView show];
        -[alertView release];
52.     }
53.     #pragma mark - UIButton 事件
54.     //返回产品制造
        -(void)returnProduce{
        -[self dismissViewControllerAnimated:YES completion:^{}];
        -[[NSNotificationCenter defaultCenter] postNotificationName:@"returnFromSale" object:nil];
55.     }
56.     //生成订单
        -(void)newOrderForm
57.     {
58.     if (nameTF. text. length <= 0 || phoneTF. text. length <= 0 || provinceTF. text. length
        <= 0 || streetTF. text. length <= 0) {
                i. [self showMessage:@"客户信息填写不完整,请重新填写!"];
```

```
59.        return;
       - }
       - [orderFormBtn setEnabled:NO];
                  i. orderFormScrollView = [[UIScrollView alloc] initWithFrame:CGRectMake
                     (0, 0, 1024, 748)];
       - [orderFormScrollView setBackgroundColor:[UIColor colorWithRed:0 green:0 blue:0
       alpha:.7]];
       - [orderFormScrollView setContentSize:CGSizeMake(1025, 749)];
       - [orderFormScrollView setAlpha:0];
       - [orderFormScrollView setUserInteractionEnabled:YES];
       - [self.view addSubview:orderFormScrollView];
       8. orderFormView = [[OrderFormView alloc] initWithImage:[UIImage imageNamed:@"
       orderFormView"]];
       - [orderFormView setCenter:CGPointMake(512, 748 / 2 - 50)];
       - [orderFormView setUserInteractionEnabled:YES];
       - [orderFormScrollView addSubview:orderFormView];
60.        if (numOfDaojiao > badNum) {
              1. numOfDaojiao -= badNum;
       - }else{
              1. numOfNotDaojiao -= badNum;
       - }
61.        //加 3 和加 4 表示,生产的+库存的
           i. orderFormView.daojiaoNumLabel.text = [NSString stringWithFormat:@"%d", num
           OfDaojiao + 3];
           ii. orderFormView.notDaojiaoNumLabel.text = [NSString stringWithFormat:@"%d",
           numOfNotDaojiao + 4];

       - orderFormView.orderNumLabel.text = orderNumberTF.text;
       - orderFormView.nameLabel.text = nameTF.text;
       - orderFormView.phoneLabel.text = phoneTF.text;
           i. orderFormView.addrLabel.text = [NSString stringWithFormat:@"%@%@",
           provinceTF.text, streetTF.text];
       - sendOrderFormBtn = [UIButton buttonWithType:UIButtonTypeCustom];
       - [sendOrderFormBtn setFrame:CGRectMake(615, 600, 310, 53)];
       - [sendOrderFormBtn setBackgroundImage:[UIImage imageNamed:@"sendDeal"] forState:
       UIControlStateNormal];
       - [sendOrderFormBtn addTarget:self action:@selector(sendOrderForm) forControlEvents:
       UIControlEventTouchUpInside];
       - [self.view addSubview:sendOrderFormBtn];
       - [UIView animateWithDuration:.5 animations:^{
              1. [orderFormScrollView setAlpha:1];
```

```
    -}];
    -UITapGestureRecognizer * tap = [[UITapGestureRecognizer alloc] initWithTarget:self
    action:@selector(orderFormScrollViewDismiss)];
    -[orderFormScrollView addGestureRecognizer:tap];
    -[tap release];
62. }
    -(void)sendOrderForm
63. {
    -[sendOrderFormBtn removeFromSuperview];
    -[UIView animateWithDuration:1 animations:^{
        1.[orderFormScrollView setAlpha:0];
    -} completion:^(BOOL finished) {
        1.[orderFormScrollView removeFromSuperview];
    -}];
    -[orderFormView genieInTransitionWithDuration:1 destinationRect:CGRectMake(1024, 0,
    10, 5) destinationEdge:BCRectEdgeLeft completion:^{
        1.sendSuccessView = [[UIView alloc] initWithFrame:CGRectMake(512 - 75, 300,
        150, 70)];
        2.[sendSuccessView setBackgroundColor:[UIColor colorWithRed:0 green:0 blue:0
        alpha:.7]];
        3.[sendSuccessView.layer setCornerRadius:7];
        4.UILabel * label = [[UILabel alloc] initWithFrame:CGRectMake(0, 0, 150,
        70)];
        5.[label setBackgroundColor:[UIColor clearColor]];
        6.[label setText:@"发送成功!"];
        7.[label setTextAlignment:UITextAlignmentCenter];
        8.[label setTextColor:[UIColor whiteColor]];
        9.[label setFont:[UIFont systemFontOfSize:20]];
        10.[sendSuccessView addSubview:label];
        11.[label release];
        12.[self.view addSubview:sendSuccessView];
        13.[sendSuccessView setAlpha:0];
        14.[self showSendSuccessView];
    -}];
64. }
65. //显示发送成功界面
    -(void)showSendSuccessView
66. {
    -[UIView animateWithDuration:.5 animations:^{
        1.[sendSuccessView setAlpha:1];
        2.[orderFormBtn setAlpha:0];
67. //      [returnDesignBtn setAlpha:1];
```

```
- } completion:^(BOOL finished) {
        1. [orderFormBtn removeFromSuperview];
        2. [self performSelector:@selector(sendSuccessViewDismiss) withObject:nil
        afterDelay:1];
- }];
68.     }
- (void)sendSuccessViewDismiss
69.     {
- [UIView animateWithDuration:.5 animations:^{
        1. [sendSuccessView setAlpha:0];
- } completion:^(BOOL finished) {
70.     //          [sendSuccessView removeFromSuperview];
- }];
71.     }
72.     #pragma mark -手势
- (void)orderFormScrollViewDismiss
73.     {
- [UIView animateWithDuration:.5 animations:^{
        1. [orderFormScrollView setAlpha:0];
        2. [sendOrderFormBtn setAlpha:0];
- } completion:^(BOOL finished) {
        1. [orderFormScrollView removeFromSuperview];
        2. [sendOrderFormBtn removeFromSuperview];
        3. [orderFormBtn setEnabled:YES];
- }];
74.     }
- (void)tap
75.     {
- [orderNumberTF resignFirstResponder];
- [nameTF resignFirstResponder];
- [phoneTF resignFirstResponder];
- [streetTF resignFirstResponder];
- [UIView animateWithDuration:.3 animations:^{
        1. [locationPicker setFrame:CGRectMake(0, 568, 1024, 180)];
- }];
76.     }
77.     #pragma mark - UITextField 相关
- (void)textFieldDidBeginEditing:(id)sender{
78.     //将整体页面向上移动
- CGContextRef context = UIGraphicsGetCurrentContext();
        i. [UIView beginAnimations:@"move" context:context];
        ii. [UIView setAnimationCurve:UIViewAnimationCurveEaseInOut];
```

```
            iii. [UIView setAnimationDuration:0. 4f];
            iv. CGRect newFrame = self. view. frame;
    - newFrame. origin. x + = 200. 0f;
            i. self. view. frame = newFrame;
            ii. [UIView commitAnimations];
79.     }
    - (void)textFieldDoneEditing:(id)sender {
            i. [sender resignFirstResponder];
    - CGContextRef context = UIGraphicsGetCurrentContext();
            i. [UIView beginAnimations:@"move" context:context];
            ii. [UIView setAnimationCurve:UIViewAnimationCurveEaseInOut];
            iii. [UIView setAnimationDuration:0. 4f];
    - CGRect newFrame = self. view. frame;
    - newFrame. origin. x - = 200. 0f;
80.     self. view. frame = newFrame;
            i. [UIView commitAnimations];
81.     }
82.     #pragma mark - UIPickerView DataSource代理
    - (NSInteger) pickerView: (UIPickerView * ) pickerView numberOfRowsInComponent:
    (NSInteger)component
83.     {
84.     switch (component) {
85.     case0:
86.     return [provinceArray count];
87.     break;
88.     case1:
89.     return [cityArray count];
90.     break;
91.     case2:
92.     if ([countyArray count] >0) {
93.     return [countyArray count];
            a)  }else{
94.     return0;
            a)  }
95.     break;
96.     default:
97.     return0;
98.     break;
    - }
99.     }
    - (NSInteger)numberOfComponentsInPickerView:(UIPickerView * )pickerView
100.    {
```

```
101.    return3;
102.    }
        -(NSString *)pickerView:(UIPickerView *)pickerView titleForRow:(NSInteger)row
        forComponent:(NSInteger)component
103.    {
104.    switch (component) {
105.    case0:
106.    return [[provinceArray objectAtIndex:row] objectForKey:@"state"];
107.    break;
108.    case1:
109.    return [[cityArray objectAtIndex:row] objectForKey:@"city"];
110.    break;
111.    case2:
112.    if ([countyArray count] >0) {
113.    return [countyArray objectAtIndex:row];
                a)  }else{
114.    return@"";
                a)  }
115.    break;
116.    default:
117.    return@"";
118.    break;
        -}
119.    }
120.    //- (CGFloat) pickerView: (UIPickerView *) pickerView rowHeightForComponent:
        (NSInteger)component
121.    //{
122.    //
123.    //}
124.    #pragma mark - UIPickerView Delegate
        - (void) pickerView: (UIPickerView *) pickerView didSelectRow: (NSInteger) row
        inComponent:(NSInteger)component
125.    {
126.    switch (component) {
127.    case0:
                a)cityArray = [[provinceArray objectAtIndex:row] objectForKey:@"cities"];
                b)[pickerView selectRow:0 inComponent:1 animated:YES];
                c)[pickerView reloadComponent:1];

                d)countyArray = [[cityArray objectAtIndex:0] objectForKey:@"areas"];
                e)[pickerView selectRow:0 inComponent:2 animated:YES];
                f)[pickerView reloadComponent:2];
```

```
                g)province = [[provinceArray objectAtIndex:row] objectForKey:@"state"];
                h)city = [[cityArray objectAtIndex:0] objectForKey:@"city"];
128.    if ([countyArray count] >0) {
                   i. county = [countyArray objectAtIndex:0];
            b)  }else{
                   i. county =@"";
                c)  }
129.    break;
130.    case1:
                a)countyArray = [[cityArray objectAtIndex:row] objectForKey:@"areas"];
                b)[pickerView selectRow:0 inComponent:2 animated:YES];
                c)[pickerView reloadComponent:2];
                d)city = [[cityArray objectAtIndex:row] objectForKey:@"city"];
131.    if ([countyArray count] >0) {
                   i. county = [countyArray objectAtIndex:0];
                b)  }else{
                   i. county =@"";
                c)  }
132.    break;
133.    case2:
134.    if ([countyArray count] >0) {
                   i. county = [countyArray objectAtIndex:row];
                b)  }else{
                   i. county =@"";
                c)  }
135.    break;
136.    default:
137.    break;
        - }
        - [self reloadAddrTextFieldText];
138.    }
139.    #pragma mark - others
        - (void)reloadAddrTextFieldText
140.    {
              i. provinceTF. text = [NSString stringWithFormat:@"%@%@%@", province,
              city, county];
141.    }
        - (void)cancelPickerView
142.    {
        - [UIView animateWithDuration:.3 animations:^{
                1. [locationPicker setFrame:CGRectMake(0, 748, 1024, 180)];
```

```
    }];
143. }
    -(void)touchesBegan:(NSSet *)touches withEvent:(UIEvent *)event
144. {
    -[super touchesBegan:touches withEvent:event];

    -[self cancelPickerView];
    -[nameTF resignFirstResponder];
    -[phoneTF resignFirstResponder];
    -[provinceTF resignFirstResponder];
    -[streetTF resignFirstResponder];
145. }
146. #pragma mark -屏幕转换
    - ( BOOL ) shouldAutorotateToInterfaceOrientation: ( UIInterfaceOrientation )
    toInterfaceOrientation
147. {
148. return (toInterfaceOrientation = = UIInterfaceOrientationMaskLandscapeLeft ||
    toInterfaceOrientation = = UIInterfaceOrientationMaskLandscapeRight);
149. }
    -(NSUInteger)supportedInterfaceOrientations
150. {
151. return UIInterfaceOrientationMaskLandscape;
152. }
    -(BOOL)shouldAutorotate
153. {
154. returnYES;
155. }
156. @end
```

【同步训练考核评价】

本项目的“同步训练”考核评价内容如表6-10所示。

表6-10　“同步训练”考核评价表

任务名称	智慧物流外围模块设计与实现			
任务完成方式	【　】小组合作完成		【　】个人独立完成	
同步训练任务完成情况评价				
自我评价		小组评价		教师评价
存在的主要问题				

【想一想　练一练】

柔性制造与物联网技术的结合是一个跨学科、跨专业的领域。为了实现两个技术门类的深度融合，需要分别针对各自的知识体系及实质进行理解。比如，在柔性化生产线的运作中，最重要的是人的柔性化。所谓人的柔性化，是指生产程序的制定者有柔性，他们需要根据变化的情况柔性调节工艺程序，发挥生产线的最高效率，这需要精确的计算和创造能力。这来自于计算机系统的信息采集、存储和分析，决策者需要借助信息技术实现决策的科学化。其次，决策作出后，一线执行者同样需要信息技术辅助，在柔性制造生产线生产出高质量的产品，强化执行者的质量意识与技能。

信息技术的使用，尤其是物联网技术的使用，同样需要从需求的角度出发，在柔性制造按照成组的加工对象确定工艺流程的过程中，加入物联网技术，形成采集、传输、计算与决策一体化的操作。可以思考一下，在完整的制造过程中，如何选择相适应的数控加工设备和工件，如何选择工具等物料的储运系统，如何通过计算机甚至移动通信终端进行控制，通过机器学习的方法，实现生产线的自动调整，生产出产品，以满足市场需求。

本项目给出的柔性制造与物联网的融合方案是一种思路。学科的深度融合方案还很多，学生需要多到一线了解柔性制造中的实际问题，基于问题提出对物联网技术的需求。

知识拓展

1. 柔性制造的发展历程

当今世界，在产业基础发展发达的国家中，柔性制造系统被认为是迈向工厂自动化的第一步，获得广泛应用。柔性制造技术的应用，圆满地解决了机械制造高自动化和高柔性之间的矛盾。可以说，柔性制造本身就是通过机械与电子计算机技术实现的一次技术升级。

柔性制造是在科学技术快速发展，生产生活节奏加快的大背景下形成的。随着生活节奏加快，人们对产品功能与质量的要求越来越高，产品更新换代的周期越来越短，产品的复杂程度随之提高，如果采取传统的大批量生产方式，将导致所生产的产品不能满足市场需求，企业的市场和利益受到前所未有的挑战。这样的挑战无论是对中小企业还是对大企业，形成的威胁程度是一样的。大批量的生产方式生产出来的产品单一、稳定、效率高，能够形成规模。但是，传统的生产模式要是满足个性化需求的话，设备的专用型和利用效率就会降低。要在保证产品质量的条件下，缩短产品生产周期，降低产品成本，柔性自动化系统应运而生。几十年来，从单台数控机床的应用逐渐发展到加工中心、柔性制造单元、柔性制造系统和计算机集成制造系统，柔性自动化发展迅速。

近年来，柔性化生产制造方式越来越流行，不断渗透到传统的生产制造业中。从实际应用上来说，柔性制造生产技术的出现，解决了长期以来多品种、小批量加工自动化的困难，受到众多厂家欢迎。以汽车制造行业为例，在汽车零部件制造业内尤为突出。纵观全世界的制造强国，以美国的柔性生产技术最为领先。福特汽车公司在 20 世纪末已与英格索兰合作，研制了集高柔性和高效率于一身的高速加工中心，加快了汽车产品的更新换代。

鉴于我国传统制造业技术落后的状况，近年来，我国的生产制造业加大技术引进、消化吸收的速度。目前，我国已成为世界上柔性自动生产线应用最热、进口最多的国家。目前已经安装超过 100 条生产线，每条的单价约为 1.6 亿元人民币。汽车业界对柔性化的具体要求，除了生产柔性外，还包含产品柔性和市场柔性；能够在产品中随时增加、剔除或更换某些零部件，做到以消费者为主导的个性化服务；以及要求产品有能适应市场环境动态变化的综合能力，实现多品种、系列化和混流生产，同时缩短生产预备周期。

展望未来，柔性制造将成为发展和应用的热门技术。这样的生产线更适用于财力有限的中小型企业。目前国外众多厂家将 FMC（柔性制造单元）列为发展之重。进入 21 世纪后，FMS（柔性制造系统）发展迅猛，几乎成为生产自动化的热门。一方面，是由于单项技术，如加工中心、产业机器人、CAD/CAM、资源治理技术等的发展，提供了可供集成一个整体系统的技术基础；另一方面，世界市场发生了重大变化，由过往传统、相对稳定的市场，发展为动态多变的市场，为了在市场中求生存、求发展，进一步提高企业对市场需求的应变能力，人们开始探索新的生产方法和经营模式。

2. 柔性制造的发展策略

柔性制造要在国内获得有效应用和发展，首先需要解决的就是人才问题。应当积极引进和加速培养各类“柔性”人才，以优化企业的知识和人才结构。除了高端管理人才外，还需要针对性地培养和培训生产工人，让他们得到更广泛的技能培训，能够在短时间内掌握多种技能和能力，保证在一条成熟的生产线上很容易地从一种工作岗位调换到另一种工作岗位；可以肯定的是，柔性制造需要技术人员都应当一专多能，熟悉整个生产线上的所有关键环节，有很强的开拓创新能力，能够根据市场上的个性化需求迅速研制出满足客户需求的产品，并能够快速地根据产品功能及规格需求制定和调整好生产工艺设备。因为有了柔性制造技术，才会出现定制的手机终端和计算机，甚至汽车。其实，这是对管理者能力的一种挑战。总而言之，柔性制造需要优化企业的知识和人才结构。

柔性制造与规模生产是一对天生的矛盾体，传统的依靠“系列化、标准化、通用化”实现批量生产与差异化的生产本身就是一对矛盾，需要寻找折中的平衡点，解决少量个性化需求的与规模经济之间的矛盾。从经济学角度分析，产品的生产如果批量小，就会影响制造成本，满足消费者的个性化需求的同时牺牲了经济性。经济效益是一切经济活动的中心，可以考虑通过产品的系列化、标准化和通用化实现规模经济效益，以满足消费者的个性化需求。

转变企业管理方式，实施柔性管理，保证柔性制造系统高效运行。柔性制造方式要求变革传统的思想、组织和方法。要树立与柔性制造系统相适应的柔性管理思想，这是先决条件。其核心是“人性化和个性化”，注重平等、创新等思想观念；应增强组织机构的柔性。目前制造企业的组织结构层次多，信息传递的速度慢，不能适应信息传递快速、准确的需要，需要采取一系列手段和方法增强组织结构的柔性和活力。此外，还应采用柔性的管理方法，比如对动态计划的管理，对弹性预算的管理等，以获得应变的效果。

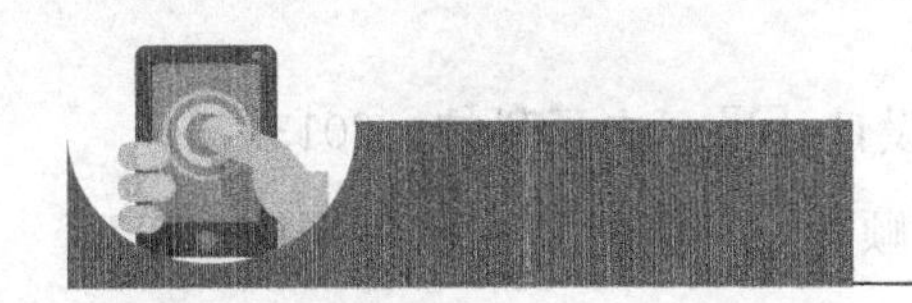

参考文献

1. 李天文 . GPS 原理及应用（第 2 版）[M]．北京：科学出版社，2010

2. 李斌兵．移动地理信息系统开发技术［M］．西安：西安电子科技大学出版社，2009

3. 刘云浩．物联网导论（第 2 版）[M]．北京：科学出版社，2013

4. 卞建勇，杨润丰，杨洋，朱彩莲．基于 ATmega16 的 GSM 家居安防报警器 [J]．现代电子技术，2011（16）

5. 程艳旗．浙江大学智慧型校园探索［OL］. http：//wenku. baidu. com/view/dfe4352c2af90242a895e5e9. html

6. 丁恩杰，张申，武增．煤矿井下综合业务数字网设计［J］．电信科学，2003（07）：6～10

7. 高秦瑞，李芹涛．基于蓝光数字化平台建立矿山三维模型 [J]．中国矿山工程，2007（4）

8. 高卫民，王宏雁．UG 软件在白车身 CAD 建模中的应用 [J]．汽车研究与开发，2001（01）：13-17

9. 郝广科，何卫平，闫慧，赵锋．模型驱动的制造执行系统可重构方法［J］. 计算机集成制造系统，2010（3）

10. 何春莲，李琼，胡元．高校构建智慧型校园存在的问题及对策研究——以红河学院为例 [J]．中国教育技术装备，2012（21）

11. 胡青松，耿飞，刘伟，张申．面向矿山物联网的“计算机网络”课程的教学重构 [J]．电气电子教学学报，2013（3）

12. 黄荣怀，张进宝，胡永斌，杨俊锋．智慧校园：数字校园发展的必然趋势 [J]．开放教育研究，2012（4）

13. 蒋东兴，宓咏，郭清顺．高校信息化发展现状与政策建议 [J]．中国教育信息化，2009（08）：27－30. doi：10. 3969/j. issn. 1673－8454. 2009. 08. 029

14. 刘亭，朱来东，王永智．小铁山矿三维数字化模型的建立与应用 [J]．采矿技术，2012（1）

15. 孙海涛，李葆红，王婷．高校智慧校园建设研究 [J]．山东师范大学学报（自然

科学版)，2013 (3)

16. 杨润丰．基于 GSM 双音多频信号控制的小车设计 [J]．电子科技，2013 (2)

17. 杨晓坤，秦德先，冯美丽，胡志军，伍伟，蒋顺德．广西大厂矿田三维地学模型及综合信息找矿预测研究 [J]．地质找矿论丛，2009 (1)

18. 杨智文．3D—GIS 数字矿山基础信息平台在四台矿的应用 [J]．工矿自动化，2011 (11)

19. 赵沁平．虚拟现实综述 [J]．中国科学 F 辑 (信息科学)，2009 (01)：2-46

20. 左伟桓．面向可重构生产执行系统的企业元建模方法 [J]．现代商贸工业，2012 (18)

21. 刘俊贤．基于 Android 平台的桥梁监测终端应用程序设计与开发 [D]．西安：西安科技大学，2011

22. 周伟光．利用 CAD 数据的虚拟现实视景高效建模技术研究 [D]．南京：南京航空航天大学，2007

23. Agarwal P. Ontological Considerations in GIScience [J]．*International Journal of Geographical Information Science*，2005 (05)：501-536

24. AKYILDIZ I F，WANG Xudong，WANG Weilin. Wireless mesh networks：a survey [J]．*Computer Networks*，2005 (47)：445—487. doi：10.1016/j.comnet.2004.12.001

25. B Denby，D. Schofield. Advanced computer techniques：Development for the minerals industry towards the new millennium [J]．*Proc Mining Sci • Tech Netherland*s：Balkema，1999：635-644

26. Bourdot P，Convard T，Picon F. VR-CAD integration：multimodal immersive interaction and advanced haptic paradigms for implicit edition of CAD models [J]．*Computer-Aided Design*，2008

27. Christopher C M. Chapter 4：An Algorithmic Approach to Marine GIS [A]．2000.37～52

28. EXODUS [OL]．http：//fseg.gre.ac.uk/index.html，2009

29. GONG Jian-hua，LIN Hui. Perspective on Geo-visualization [J]．*Journal of Remote Sensing*，1999 (03)：235-244

30. Kadirire J. Mobile Learning DeMystified [M]．Informing Science Press，2009：15—55.

31. Lauzon S C，Mills J K，Benhabib B. An implementation methodology for the supervisory control of flexible manufacturing workcells [J]．Journal of Manufacturing Sys-

tems, 1997, (02): 91—101.

32. Li Ting, Shu Bo, Qiu Xianjie. A complete descriptor of line-segment-pair for symbol recognition [A]. New York: ACM, 2009: 83-89

33. Lu Chenping, Xie Weikai, Zhang Zhiqiang. An Enhanced Screen Codec for Live Lecture Broadcasting [A]. Shanghai, China: [s. n.], 2010.

34. MANTEL R J, LANDEWEERD. Design and operational control of an AGV system [J]. International Journal of Production Economics, 1995. 257—266

35. Mohammad Nauman, Sohail Khan, Xinwen Zhang. Apex: Extending android permission model and enforcement with userdefined runtime constraints [A]. USA: ACM, 2010: 328-332

36. Ostermann J, Bormans J, List P. Video Coding with H. 264/AVC: Tools, Performance, and Complexity [J]. IEEE Circuits and Systems Magazine, 2004 (04): 7—18.

37. Taholakian A, Hales W M M. PN⇔PLC: A methodology for designing, simulat ing and coding PLC based control systems using petri nets [J]. INT Jour PROD RES, 1997 (06): 1743—1762

38. Whyte J, Bouchlaghem N, Thorpe A. From CAD to virtual reality: modeling approaches, data exchange and interactive 3D building design tools [J]. *Automation in Construction*, 2000 (01): 43—55. doi: 10. 1016/S0926—5805 (99) 00012—6

39. WU Li-xin, YIN Zuo-ru. Research to the Mine in the 21st Century: Digital Mine [J]. *Journal of China Coal Society*, 2000 (04): 337-342